建筑工程概预算与工程量清单计价

习 题 集

杨 静 曲秀姝 主编
章慧蓉 主审

中国建筑工业出版社

图书在版编目（CIP）数据

建筑工程概预算与工程量清单计价习题集/杨静，
曲秀姝主编. —北京：中国建筑工业出版社，2022.8（2022.12 重印）
高等学校土木工程专业系列教材
ISBN 978-7-112-27482-6

Ⅰ.①建…　Ⅱ.①杨…②曲…　Ⅲ.①建筑概算定额
—高等学校—习题集②建筑预算定额—高等学校—习题集
③建筑工程—工程造价—高等学校—习题集　Ⅳ.
①TU723.3-44

中国版本图书馆 CIP 数据核字（2022）第 097431 号

本书包含了建筑工程定额概述、施工定额、预算定额、概算定额和概算指标、建筑安装工程费用、建筑面积和
檐高的计算、建筑工程工程量计算、装饰工程工程量计算、施工图预算、设计概算、工程量清单计价概述等 16 章的
习题，并附有三个建筑单位工程的图纸，供课程设计使用。

本书适用于本科、专科相关专业参考用书，也可供自学考试、培训考试、造价工程师职业资格考试人员及专业
人员参考。

为便于教学和提高学习效果，相关教学资料和课后答案索取方式为 1. 邮箱 jckj@cabp.com.cn；2. 电话（010）
58337285；3. 建工书院 http://edu.cabplink.com。

责任编辑：刘平平
责任校对：党　蕾

高等学校土木工程专业系列教材
建筑工程概预算与工程量清单计价习题集
杨　静　曲秀姝　主编
章慧蓉　主审

*

中国建筑工业出版社出版、发行（北京海淀三里河路 9 号）
各地新华书店、建筑书店经销
霸州市顺浩图文科技发展有限公司制版
廊坊市海涛印刷有限公司印刷

*

开本：850 毫米×1168 毫米　横 1/8　印张：16　字数：511 千字
2022 年 8 月第一版　　2022 年 12 月第二次印刷
定价：**39.00** 元（赠教师课件）
ISBN 978-7-112-27482-6
（39656）

前　　言

"建筑工程概预算"是土木工程专业的主要专业课程之一，在系列课程中占有重要地位。课程的教学内容涉及建筑识图、建筑材料、土木工程施工、建筑施工、房屋建筑学、建筑结构等多个学科，是一门实践性和综合性较强、涉及面广的学科。其目的是培养学生掌握建筑工程施工图预算的编制方法和步骤，熟悉建筑工程工程量清单计价规范，并具有运用所学知识编制企业定额，从事企业经营管理的能力，为日后胜任工作岗位和进一步学习有关知识奠定基础。《建筑工程概预算与工程量清单计价》《建筑工程概预算》是北京建筑大学的校级精品课程配套教材，由北京建筑大学教材建设项目资助出版，也是校级重点建设教材。为了配合课程建设的需要，在修订第三版教材的同时，编写了本习题集。

本书依据高等学校土木工程学科专业指导委员会制定的"建筑工程概预算"课程教学大纲的教学内容及要求，以及 2013 年 7 月 1 日实施的《建设工程工程量清单计价规范》GB 50500—2013、《房屋建筑与装饰工程工程量计算规范》GB 50854—2013、建安工程费用组成（建标 2013［44］号文）、《建筑工程建筑面积计算规范》GB/T 50353—2013、施工合同示范文本（GF-2017-0201）、《建筑工程施工发包与承包计价管理办法》（住房和城乡建设部令第 16 号）、2012 年北京市建设工程计价依据——房屋建筑与装饰工程预算定额等，在《建筑工程概预算与工程量清单计价》（第三版）教材的基础上编写而成。

本书包含了建筑工程定额概述、施工定额、预算定额、概算定额和概算指标、建筑安装工程费用、建筑面积和檐高的计算、建筑工程工程量计算、装饰工程工程量计算、施工图预算、设计概算、工程量清单计价概述、建筑工程工程量清单的编制、装饰工程工程量清单和措施项目清单的编制、建筑工程工程量清单计价示例、建设工程承包合同价格、建设工程价款结算等共 16 章的习题，覆盖了课程的主要知识点。包括：填空、单选、多选、简答、计算等题型，便于教师更好地组织教学和方便学生学习。习题集内容清晰简洁，有参考答案并附有解析。配合教材使用，将会对预算课程内容的学习与掌握有很大帮助，对应用型人才及卓越工程师的培养发挥重要作用。习题集后附三个建筑单位工程的图纸供课程设计使用。

本书适用于本科、专科的"建筑工程概预算""建筑工程造价管理""建筑工程计量"等课程，也可供参加自学考试、培训考试、造价工程师职业资格考试人员及专业人员参考。

本书由北京建筑大学杨静老师和曲秀姝老师主编，王消雾老师参编，北京工业大学章慧蓉老师主审。本书在编写过程中参考了同行的有关书籍和资料，谨此表示诚挚的谢意。同时感谢孙可欣、秦成浩等同学为本书所做的工作。

由于时间和作者水平有限，仍难免存在不妥之处，敬请广大学者和同行提出宝贵意见。

目　　录

第一章　建筑工程定额概述

一、填空题：

建筑安装工程定额是指在一定的社会生产力发展水平条件下，在_____的施工条件和_____的劳动组织、_____地使用材料及机械的条件下，完成单位_____建筑产品所规定的资源消耗标准。

二、单选题：

1. 建筑安装工程费用定额是（　　）划分的。

A. 按照投资的费用性质　　　　　B. 按照专业性质

C. 按照主编单位和管理权限　　　D. 按同一性质的施工过程

2. 国家定额是由（　　）综合全国工程建设中技术和施工组织管理的状况编制和发布。

A. 国家建设行政主管部门　　　　B. 行业建设行政主管部门

C. 地区建设行政主管部门　　　　D. 施工企业

3. 关于企业定额作用的说法，正确的是（　　）。

A. 企业定额是编制施工组织设计的依据

B. 企业定额能反映在不同项目上的最高管理水平

C. 依据企业定额可以计算出施工企业完成投标工程的实际成本

D. 企业定额不能直接反映本企业的施工技术水准

4. 关于企业定额编制方法和定额水平的说法，正确的是（　　）。

A. 人工消耗量应依据行业平均水平，分别测定基本用工和其他用工的工日数

B. 材料消耗量应依据历史数据统计分析计算，只计算净用量

C. 机械台班使用量应按照项目作业环境和非正常施工条件，确定机械净工作效率和利用系数

D. 企业定额应反映本企业的施工生产力水平

三、多选题：

1. 建筑工程定额具有（　　）的特点。

A. 科学性　　　B. 法令性　　　C. 群众性　　　D. 时效性　　　E. 先进性

2. 建筑工程定额按生产要素分（　　）。

A. 劳动定额　　B. 材料消耗定额　C. 机械台班使用定额　D. 预算定额　E. 概算定额

3. 按照反映的生产要素消耗内容，可将建设工程定额分为（　　）。

A. 建筑工程定额　　　　　　B. 安装工程定额　　　　　C. 人工定额

D. 材料消耗定额　　　　　　E. 机械台班定额

4. 下列各选项中正确的是（　　）。

A. 行业定额一般只在本行业的范围内使用　　B. 国家定额在全国范围内执行

C. 地区定额仅在本地区范围内使用　　　　　D. 企业定额只在本企业内部使用

E. 补充定额只能在指定的范围内使用

四、简答题：

1. 建筑工程定额的定义如何？它有哪些特点？

2. 建筑工程定额的作用是什么？

3. 建筑工程定额有哪些分类？

第二章 施 工 定 额

一、单选题：

1. 建筑安装工程材料损耗率一般采用（　　）计算确定。
A. 技术测定法　　　　B. 比较类推法　　　　C. 观察法　　　　D. 经验估计法

2. 在人工定额编制时，不属于计时测定的方法有（　　）等。
A. 写实记录法　　　　B. 测时法　　　　C. 背诵法　　　　D. 工作日写实法

3. 材料消耗定额是在合理和节约使用材料的条件下，生产单位质量（　　）产品所必须消耗的一定规格的材料、成品、半成品和水、电等资源的数量标准。
A. 低劣　　　　B. 合格　　　　C. 高档　　　　D. 低档

4. 对于同类型产品规格多、工序重复、工作量小的施工过程，常用（　　）制定人工定额。
A. 技术测定法　　　　B. 统计分析法　　　　C. 比较类推法　　　　D. 经验估计法

5. 编制人工定额时，工人在工作班内消耗的工作时间属于损失时间的是（　　）。
A. 停工时间　　　　B. 休息时间　　　　C. 准备与结束工作时间　　　　D. 不可避免中断时间

6. 以工序为编制对象的定额是（　　）。
A. 施工定额　　　　B. 基础定额　　　　C. 概算定额　　　　D. 概算指标

7. 测定材料消耗定额时，定额中的损耗量是指操作过程中不可避免的废料和损耗以及不可避免的（　　）。
A. 施工现场内运输损耗和场外运输损耗　　　　B. 采购过程中的计量误差
C. 保管过程中的损耗　　　　D. 施工现场内运输损耗

8. 施工定额研究的对象是（　　）。
A. 工序　　　　B. 整个建筑物　　　　C. 扩大的分部分项工程　　　　D. 分部分项工程

9. 在施工作业过程中，筑路机在工作区末端掉头消耗的时间应计入施工机械台班使用定额，其时间消耗的性质是（　　）。
A. 不可避免的停工时间　　　　B. 不可避免的中断工作时间
C. 不可避免的无负荷工作时间　　　　D. 正常负荷下的工作时间

10. 根据生产技术和施工组织条件，对施工过程中各工序采用一定的方法测出其工时消耗等数据，再对所获得的数据进行分析，制定出人工定额的方法是（　　）。
A. 统计分析法　　　　B. 比较类推法　　　　C. 经验估计法　　　　D. 技术测定法

11. 编制和应用施工定额之所以有利于推广先进技术是因为（　　）。
A. 施工定额是强制实施的　　　　B. 施工定额是工程定额体系的基础
C. 施工定额水平本身包含成熟先进的施工技术　　　　D. 施工定额是用先进的技术方法测定出来的

12. 某混凝土结构施工采用木模板，木模板一次净用量为 $200m^2$，模板现场制作安装不可避免的损耗率为 3%，木模板可周转使用 5 次，每次补损率为 5%，该木模板周转使用量为（　　） m^2。
A. 41.20　　　　B. 49.44　　　　C. 43.20　　　　D. 51.50

13. 在机械工作时间消耗分类中，由于工人装料数量不足引起的机械不能满负荷工作的时间属于（　　）。
A. 有根据地降低负荷下的工作时间　　　　B. 机械的多余工作时间

14. 对于同类型产品规格多、工序复杂、工作量小的施工过程，若已有部分产品施工的人工定额，则其他同类型产品施工时，人工定额的制定适宜采用的方法是（　　）。
A. 比较类推法　　　　B. 技术测定法　　　　C. 统计分析法　　　　D. 经验估计法

15. 某施工企业编制砌砖墙人工定额，该企业有近 5 年同类工程的施工工时消耗资料，则制定人工定额适合选用的方法是（　　）。
A. 技术测定法　　　　B. 统计分析法　　　　C. 比较类推法　　　　D. 经验估计法

16. 下列机械工作时间消耗中，属于机械台班使用定额中不可避免的无负荷工作时间的是（　　）。
A. 筑路机在工作区末端掉头的时间　　　　B. 汽车在运送土方时没有装满导致的延长时间
C. 未及时供给机械燃料而导致的停工时间　　　　D. 暴雨时压路机被迫停工时间

17. 施工企业可以直接用来编制施工作业计划、签发施工任务单的定额是（　　）。
A. 预算定额　　　　B. 施工定额　　　　C. 概算定额　　　　D. 工器具定额

18. 编制人工定额时，基本工作结束后的整理劳动工具时间应计入（　　）。
A. 休息时间　　　　B. 不可避免的中断时间　　　　C. 损失时间　　　　D. 有效工作时间

19. 汽车运输重量轻而体积大的货物时，不能充分利用载重吨位因而不得不在低于其计算负荷下工作的时间应计入（　　）。
A. 正常负荷下的工作时间　　　　B. 有根据地降低负荷下的工作时间
C. 不可避免的中断时间　　　　D. 损失的工作时间

20. 编制压路机台班使用定额时，属于必须消耗的时间是（　　）。
A. 施工组织不好引起的停工时间　　　　B. 压路机在工作区末端调头时间
C. 压路机操作人员擅离岗位引起的停工时间　　　　D. 暴雨时压路机的停工时间

21. 编制人工定额时，工人定额工作时间中应予以合理考虑的情况是（　　）。
A. 由于工程技术人员和工人差错引起的工时损失　　　　B. 由于劳动组织不合理导致工作中断所占用的时间
C. 由于水源或电源中断引起的停工时间　　　　D. 由于材料供应不及时引起的停工时间

22. 在合理的劳动组织和正常的施工条件下，完成某单位合格分项工程的时间消耗为：所有班组完成时间均不超过 1 个工日，其中个别班组可以在 0.50 工日完成，多数班组经过努力可以在 0.80 工日完成。则编制施工定额时，人工消耗宜为（　　）工日。
A. 0.50　　　　B. 0.77　　　　C. 0.80　　　　D. 1.00

23. 在进行施工作业时间研究时，下列方法中，属于计时测定方法的是（　　）。
A. 写实记录法　　　　B. 图纸分析法　　　　C. 比较类推法　　　　D. 经验估计法

二、多选题：

1. 关于人工定额形式，下列各选项正确的是（　　）。
A. 每工日产量＝1/单位产品时间定额（工日）　　　　B. 时间定额×产量定额＝1
C. 综合时间定额＝∑各单项（工序）时间定额　　　　D. 综合产量定额＝1/综合时间定额（工日）
E. 时间定额＋产量定额＝1

2. 人工定额中的定额时间不包括（　　）。

A. 工人下班前对搅拌机进行清洗时间 B. 工人由于施工工艺原因必需的中断时间

C. 由于设计错误造成的工人窝工时间 D. 工人必需的休息时间

E. 由于施工机械故障造成的工人窝工时间

3. 编制材料消耗定额时，材料净用量的确定方法有（   ）。

A. 理论计算法 B. 图纸计算法 C. 比较类推法

D. 测定法 E. 经验法

4. 在合理劳动组织与合理使用机械的条件下，完成单位合格产品所必需的机械工作时间包括（   ）。

A. 正常负荷下的工作时间 B. 不可避免的中断时间

C. 施工过程中操作工人违反劳动纪律的停工时间 D. 有根据地降低负荷下的工作时间

E. 不可避免的无负荷工作时间

5. 编制人工定额时，工人工作必须消耗的时间包括（   ）。

A. 由于材料供应不及时引起的停工时间 B. 工人擅自离开工作岗位造成的时间损失

C. 准备工作时间 D. 由于施工工艺特点引起的工作中断所必需的时间

E. 工人下班前清洗整理工具的时间

6. 关于施工定额作用的说法，正确的有（   ）。

A. 施工定额是企业编制施工组织设计的依据 B. 施工定额是计算工人计件工资的基础

C. 施工定额是编制施工预算的基础 D. 施工定额是组织和指挥施工生产的有效工具

E. 施工定额是编制竣工结算的依据

7. 编制施工机械台班使用定额时，属于机械工作时间中损失时间的有（   ）。

A. 施工本身原因造成的停工时间 B. 非施工原因造成的停工时间

C. 违反劳动纪律引起的时间损失 D. 工人正常的休息时间

E. 低负荷下的工作时间

8. 编制机械台班使用定额时，机械工作必需消耗的时间包括（   ）。

A. 不可避免的中断时间 B. 不可避免的无负荷工作时间

C. 有效工作时间 D. 低负荷下工作时间

E. 由于劳动组织不当引起的中断时间

9. 编制人工定额时需拟定施工的正常条件，其内容包括拟定（   ）。

A. 施工作业内容 B. 施工作业方法

C. 施工作业地点组织 D. 施工作业人员组织

E. 施工企业技术水平

10. 编制人工定额时，属于工人工作必需消耗的时间有（   ）。

A. 多余和偶然工作时间 B. 不可避免的中断时间

C. 辅助工作时间 D. 准备与结束工作时间

E. 施工本身造成的停工时间

11. 下列机械工作时间中，属于机械工作必需消耗的时间有（   ）。

A. 不可避免的无负荷工作时间 B. 有效工作时间

C. 多余工作时间 D. 低负荷下工作时间

E. 非施工本身造成的停工时间

第三章 预 算 定 额

一、单选题：

1. 预算人工、材料、机械台班定额是在正常生产条件下分项工程所需的（ ）标准。
A. 人工、材料、机械台班消耗量
B. 人工、材料、机械台班价格
C. 分项工程数量
D. 分项工程价格

2. 材料消耗定额中不可避免的消耗一般以损耗率表示，（ ）。
A. 损耗率＝损耗量/材料消耗定额×100%
B. 损耗率＝损耗量/净用量×100%
C. 损耗率＝损耗量/（净用量＋损耗量）×100%
D. 损耗率＝损耗量/（净用量－损耗量）×100%

3. 预算定额是以（ ）为对象编制的。
A. 同一性质的施工过程工序
B. 建筑物或构筑物各个分部分项工程
C. 扩大的部分分项工程
D. 独立的单项工程或完整的工程项目

4. 施工企业成本核算或投标报价时，周转性材料消耗量指标应根据（ ）来确定。
A. 第二次使用时需要的补充量
B. 摊销量
C. 最终回收量
D. 一次使用量

5. 以建筑物或构筑物各个分部分项工程为对象编制的定额是（ ）。
A. 施工定额
B. 材料消耗定额
C. 预算定额
D. 概算定额

6. 编制预算定额人工消耗量时，人工幅度差用工是指人工定额中未包括的，而在一般正常施工情况下又不可避免的一些（ ）。
A. 返工用工
B. 低效率用工
C. 用工浪费
D. 零星用工

7. 预算定额作为一项综合性定额，是按组成（ ）的消耗量综合而成的。
A. 分部工程的各分项工程
B. 单位工程的各分部工程
C. 分项工程的各工序
D. 分项工程的各检验批

8. 关于单位估价表（即预算定额基价）的说法，正确的是（ ）。
A. 单位估价表是由单位工程单价构成的单价表
B. 工料单价单位估价表以施工定额为基本依据编制
C. 单位估价表应以全国为范围进行编制

D. 编制单位估价表时，材料价格应以本地区市场价格为依据

9. 施工过程中对隐蔽工程质量检查验收影响工人操作的时间，属于预算定额人工消耗量指标组成中的（ ）。
A. 基本用工
B. 辅助用工
C. 人工幅度差用工
D. 超运距用工

10. 关于周转性材料消耗及其定额的说法，正确的是（ ）。
A. 周转性材料消耗量只与周转性材料一次使用量和周转次数相关
B. 定额中周转材料消耗量应采用一次性使用量和摊销量两个指标表示
C. 施工企业成本核算或投标报价时应采用周转性材料的一次使用量指标
D. 周转性材料的周转使用次数越多，则每周转使用一次材料的损耗越大

11. 按照单位工程量和劳动定额中的时间定额计算出的基本用工数量为 15 工日，超运距用工量为 3 工日，辅助用工为 2 工日，人工幅度差系数为 10%，则人工幅度差用工数量为（ ）工日。
A. 1.5
B. 1.7
C. 1.8
D. 2.0

二、多选题：

1. 编制预算定额人工消耗指标时，下列人工消耗量属于人工幅度差用工的有（ ）。
A. 施工过程中水电维修用工
B. 隐蔽工程验收影响的操作时间
C. 现场材料水平搬运工
D. 现场材料加工用工
E. 现场筛砂子增加的用工量

2. 机械台班使用定额的编制内容包括（ ）。
A. 拟定机械作业的正常施工条件
B. 确定机械纯工作一小时的正常生产率
C. 拟定机械的停工时间
D. 确定机械的利用系数
E. 计算机械台班定额

3. 编制工程周转性材料消耗定额时，影响周转性材料消耗的因素主要有（ ）。
A. 周转材料的制造工艺
B. 周转使用次数
C. 周转材料补损的难易程度
D. 周转材料的最终回收及其回收折价
E. 每周转使用一次材料的损耗

第四章　概算定额和概算指标

一、简答题：

将各类定额的区别，填在表 4-1 中。

表 4-1

区　别	施工定额	预算定额	概算定额	概算指标
1. 标定对象（研究对象）				
2. 项目划分				
3. 定额步距				
4. 编制水平				
5. 使用单位				
6. 作用				
7. 使用时间				
8. 编制成果				

二、多选题：

关于概算定额的说法，正确的有（　　　　）。

A. 概算定额是人工、材料、机械台班消耗量的数量标准

B. 概算定额和预算定额的项目划分相同

C. 概算定额是在概算指标的基础上综合而成的

D. 概算定额是在初步设计时间确定投资额的依据

E. 概算定额水平的确定应与预算定额的水平基本一致

第五章　建筑安装工程费用

1. 按照《建筑安装工程费用项目组成》（建标〔2013〕44 号）的规定，工地材料保管人员的工资属于（　　）。

　　A. 措施费　　　　　　　B. 企业管理费　　　　C. 人工费　　　　D. 材料费

2. 按照《建筑安装工程费用项目组成》（建标〔2013〕44 号）的规定，住房公积金属于（　　）。

　　A. 其他项目费　　　B. 企业管理费　　　　C. 规费　　　　D. 利润

3. 对施工中的建筑材料、试块进行相关试验，以验证其质量，则该项试验费用应在（　　）中支出。

　　A. 业主方的研究试验费　　　　　　　B. 施工方的材料费
　　C. 业主方的建设管理费　　　　　　　D. 施工方的企业管理费

4. 建筑安装工程费用中的地方教育费附加的费率为（　　）。

　　A. 1%　　　　　　　B. 3%　　　　　　　C. 5%　　　　　D. 2%

5. 根据《建筑安装工程费用项目组成》（建标〔2013〕44 号）的规定，下列属于人工费的是（　　）。

　　A. 企业管理人员的工资　　　　　　　B. 装载机司机工资
　　C. 公司安全监督人员工资　　　　　　D. 电焊工及产、婚假期的工资

6. 下列费用中，不属于措施费的有（　　）。

　　A. 安全文明施工费　　　　　　　　　B. 已完工程及设备保护费
　　C. 二次搬运费　　　　　　　　　　　D. 排污费

7. 根据设计要求，在施工过程中对某屋架结构进行破坏性试验，以提供和验证设计数据，则该项费用应在（　　）中支出。

　　A. 业主方的研究试验费　　　　　　　B. 施工方的检验试验费
　　C. 业主方管理费　　　　　　　　　　D. 勘察设计费

8. 按照《建筑安装工程费用项目组成》（建标〔2013〕44 号）的规定，施工企业对建筑材料、构件和建筑安装物进行一般鉴定、检查所发生的费用应列入（　　）。

　　A. 业主的研究试验费　　　　　　　　B. 承包商的材料费
　　C. 承包商的企业管理费　　　　　　　D. 承包商的措施费

9. 企业按规定缴纳的房产税、车船使用税、土地使用税、印花税等属于（　　）。

　　A. 措施费　　　B. 规费　　　C. 企业管理费　　　D. 营业税

10. 施工企业为从事危险作业的建筑安装施工人员支付的工伤保险费属于建筑安装工程费的（　　）。

　　A. 人工费　　　B. 措施费　　　C. 规费　　　D. 企业管理费

11. 根据现行《建筑安装工程费用项目组成》（建标〔2013〕44 号），施工企业为职工缴纳的基本养老保险费属于建筑安装工程的（　　）。

　　A. 社会保险费　　　B. 人工费　　　C. 企业管理费　　　D. 现场管理费

12. 建设项目竣工验收前，施工企业对已完工程进行保护发生的费用应计入（　　）。

　　A. 措施费　　　B. 规费　　　C. 直接工程费　　　D. 企业管理费

13. 下列费用中，属于建安工程措施费的是（　　）。

　　A. 工程排污费　　　　　　　　　　　B. 构成工程实体的材料费

　　C. 二次搬运费　　　　　　　　　　　D. 施工现场管理人员的工资

14. 根据现行《建筑安装工程费用项目组成》（建标〔2013〕44 号），下列费用中，应计入分部分项工程费的是（　　）。

　　A. 安全文明施工费　　　　　　　　　B. 二次搬运费
　　C. 施工机械使用费　　　　　　　　　D. 大型机械设备进出场及安拆费

15. 根据现行《建筑安装工程费用项目组成》（建标〔2013〕44 号），材料费不包括（　　）。

　　A. 材料原价　　　　　　　　　　　　B. 材料运杂费及运输损耗费
　　C. 材料采购及保管费　　　　　　　　D. 材料检验试验费

16. 为保障施工机械正常运转所需的随机配备工具附具的摊销和维护费用，属于施工机具使用费中的（　　）。

　　A. 折旧费　　　B. 施工仪器使用费　　　C. 安拆费　　　D. 经常修理费

17. 建安工程企业管理费中的检验试验费是用于（　　）试验的费用。

　　A. 一般材料　　　B. 构件破坏性　　　C. 新材料　　　D. 新构件

18. 下列费用中，属于安全文明施工费的有（　　）。

　　A. 环境保护费用　　　B. 设备维护费用　　　C. 脚手架工程费用　　　D. 工程定位复测费用

19. 措施项目是指为完成工程项目施工，发生于该工程施工准备和施工过程中的（　　）项目。

　　A. 工程暂列　　　B. 工程实体　　　C. 非工程实体　　　D. 分部分项工程

20. 业主为验证桥梁的安全性，要求承包商对模拟桥梁进行破损性试验发生的费用属于（　　）。

　　A. 业主方的研究试验费　　　　　　　B. 业主方的建设单位管理费
　　C. 业主方的勘察设计费　　　　　　　D. 承包方的检验试验费

21. 按照《建筑安装工程费用项目组成》（建标〔2013〕44 号）的规定，规费包括（　　）。

　　A. 环境保护费　　　B. 文明施工费　　　C. 生育保险费　　　D. 安全施工费

22. 根据现行《建筑安装工程费用项目组成》（建标〔2013〕44 号），职工的劳动保险费应计入（　　）。

　　A. 规费　　　B. 企业管理费　　　C. 措施费　　　D. 人工费

23. 某施工材料采购原价为 190 元/吨，运杂费为 40 元/吨，运输损耗率为 1%，采购保管率为 3%，则该材料的单价为（　　）元/吨。

　　A. 234.28　　　B. 237.66　　　C. 239.20　　　D. 239.27

24. 某施工机械购置费为 120 万元，折旧年限为 6 年，年平均工作 250 个台班，预计净残值率为 3%，按工作台班法提取折旧，该机械台班折旧费为（　　）元。

　　A. 800　　　B. 776　　　C. 638　　　D. 548

25. 下列费用中，属于建筑安装工程费中措施项目费的是（　　）。

　　A. 施工机具使用费　　　B. 暂列金额　　　C. 工程定位复测费　　　D. 工程排污费

26. 按照费用构成要素划分，下列各项中不应归入建筑安装工程费用中的人工费的一项是（　　）。

　　A. 生产工人停工学习期间的工资　　　B. 生产工人劳动保护费
　　C. 节约奖和劳动竞赛奖　　　　　　　D. 计时工资或计件工资

27. 按照费用构成要素划分，下列各项中属于建筑安装工程费中规费的是（　　）。

A. 医疗保险费   B. 财产保险费   C. 劳动保护费   D. 劳动保险费

28. 在施工过程中，承包人完成发包人提出的施工图纸以外的零星项目或工作所需的费用是指（   ）。

A. 暂列金额   B. 措施费   C. 暂估价   D. 计日工

29. 某施工企业投标报价时确定企业管理费费率以人工费为基础计算。据统计资料，该施工企业生产工人年平均管理费为1.2万元，年有效施工天数为240天，人工单价为300元/天，人工费占分部分项工程费的比例为75%。则该企业的企业管理费费率应为（   ）。

A. 12.15%   B. 12.50%   C. 16.67%   D. 22.22%

30. 根据《建筑安装工程费用项目组成》（建标〔2013〕44号），工程施工中所使用的仪器仪表的维修费用应计入（   ）。

A. 工具用具使用费   B. 固定资产使用费   C. 企业管理费   D. 施工机具使用费

31. 根据《建筑安装工程费用项目组成》（建标〔2013〕44号），建筑安装工程生产工人的高温作业临时津贴应计入（   ）。

A. 劳动保护费   B. 人工费   C. 规费   D. 企业管理费

32. 某工程采购的一批钢材的出厂价为3980元/吨，运费为50元/吨，运输损耗率为0.5%，采购保管费率为2%，则该批钢材的材料单价为（   ）元/吨。

A. 4129.90   B. 4079.90   C. 4050.15   D. 4131.15

33. 国家计量规范规定不宜计量的措施项目费的通用计算方法是（   ）。

A. $\sum$（措施项目工程量×综合单价）   B. $\sum$（直接工程费×相应费率）
C. $\sum$（计算基数×相应费率）   D. $\sum$（措施项目项数×综合单价）

34. 施工过程中，施工测量放线和复测工作发生的费用应计入（   ）。

A. 分部分项工程费   B. 措施项目费   C. 其他项目费   D. 企业管理费

35. 施工中发生的下列与材料有关的费用中，属于建筑安装工程费中材料费的是（   ）。

A. 对原材料进行鉴定发生的费用
B. 施工机械整体场外运输的辅助材料费
C. 原材料在运输装卸过程中不可避免的损耗费
D. 机械设备日常保养所需的材料费

36. 施工企业采购的某建筑材料出厂价为3500元/吨，运费为400元/吨，运输损耗率为2%，采购保管费率为5%，则计入建筑安装工程材料费的该建筑材料单价为（   ）元/吨。

A. 3745.0   B. 3748.5   C. 4173.0   D. 4176.9

37. 某施工机械预算价格为65万元，预计残值率为3%，折旧年限为5年（年限平均法折旧），每年工作250台班。折旧年限内预计每年大修理1次，每次费用为3万元。机械台班人工费为130元，台班燃料动力费为15元，台班车船税费为10元，不计台班安拆费及场外运费和经常修理费，则该机械台班单价为（   ）元。

A. 649.40   B. 754.40   C. 779.40   D. 795.00

二、多选题：

1. 按照《建筑安装工程费用项目组成》（建标〔2013〕44号）的规定，人工费单价中包括（   ）。

A. 计件工资   B. 奖金   C. 加班加点的工资
D. 劳动保护费   E. 交通补助

2. 下列各项费用中，属于措施费的有（   ）。

A. 安全文明施工费   B. 夜间施工费   C. 建设单位租用临时办公室的费用
D. 已完工程及设备保护费   E. 工程排污费

3. 下列各项费用中，属于规费的有（   ）。

A. 安全文明施工费   B. 住房公积金   C. 二次搬运费
D. 已完工程及设备保护费   E. 工程排污费

4. 下列费用中，属于安全文明施工费的有（   ）。

A. 环境保护费用   B. 设备维护费用   C. 脚手架工程费
D. 临时设施费用   E. 工程定位复测费用

5. 下列费用中，属于施工机械使用费的有（   ）。

A. 折旧费   B. 经常修理费   C. 安拆费
D. 操作人员保险费   E. 场外运费

6. 根据《建筑安装工程费用项目组成》（建标〔2013〕44号）下列费用中，属于规费的有（   ）。

A. 工伤保险费   B. 安全施工费   C. 环境保护费
D. 住房公积金   E. 劳动保护费

7. 按照《建筑安装工程费用项目组成》（建标〔2013〕44号）的规定，规费的内容不包括（   ）。

A. 住房公积金   B. 危险作业意外伤害保险
C. 社会保险费   D. 劳动保险费   E. 劳动保护费

8. 建筑安装工程费中的人工费包括生产工人的（   ）。

A. 工具用具使用费   B. 医疗保险费   C. 奖金
D. 加班加点工资   E. 特殊情况下支付的工资

9. 按照《建筑安装工程费用项目组成》（建标〔2013〕44号）的规定，措施项目费包括（   ）。

A. 安全文明施工费   B. 材料检验试验费   C. 脚手架工程费
D. 夜间施工增加费   E. 二次搬运费

10. 属于建筑安装工程材料费的有（   ）。

A. 材料二次搬运费   B. 采购及保管费   C. 钢筋混凝土模板及支架费
D. 脚手架费   E. 运输损耗费

11. 属于措施项目费的有（   ）。

A. 工程排污费   B. 检验试验费   C. 大型机械设备进出场及安拆费
D. 冬雨期施工增加费   E. 安全施工费

12. 建筑安装工程费用中的人工费包括生产工人的（   ）。

A. 工伤保险费   B. 计时工资   C. 医疗保险费
D. 奖金   E. 津贴补贴

13. 下列费用中，属于建筑安装工程费用施工机具使用费的有（   ）。

A. 机械折旧费   B. 机械大修理费   C. 仪器仪表使用费
D. 大型机械进出场及安拆费   E. 机械操作人员工资

14. 关于建筑安装工程费用项目组成的规定，通用措施费包括（   ）。

A. 冬雨期施工增加费   B. 安全文明施工费   C. 混凝土添加剂费用
D. 施工降水费   E. 临时设施费

15. 下列费用中，属于施工机械使用费的有（   ）。

A. 折旧费   B. 经常修理费   C. 安拆费
D. 操作人员保险费   E. 场外运费

16. 根据《建筑安装工程费用项目组成》（建标〔2013〕44号），以定额人工费为计费基础的规费有（   ）。

A. 养老保险费   B. 医疗保险费   C. 劳动保险费

D. 工伤保险费　　　　　　　　E. 住房公积金

17. 下列费用中，属于建筑安装工程人工费的有（　　　）。

A. 生产工人的技能培训费用　　　　　　　　B. 生产工人的流动施工津贴

C. 生产工人的增收节支奖金　　　　　　　　D. 生产工人在法定节假日的加班工资

E. 项目部管理人员的计时工资

18. 关于建筑安装工程人工费中日工资单价的说法，正确的有（　　　）。

A. 日工资单价是施工企业技术最熟练的生产工人在每工作日应得的工资总额

B. 工程造价管理机构应参考项目实物工程量人工单价综合分析确定日工资单价

C. 最低日工资单价不得低于工程所在地人力资源和社会保障部门发布的最低工资标准

D. 企业投标报价时应自主确定日工资单价

E. 工程计价定额中应根据项目技术要求和工种差别划分多种日工资单价

19. 按照造价形成划分，下列各项中属于措施项目费的有（　　　）。

A. 夜间施工增加费　　　　　B. 文明施工费　　　　　C. 冬雨期施工增加费

D. 总承包服务费　　　　　　E. 劳动保险费

20. 建筑安装工程费用项目组成中，施工机械使用费包括（　　　）。

A. 安拆费及场外运费　　　　B. 安全施工费　　　　　C. 机上司机的人工费

D. 车船使用税　　　　　　　E. 仪器仪表使用费

21. 建筑安装工程费用项目组成中，暂列金额主要用于（　　　）。

A. 施工合同签订时尚未确定的材料设备采购费用

B. 施工中可能发生的工程变更价款调整的费用

C. 施工图纸以外的零星项目所需的费用

D. 项目施工现场签证确认的费用

E. 隐蔽工程二次检验的费用

22. 按照费用构成要素划分，下列各项中应属于建筑安装工程费用中的企业管理费的项目是（　　　）。

A. 劳动保护费　　　　　　　B. 职工福利费　　　　　C. 劳动保险费

D. 增值税　　　　　　　　　E. 法律顾问费

第六章　建筑面积和檐高的计算

一、单选题：

1. 封闭挑阳台的建筑面积计算规则是（　　）。
A. 按净空面积的一半计算
B. 按水平投影面积计算
C. 按水平投影面积的一半计算
D. 不计算

2. 平屋顶带女儿墙和电梯间的建筑物，计算檐高从室外设计地坪作为计算起点，算至（　　）。
A. 女儿墙顶部标高
B. 电梯间结构顶板上皮标高
C. 墙体中心线与屋面板交点的高度
D. 屋顶结构板上皮标高

3. 需要计算檐高的是（　　）。
A. 突出屋面的电梯间、楼梯间
B. 突出屋面的亭、阁
C. 层高小于2.2m的设备层
D. 女儿墙

4. 一栋4层坡屋顶住宅楼，勒脚以上结构外围水平面积每层930m²，1～3层各层层高均为3.0m；建筑物顶层全部加以利用，净高超过2.1m的面积为410m²，净高在1.2～2.1m的面积为200m²，其余部分净高小于1.2m。该住宅的建筑面积是（　　）m²。
A. 3100
B. 3300
C. 3400
D. 3720

5. 在建筑面积计算规则中，以下（　　）部位要计算建筑面积。
A. 宽度2m的无柱雨罩
B. 平台、台阶
C. 层高2m的设备层
D. 烟囱、水塔

6. 两建筑物间有顶盖和围护结构的架空走廊的建筑面积应（　　）。
A. 不计算
B. 按围护结构外围水平面积计算
C. 按走廊顶盖水平投影面积的1/2计算
D. 按走廊底板净面积计算

7. 应按建筑物的自然层计算建筑面积的是（　　）。
A. 建筑物内的上料平台
B. 坡地建筑物的吊脚架空层
C. 挑阳台
D. 管道井

8. 以下说法正确的是（　　）。
A. 建筑物通道（骑楼、过街楼的底层）应计算建筑面积
B. 建筑物内的变形缝应按自然层合并在建筑面积内计算
C. 屋顶水箱、花架、凉棚、露台、露天游泳池应计算计算建筑面积
D. 建筑物外墙保温不应计算建筑面积

9. 某建筑物的飘窗，窗台与室内楼地面高差0.45m、结构净高为2.70m，其建筑面积应（　　）计算。
A. 按窗台板水平投影面积的1/2
B. 按其围护结构外围水平面积的1/2
C. 按其围护结构外围水平面积
D. 不计算

10. 利用坡屋顶内空间时，不计算建筑面积的净高为（　　）。
A. 小于1.2m
B. 小于1.5m
C. 小于1.8m
D. 小于2.1m

11. 以幕墙作为围护结构的建筑物，建筑面积计算正确的是（　　）。
A. 按楼板水平投影面积计算
B. 按幕墙外边线计算
C. 按幕墙内边线计算
D. 根据幕墙具体做法而定

12. 下列（　　）不计算建筑面积。
①屋顶水箱、花架、露台；②室外楼梯；③建筑物内的操作平台；④建筑物通道；⑤垃圾道
A. ①③④
B. ①②③
C. ②④⑤
D. ③④⑤

13. 下列（　　）应计算建筑面积。
①单层建筑物内分隔的单层操作间；②没有围护结构的屋顶水箱；③有顶盖无围护结构、有围护设施的架空走廊；④管道井；⑤宽度在2.1m以上的无柱雨罩
A. ①②③
B. ①②③④
C. ②③④
D. ③④⑤

二、多选题：

1. 在建筑面积计算规则中，以下（　　）部位要计算建筑面积。
A. 从二层顶板挑出的宽度2.2m的雨罩
B. 平台、台阶
C. 层高2.3m的设备层
D. 烟囱、水塔
E. 电梯井
F. 室外爬梯

2. 平屋顶带挑檐建筑物的檐高应从（　　）算至（　　）。
A. 室内地坪
B. 室外地坪
C. 挑檐上表面
D. 屋面板结构层上表面

三、简答题：

1. 建筑物的哪些部位应计算一半的建筑面积？
2. 建筑物的哪些部位不计算建筑面积？
3. 建筑物的哪些部位是按自然层计算建筑面积？

第七章　建筑工程工程量计算

一、单选题：

1. 平整场地是按（　　）计算的。
   A. 地下室建筑面积
   B. 首层建筑面积
   C. 地下室建筑面积的 1.2 倍
   D. 首层建筑面积的 1.4 倍

2. 在计算基础挖土方时，当挖土深度超过（　　）m 时，应计算放坡土方增量。
   A. 1.5　　　　B. 1.2　　　　C. 2.0　　　　D. 2.5

3. 柱帽混凝土的工程量应并入（　　）的工程量中。
   A. 平板　　　B. 柱子　　　C. 无梁板　　　D. 有梁板

4. 挖土底宽为 6m，底长为 30m，应套用（　　）定额子目。
   A. 挖沟槽　　B. 挖基坑　　C. 挖土方　　　D. 以上都可以

5. 在计算砌筑基础的工程量时，以下（　　）应扣除。
   A. 基础大放脚 T 形接头处的重叠部分
   B. 嵌入基础内的钢筋、铁件
   C. 管道、基础砂浆防潮层
   D. 地梁（圈梁）

6. 计算墙体的砌筑工程量时，以下（　　）不应扣除。
   A. 嵌入墙内的钢筋混凝土柱
   B. 凹进墙内的壁龛、管槽、暖气槽
   C. 梁头、板头、檩头、垫木
   D. 门窗洞口

7. 计算内墙的砌筑高度时，以下表述中不正确的是（　　）。
   A. 内墙位于屋架下弦者，算至屋架下弦底
   B. 无屋架者算至天棚底另加 100mm
   C. 有钢筋混凝土楼板隔层者算至楼板底
   D. 有框架梁时算至梁底

8. 关于混凝土的定额中，以下表述不正确的是（　　）。
   A. 有肋带形基础，肋的高度≤1.5m 时，其工程量并入带形基础工程量中，执行带形基础相应定额子目
   B. 有肋带形基础，肋的高度＞1.5m 时，基础和肋分别执行带形基础和墙定额子目
   C. 梁板式满堂基础的反梁高度≤1.5m 时，执行满堂基础相应定额子目
   D. 梁板式满堂基础的反梁高度＞1.5m 时，执行墙相应定额子目

9. 预制板缝之间的缝宽为 300mm 时，应执行（　　）定额子目。
   A. 接头灌缝　　B. 补板缝　　C. 叠合板　　　D. 平板

10. 有梁板的次梁执行（　　）定额子目。
    A. 梁　　　　　B. 板　　　　C. 有梁板　　　D. 板底梁

11. 门窗工程定额中，以下表述不正确的是（　　）。
    A. 阳台门联窗，门和窗分别计算，执行相应的门、窗定额子目
    B. 门窗套、筒子板不包括装饰线及油漆，发生时分别相应定额子目
    C. 铝合金窗、塑钢窗定额子目中不包括纱扇，纱扇另执行相应定额子目
    D. 电子感应横移门、卷帘门、旋转门、电子对讲门、电动伸缩门定额子目中包括电子感应装置、电动

装置

12. 楼（地）面防水中，以下表述正确的是（　　）。
    A. 反边高度≤300mm 时，执行楼（地）面防水
    B. 反边高度＞300mm 时，立面工程量执行墙面防水相应定额子目
    C. 反边高度≤250mm 时，执行楼（地）面防水
    D. 反边高度＞250mm 时，立面工程量执行墙面防水相应定额子目

13. 现浇混凝土工程量按设计图示尺寸以体积计算，应扣除（　　）所占体积。
    A. 构件内钢筋
    B. 构件内预埋铁件、螺栓
    C. 混凝土结构中的型钢
    D. 0.3m² 以内的孔洞

14. 防腐面层按设计图示尺寸以面积计算，以下表述不正确的是（　　）。
    A. 平面防腐扣除凸出地面的构筑物、设备基础以及面积＞0.3m² 的孔洞、柱、垛所占面积
    B. 扣除门、窗、洞口以及面积＞0.3m² 的孔洞、梁所占面积
    C. 立面防腐门、窗、洞口侧壁、垛突出部分按展开面积并入墙面积内
    D. 立面防腐扣除门、窗、洞口、孔洞、梁所占面积，门、窗、洞口侧壁、垛突出部分不增加

二、多选题：

1. 土方工程定额中不包括（　　），发生时另行计算。
   A. 地上、地下障碍物的处理
   B. 建筑物拆除后的工程垃圾清理
   C. 挖淤泥
   D. 建筑施工中的渣土清运

2. 关于基础与墙体的分界线，以下表述不正确的是（　　）。
   A. 基础与墙（柱）身使用同一种材料时，以室内设计地面为界（有地下室的，以地下室室内设计地面为界），以下为基础，以上为墙（柱）身
   B. 基础与墙（柱）身使用不同种材料时，当设计室内地面高度≤±300mm 时，以材料为分界线
   C. 基础与墙（柱）身使用不同种材料时，当室内设计地面高度＞±300mm 时，以室内设计地面为分界线
   D. 基础与墙（柱）身使用不同种材料时，当室内设计地面高度≥±200mm 时，以室内设计地面为分界线

3. 阳台、雨篷混凝土定额中，以下表述正确的是（　　）。
   A. 阳台、雨篷立板高度≤500mm 时，其体积并入阳台、雨篷工程量内
   B. 阳台、雨篷立板高度＞500mm 时，执行栏板相应定额子目
   C. 阳台、雨篷立板高度≤300mm 时，其体积并入阳台、雨篷工程量内
   D. 阳台、雨篷立板高度＞300mm 时，执行栏板相应定额子目

4. 桩基工程定额中不包括（　　），发生时另行计算。
   A. 原桩位打试验桩
   B. 设计要求在出图前打试验桩
   C. 桩基检测费
   D. 桩头运输费
   E. 灌注桩成孔施工过程中遇到地下障碍物

5. 基础与墙（柱）身的划分，以下表述不正确的是（　　）。

A. 基础与墙（柱）身使用同一种材料时，以室外设计地面为界，以下为基础，以上为墙（柱）身

B. 基础与墙（柱）身使用同一种材料时，以室内设计地面为界（有地下室者，以地下室室内设计地面为界），以下为基础，以上为墙（柱）身

C. 基础与墙（柱）身使用不同种材料时，当室内设计地面高度≤±300mm 时，以室内设计地面为分界线；当室内设计地面高度＞±300mm 时，以材料为分界线

D. 基础与墙（柱）身使用不同种材料时，当室内设计地面高度≤±500mm 时，以室内设计地面为分界线；当室内设计地面高度＞±500mm 时，以材料为分界线

6. 楼（地）面防水按主墙间净空面积计算，不扣除（　　）所占面积。

A. 凸出地面的构筑物
B. 设备基础
C. 间壁墙
D. 单个面积≤0.3m² 柱、垛、烟囱和孔洞
E. 0.3m² 以上孔洞

7. 瓦屋面、型材屋面按设计图示尺寸以斜面积计算，不扣除（　　）所占面积。

A. 房上烟囱
B. 风帽底座
C. 风道
D. 斜沟
E. 小气窗的出檐部分

8. 以下工程量中，按设计图示洞口面积计算的有（　　）。

A. 窗附框
B. 防火玻璃
C. 门窗后塞口
D. 门窗
E. 窗框间填消声条

9. 桩基工程中，按个数计算工程量的项目有（　　）。

A. 打预制桩
B. 凿桩头
C. 截桩
D. 接桩
E. 现浇桩

三、简答题：

1. 混凝土工程中的柱高、梁长、墙高是如何规定计算尺寸的？

2. 柱帽的混凝土体积应并入什么工程量内？

3. 当梯井宽度大于多少时，计算楼梯的混凝土工程量应扣除梯井？

4. 小型构件和其他构件如何区分？

第八章　装饰工程工程量计算

一、单选题：

1. 楼梯面层定额子目中不包括（　　）。

A. 楼梯踏步　　　　　B. 休息平台　　　　　C. 楼梯踢脚线　　　　　D. 楼梯底面及踏步侧边装饰

2. 楼地面整体面层按设计图示尺寸以面积计算，不扣除（　　）。

A. 凸出地面构筑物　　　B. 设备基础　　　　　C. 室内管道、地沟　　　D. 间壁墙（墙厚≤120mm）

3. 内墙抹灰面积按其长度乘以高度计算。其高度表述错误的是（　　）。

A. 无墙裙的，高度按室内楼地面至天棚底面计算

B. 有墙裙的，高度按墙裙顶至天棚底面积算

C. 有吊顶的，其高度算至吊顶底面另加 200mm

D. 有吊顶的，其高度算至吊顶底面另加 100mm

4. 天棚抹灰按设计图示尺寸以水平投影面积计算。以下表述错误的是（　　）。

A. 不扣除间壁墙、垛、柱、附墙烟囱、检查口和管道所占的面积

B. 带梁天棚的梁两侧抹灰面积并入天棚面积内

C. 板式楼梯底面抹灰按斜面积计算

D. 锯齿形楼梯地板抹灰按水平投影面积计算

5. 吊顶天棚按设计图示尺寸以水平投影面积计算，应扣除（　　）。

A. 间壁墙、检查口　　　　　　　　　　B. 附墙烟囱

C. 柱垛和管道　　　　　　　　　　　　D. 与天棚相连的窗帘盒所占的面积

6. 模板超高费的计取条件是支模高度（　　）m。

A. 大于 3.6　　　　　B. 大于等于 3.6　　　　　C. 大于 3.2　　　　　D. 大于等于 3.2

7. 超高施工加费是指当檐高超过（　　）m 时才计算。

A. 25　　　　　　　B. 21　　　　　　　C. 20　　　　　　　D. 23

二、多选题：

1. 新建工程脚手架中的综合脚手架是指工程（　　）施工期间的脚手架使用费。

A. 主体结构　　　　　B. 外装修　　　　　C. 内装修

D. 基础　　　　　　　E. 安全文明

2. 超高施工增加费包括（　　）。

A. 施工中的降效　　　　　　　　　　　B. 安全通信联络

C. 加压用水泵　　　　　　　　　　　　D. 材料运输增加的费用

3. 垂直运输包括（　　）。

A. 建筑材料、成品、半成品的吊装费　　　B. 机械进出场费

C. 机上人工费　　　　　　　　　　　　D. 塔式起重机接高费

E. 机械安拆费

4. 工程水电费定额中包括（　　）的费用。

A. 建筑工程消耗的水电费　　　　　　　B. 装饰工程消耗的水电费

C. 安装工程消耗的水电费　　　　　　　D. 机械施工中所消耗的水电费

E. 安全文明施工所消耗的水电费

5. 安全文明施工费包括（　　）。

A. 环境保护费　　　　　　　　　　　　B. 文明施工费

C. 安全施工费　　　　　　　　　　　　D. 临时设施费

E. 工人临时文化福利用房

三、简答题：

1. 某新建工程的外墙抹灰是否还需计算外墙脚手架费用？

2. 措施项目费包括哪些内容？如何计算？

第九章　施工图预算

一、单选题：

1. 在施工图设计阶段，如果发现由于某专业设计原因使施工图预算超过分配的投资限额，应对（　）进行调整。
   A. 初步设计　　　　B. 施工图设计　　　　C. 设计概算　　　　D. 施工预算

2. 施工图预算对施工单位的作用不包括（　）。
   A. 监督检查执行定额标准、合理确定工程造价、测算造价指数及审定招标工程标底的重要依据
   B. 控制施工成本的依据
   C. 施工单位进行施工准备的依据
   D. 确定投标报价的依据

3. 施工图预算的编制方法有（　）。
   A. 扩大单价法和概算指标法
   B. 预算单价法和实物量法
   C. 工料单价法和综合单价法
   D. 全费用综合单价法和部分费用综合单价法

4. 采用定额单价法编制施工图预算时，出现分项工程的主要材料品种与预算单价或地区单位估价表中规定的材料不一致时，正确的处理方式是（　）。
   A. 不可以直接套用预算单价，应根据实际使用材料编制补充单位估算表
   B. 直接套用预算单价，不考虑材料品种差异的影响
   C. 直接套用预算单价，根据实际使用材料对材料数量进行调整
   D. 不可以直接套用预算单价，应根据实际使用材料价格换算分项工程预算单价

5. 定额单价法编制施工图预算的过程包括：①计算工程量；②套用定额单价，计算人料机费用；③按计价程序计取其他费用，并汇总造价；④编制工料分析表；⑤准备资料，熟悉施工图纸。正确的排列顺序是（　）。
   A. ④⑤②①③　　B. ④⑤①②③　　C. ⑤②①③④　　D. ⑤①②④③

6. 采用定额单价法计算工程费用时，若分项工程施工工艺条件与定额单价不一致而造成人工、机械的数量增减时，对定额的处理方法一般是（　）。
   A. 编制补充单价表　　B. 直接套用定额单价　　C. 调量不换价　　D. 按实际价格换算定额单价

7. 采用定额单价法编制施工图预算时，如果分项工程的某一种主要材料品种与定额单价中规定的材料品种不完全一致，该分项工程单价的确定方法是（　）。
   A. 直接套用同类材料的定额单价
   B. 按实际使用材料价格换算定额单价
   C. 调整工程量而不换算定额单价
   D. 编制补充定额单价

8. 当拟建工程与已完工程的建设条件和工程设计相同时，用已完工程的预算审查拟建工程的同类工程预算的方法是（　）。
   A. 标准预算审查法　　B. 分组审查法　　C. 重点审查法　　D. 对比审查法

9. 定额单价法编制施工图预算的工作主要有：①计算工程量；②套用定额单价，计算人、料、机费用；③按计价程序计取其他费用，并汇总造价；④编制工料分析表；⑤准备资料，熟悉施工图纸。正确的步骤是（　）。
   A. ④⑤①②③　　B. ⑤①④②③　　C. ⑤①②④③　　D. ⑤②①④③

10. 关于采用定额单价法编制施工图预算的说法，错误的是（　）。
    A. 当分项工程的名称、规格、计量单位与定额单价中所列内容完全一致时，可直接套用定额单价
    B. 当分项工程施工工艺条件与定额单价不一致而造成人工、机械的数量增减时，应调价不换量

C. 当分项工程的主要材料的品种与定额单价中规定的材料不一致时，应该按实际使用材料价格换算定额单价
    D. 当分项工程不能直接套用定额、不能换算和调整时，应编制补充单位估价表

11. 拟建工程与在建工程采用同一施工图，但二者基础部分和现场施工条件不同。则审查拟建工程施工图预算时，为提高审查效率，对其与在建工程相同部分宜采用的方法是（　）。
    A. 全面审查法　　B. 对比审查法　　C. 分组计算审查法　　D. 标准预算审查法

12. 关于施工图预算编制内容和要求的说法，正确的是（　）。
    A. 当建设项目只有一个单项工程时，则不需要编制建设项目总预算
    B. 施工图总预算应控制在已批准的设计总概算投资范围以内
    C. 单位工程预算编制依据的定额应为企业定额
    D. 建设项目总预算是反映建设项目施工阶段投资总额的造价文件

二、多选题：

1. 对施工单位而言，施工图预算是（　）的依据。
   A. 确定投标报价　　B. 控制施工成本　　C. 进行贷款
   D. 编制工程概算　　E. 进行施工准备

2. 采用定额单价法编制施工图预算过程中，工料分析表的编制依据有（　）。
   A. 分部分项实物工程量
   B. 投标企业的企业定额
   C. 预算定额项目中所列的用工数量
   D. 当时当地的市场价格信息
   E. 预算定额项目中所列的材料数量

3. 关于定额单价法编制施工图预算的说法，正确的有（　）。
   A. 当分项工程的名称、规格、计量单位与定额单价中所列内容完全一致时，可直接套用定额单价
   B. 当分项工程的主要材料的品种与定额单价中规定材料不一致时，应该按实际使用材料价格换算定额单价
   C. 当分项工程施工工艺条件与定额单价不一致造成人工、机械数量增减时，应调价不换量
   D. 当本地区的定额单价表中没有与本项目分项工程相应的内容时，可套用临近地区的单价估算表
   E. 当分项工程不能直接套用定额、不能换算和调整时，应编制补充定额单价

4. 施工图预算的编制依据包括（　）。
   A. 工程所在地人料机的市场价格　　B. 工程造价管理机构发布的预算定额
   C. 地方政府发布的区域发展规划　　D. 施工组织设计和施工方案
   E. 项目相关文件、合同和协议

5. 施工图预算的编制依据有（　）。
   A. 建设单位的资金到位情况　　B. 施工投标单位的资质等级
   C. 施工条件　　D. 施工图设计文件及相关图集、规范
   E. 施工组织设计及施工方案

6. 关于施工图预算对建设单位作用的说法，正确的有（　）。
   A. 是施工图设计阶段确定建设工程项目造价的依据
   B. 是确定建设项目筹资方案的依据
   C. 是编制进度计划，统计完成工程量的依据
   D. 是确定工程招标控制价的依据
   E. 可以作为拨付工程进度款及办理结算的基础

第十章 设计概算

一、单选题:

1. 当初步设计达到一定深度、建筑结构比较明确时,宜采用( )编制建筑工程概算。
   A. 预算单价法　　　　B. 概算指标法　　　　C. 类似工程预算法　　　　D. 概算定额法

2. 当初步设计深度不够,不能准确地计算工程量,但工程设计采用的技术比较成熟而又有类似工程概算指标可以利用时,可以采用( )编制单位建筑工程设计概算。
   A. 概算定额法　　　　B. 概算指标法　　　　C. 类似工程预算法　　　　D. 设备价值百分比法

3. 在建设项目设计总概算中,属于工程建设其他费用概算的是( )。
   A. 辅助和服务性工程费　　　　　　　　　B. 室外工程费
   C. 场外工程费　　　　　　　　　　　　　D. 勘察设计费

4. 某新建项目装配车间的土建工程概算 100 万元,给水排水和电气照明工程概算 15 万元,设计费概算 10 万元,装配生产设备及安装工程概算 100 万元,联合试运转费概算 5 万元,则该装配车间单项工程综合概算为( )万元。
   A. 215　　　　　　B. 220　　　　　　C. 225　　　　　　D. 230

5. 设计概算的编制依据不包括( )。
   A. 建设场地自然条件和施工条件
   B. 已建同类工程项目的投资档案资料
   C. 现行的有关人工和材料价格、设备原价及运杂费率等
   D. 国家及主管部门的有关法律和规章,批准的建设工程项目可行性研究报告

6. 三级设计概算指的是( )。
   A. 项目建议书概算、初步可行性研究概算、详细可行性研究概算
   B. 投资概算、设计概算、施工图概算
   C. 总概算、单项工程综合概算、单位工程概算
   D. 建筑工程概算、安装工程概算、装饰装修工程概算

7. 某大学新校区建设项目中属于分部工程费用的是( )。
   A. 土方开挖、运输与回填的费用　　　　　B. 屋面防水工程费用
   C. 教学楼土建工程费用　　　　　　　　　D. 教学楼基础工程费用

8. 不属于建筑单位工程设计概算的编制方法是( )。
   A. 设备价值百分比法　　　　　　　　　　B. 概算定额法
   C. 类似工程预算法　　　　　　　　　　　D. 概算指标法

9. 下列关于设计文件编制阶段的说法,正确的是( )。
   A. 在可行性研究阶段需编制投资估算　　　B. 在方案设计阶段需编制预算
   C. 在初步设计阶段需编制工程量清单　　　D. 在施工图设计阶段需编制设计概算

10. 下列工程造价由总体到局部的组成划分中,正确的是( )。
    A. 建设项目总造价→单项工程造价→单位工程造价→分部工程费用→分项工程费用
    B. 建设项目总造价→单项工程造价→单位工程造价→分项工程费用→分部工程费用
    C. 建设项目总造价→单项工程造价→单位工程造价→分项工程费用→分部工程费用
    D. 建设项目总造价→单位工程造价→单项工程造价→分部工程费用→分项工程费用

11. 下列组成建设工程项目总概算的费用中,属于工程费用的是( )。
    A. 勘察设计费用　　　　　　　　　　　　B. 建设期利息
    C. 土地使用费　　　　　　　　　　　　　D. 辅助生产项目的设备购置费

12. 下列费用项中,不属于单项工程综合概算内容的是( )。
    A. 单位建筑工程概算　　　　　　　　　　B. 安装工程概算
    C. 铺底流动资金概算　　　　　　　　　　D. 设备购置费用概算

13. 建设工程项目投资控制的最高限额是指经批准的( )。
    A. 项目建议书中的投资估算　　　　　　　B. 可行性研究报告中的投资估算
    C. 设计概算　　　　　　　　　　　　　　D. 修正概算

14. 某工程已有详细的设计图纸,建筑结构非常明确,采用的技术很成熟,则编制该单位建筑工程概算精度最高的方法是( )。
    A. 概算定额法　　　　　　　　　　　　　B. 概算指标法
    C. 类似工程预算法　　　　　　　　　　　D. 修正的概算指标法

15. 编制建设工程项目设计概算时,在收集原始数据后应进行的工作有:①确定有关资料;②单位工程概算书编制;③各项费用计算;④单项工程综合概算书编制。其正确顺序是( )。
    A. ③①②④　　　　B. ①③②④　　　　C. ③②①④　　　　D. ①②③④

16. 在对某建设项目设计概算审查时,找到了与其关键技术基本相同、规模相近的同类项目的设计概算和施工图预算材料,则该建设项目的设计概算最适宜的审查方法是( )。
    A. 标准审查法　　　　B. 分组计算审查法　　　　C. 对比分析法　　　　D. 查询核实法

17. 某单位建筑工程初步设计已达到一定深度,建筑结构明确,能够计算出概算工程量,则编制该单位建筑工程概算最适合的方法是( )。
    A. 类似工程预算法　　　　B. 概算指标法　　　　C. 概算定额法　　　　D. 生产能力指数法

18. 设计概算是设计单位编制和确定的建设工程项目从筹建至( )所需全部费用的文件。
    A. 竣工交付使用　　　B. 办理完竣工决算　　　C. 项目报废　　　D. 施工保修期满

19. 下列投资概算中,属于建筑单位工程概算的是( )。
    A. 机械设备及安装工程概算　　　　　　　B. 电气设备及安装工程概算
    C. 工器具及生产家具购置费用概算　　　　D. 通风空调工程概算

20. 某非生产性建设工程项目只有一个单项工程,则该单项工程综合概算包括建筑单位工程概算、设备及安装单位工程概算以及( )概算。
    A. 电气照明工程　　　　　　　　　　　　B. 工程建设其他费用
    C. 生产家具购置费用　　　　　　　　　　D. 给水排水及采暖工程

21. 某工程初步设计深度不够,不能准确计算工程量,但工程设计采用的技术比较成熟,又有类似工程概算指标可以利用,则编制该工程概算适合采用的方法是( )。
    A. 概算定额法　　　　B. 类似工程预算法　　　　C. 概算指标法　　　　D. 预算单价法

22. 根据《财政投资项目评审操作规程(试行)》(财办理〔2002〕619 号),投送评审机构评审的项目概算应由项目( )提供。

A. 建设单位　　　　　B. 主管部门　　　　　C. 设计单位　　　　　D. 施工单位

23. 关于设计概算的说法，错误的是（　　）。

A. 设计概算是确定和控制建设工程项目全部投资的文件

B. 编制设计概算不需考虑建设项目施工条件对投资的影响

C. 如果设计概算值超过投资建设额，必须修改设计或重新立项审批

D. 设计概算由项目设计单位负责编制，并对其编制质量负责

24. 根据现行规定，在审查概算的投资规模、生产能力等是否符合原批准的可行性研究报告或者立项批文时，若发现概算总投资超过原批准投资估算的（　　）以上，需要进一步审查超估算的原因。

A. 5％　　　　　B. 10％　　　　　C. 3％　　　　　D. 8％

25. 某建设工程项目的工程费用 6800 万元，其他费用 1200 万元，预备费 500 万元，建设期贷款利息 370 万元，铺底流动资金 710 万元。预计在建设过程中原房屋拆除变现收入 100 万元，试车收入大于支出金额 150 万元，则该项目总概算价值为（　　）万元。

A. 9580　　　　　B. 9680　　　　　C. 9430　　　　　D. 9330

26. 新建工程与某已建成工程仅外墙饰面不同。已建成工程外墙为水泥砂浆抹面，单价为 8.75 元/m²，每平方米建筑面积消耗量为 0.852m²；新建工程外墙为贴釉面砖，单价为 49.25 元/m²，每平方米建筑面积消耗量为 0.814m²。若已建成工程概算指标为 536 元/m²，则新建工程修正概算指标为（　　）元/m²。

A. 568.63　　　　　B. 576.50　　　　　C. 585.25　　　　　D. 613.26

27. 编制设计概算文件时，各项投资的比重及各专业投资的比重等经济分析指标应放在项目总概算文件的（　　）中。

A. 编制说明　　　　　　　　　B. 总概算表

C. 单项工程综合概算表　　　　D. 单位工程概算表

28. 某建设项目的建筑面积为 10000m²，按类似工程概算指标计算的一般土建工程单位概算造价为 1158.84 元/m²（其中人、料、机费用为 800 元/m²），项目所在地建筑安装工程企业管理费率为 8％，按人、料、机和企业管理费计算的规费费率为 15％，利润率为 7％，增值税税率为 9％。与类似工程概算指标规定的结构特征比较，该项目结构有部分变更，换出结构构件中每 100m² 的人、料、机费用为 12450 元，换入结构构件中每 100m² 的人、料、机费用为 15800 元，人、料、机费用均不包含增值税可抵扣进项税额。则该项目一般土建工程修正后的概算单价为（　　）元/m²。

A. 833.50　　　　　B. 1192.34　　　　　C. 1207.36　　　　　D. 1316.84

二、多选题：

1. 单位建筑工程概算的常用编制方法有（　　）。

A. 概算定额法　　　　　B. 预算定额法　　　　　C. 概算指标法

D. 类似工程预算法　　　E. 生产能力指标法

2. 建设项目总概算书的内容有编制说明和（　　）。

A. 分部分项工程概算表　　　　　　　　　B. 单位工程概算表

C. 单项工程综合概算表　　　　　　　　　D. 工程建设其他费用概算表

E. 总概算表

3. 关于建设工程项目设计概算的内容与作用的说法，正确的有（　　）。

A. 设计概算是项目实施全过程造价控制管理的依据

B. 设计概算是考核设计方案的经济合理性和控制施工图预算的依据

C. 项目总概算是反映项目从设计至竣工交付使用所需全部费用的文件

D. 政府投资项目经主管部门审批的总概算是总造价的最高限额，不得任意突破

E. 单位工程概算中应包括工程建设其他费用概算

第十一章　工程量清单计价概述

一、填空题：

1. 工程量清单的编制人是＿＿＿＿＿＿或者＿＿＿＿＿＿。

2. 工程量清单计价表是根据清单中的工程量，由＿＿＿＿＿＿填报综合单价和合价。

3. 清单报价中包括了完成招标人提供的工程量清单所需的全部费用，包括分部分项工程费、＿＿＿＿＿＿、＿＿＿＿＿＿、＿＿＿＿＿＿和税金。

4. 工程量清单计价采用综合单价，综合单价是指完成规定计量单位项目所需的人工费、＿＿＿＿＿＿、＿＿＿＿＿＿、＿＿＿＿＿＿及＿＿＿＿＿＿，并考虑风险因素。

5. 工程量清单表应由＿＿＿＿＿＿、＿＿＿＿＿＿、＿＿＿＿＿＿、＿＿＿＿＿＿和＿＿＿＿＿＿项目清单组成。

二、单选题：

1. 在《建设工程工程量清单计价规范》GB 50500—2013 中，其他项目清单一般包括（　　）。
   A. 预备金、分包费、材料费、机械使用费
   B. 暂列金额、暂估价、总承包服务费、计日工
   C. 总承包管理费、材料购置费、预留金、风险费
   D. 暂列金额、总承包服务费、分包工程费、计日工

2. 编制工程量清单时，若有总承包服务费，则应列在（　　）中。
   A. 分部分项工程清单　　B. 措施项目清单　　C. 其他项目清单　　D. 规费项目清单

3. 根据《建设工程工程量清单计价规范》GB 50500—2013，分部分项工程量清单项目编码以五级编码设置，采用十二位阿拉伯数字表示，应根据拟建工程的工程量清单项目名称设置的是第（　　）位。
   A. 三至四　　　　B. 五至六　　　　C. 七至九　　　　D. 十至十二

4. 根据《建设工程量清单计价规范》GB 50500—2013 编制的工程量清单中，某分部分项工程的项目编码 010302004005，则"01"的含义是（　　）。
   A. 分项工程顺序码　　B. 分部工程顺序码　　C. 专业工程顺序码　　D. 工程分类顺序码

5. 根据《建筑工程工程量清单计价规范》GB 50500—2013，分部分项工程量清单中，确定综合单价的依据是（　　）。
   A. 计量单位　　　　B. 项目特征　　　　C. 项目编码　　　　D. 项目名称

6. 根据《建设工程工程量清单计价规范》GB 50500—2013，大型垂直运输机械费应列在（　　）中。
   A. 分部分项工程量清单与计价表　　　　B. 措施项目清单
   C. 其他项目清单与计价汇总表　　　　D. 专业工程暂估价表

7. 根据《建设工程工程量清单计价规范》GB 50500—2013，关于工程量清单编制的说法，正确的是（　　）。
   A. 同一招标工程的项目编码不能重复
   B. 措施项目都应该以"项"为计量单位
   C. 所有清单项目的工程量都应以实际施工的工程量为准
   D. 暂估价是用于施工中可能发生工程变更时的工程价款调整的费用

8. 采用工程量清单招标时，提供招标工程量清单并对其完整性和准确性负责的单位是（　　）。
   A. 发布招标文件的招标人　　　　B. 发布招标文件的招标代理人
   C. 编制清单的工程造价咨询人　　D. 招标人的上级管理单位

9. 某分部分项工程的清单编号为 010302004014，则该分部分项工程的清单项目顺序码为（　　）。
   A. 01　　　　　　B. 014　　　　　　C. 03　　　　　　D. 004

10. 招标人编制工程量清单时，对各专业工程现行计量规范中未包括的项目应作补充，则关于该补充项目及其编码的说法，正确的是（　　）。
    A. 该项目编码应由对应计量规范的代码和三位阿拉伯数字组成
    B. 清单编制人在最后一个清单项目后面自行补充该项目，不需编码
    C. 该项目按计量规范中相近或相似的清单项目编码
    D. 清单编制人应将补充项目报省级或行业工程造价管理机构备案

11. 施工现场设立的安全警示标志、现场围挡等所需的费用应计入（　　）费用。
    A. 分部分项工程　　B. 规费项目　　C. 其他项目　　D. 措施项目

12. 根据《建设工程工程量清单计价规范》GB 50500—2013，编制工程量清单时，计日工表中的人工应按（　　）列项。
    A. 职称　　　　B. 工种　　　　C. 职务　　　　D. 技术等级

13. 根据《建设工程工程量清单计价规范》GB 50500—2013，编制分部分项工程量清单时，编制人必须确定项目名称、项目编码、计量单位、工程数量和（　　）。
    A. 填表须知　　B. 项目特征　　C. 项目总说明　　D. 项目工程内容

14. 根据《建设工程工程量清单计价规范》GB 50500—2013，不能列入其他项目清单的是（　　）。
    A. 专业工程暂估价　　　　　　　　B. 计日工
    C. 总承包服务费　　　　　　　　　D. 总承包人自行分包管理费

15. 根据《建设工程工程量清单计价规范》GB 50500—2013，下列费用可用暂列金额支付的是（　　）。
    A. 业主提供了暂估价的材料采购费用
    B. 因承包人原因导致隐蔽工程质量不合格的返工费用
    C. 固定总价合同中材料价格上涨费用
    D. 业主提出设计变更增加的费用

16. 根据《建设工程工程量清单计价规范》GB 50500—2013（选项中简称《计量规范》），关于分部分项工程量清单中项目名称的说法，正确的是（　　）。
    A. 《计量规范》中的项目名称是分项工程名称，以工程主要材料命名
    B. 《计量规范》中的项目名称是分部工程名称，以工程实体命名
    C. 编制清单时，项目名称应根据《计量规范》的项目名称结合拟建工程实际确定
    D. 编制清单时，《计量规范》中的项目名称不能变化，但应补充项目规格、材质

17. 根据《建设工程工程量清单计价规范》GB 50500—2013，某分部分项工程的项目编码为：010203004005，其中"004"这一级编码的含义是（　　）。
    A. 工程分类顺序码　　B. 清单项目顺序码　　C. 分部工程顺序码　　D. 分项工程顺序码

18. 根据《建设工程工程量清单计价规范》GB 50500—2013，社会保险费应列入工程量清单中的（　　）。

　　A. 分部分项工程量清单　　　　　　　　　B. 措施项目清单

　　C. 规费项目清单　　　　　　　　　　　　D. 税金项目清单

19. 关于分部分项工程量清单中项目特征描述的作用，说法错误的是（　　）。

　　A. 项目特征是进行概算审查的依据　　　　B. 项目特征是履行合同义务的基础

　　C. 项目特征是确定综合单价的前提　　　　D. 项目特征是区分清单项目的依据

20. 工程总承包人按照合同的约定对招标人依法单独发包的专业工程承包人提供了现场垂直运输设备，由此发生的费用属于（　　）。

　　A. 现场管理费　　　　B. 企业管理费　　　　C. 暂列金额　　　　D. 总承包服务费

21. 根据《建设工程工程量清单计价规范》GB 50500—2013，在编制工程量清单时，招标人对施工中噪声污染提出防护要求的描述应列在（　　）中。

　　A. 其他项目清单的暂列金额

　　B. 工程量清单编制总说明

　　C. 措施项目清单的项目特征

　　D. 可能导致噪声污染的分部分项工程量清单的项目特征

22. 根据《建设工程工程量清单计价规范》GB 50500—2013，某工程项目设计文件中的部分工作内容不足以写进施工方案，但要通过一定的技术手段才能实现。此情况在编制工程量清单时，应列入（　　）。

　　A. 分部分项工程项目清单　　　　　　　　B. 其他项目清单

　　C. 措施项目清单　　　　　　　　　　　　D. 规费项目清单

23. 根据《建设工程工程量清单计价规范》GB 50500—2013，总承包人为配合协调业主进行专业工程分包所需的费用，在投标报价时应计入（　　）。

　　A. 企业管理费　　　　B. 措施项目费　　　　C. 暂列金额　　　　D. 总承包服务费

24. 根据专业工程《计量规范》编制招标工程量清单时，有两种不同截面的现浇混凝土矩形柱，一种是 400mm×400mm，另一种是 600mm×400mm，混凝土强度等级均为 C30，其余特征相同。则在编制清单时这两个矩形柱的清单项应（　　）。

　　A. 合并列项，项目名称为"矩形柱"，在项目特征中注明混凝土强度

　　B. 分别列项，一个项目名称为"C30 现浇混凝土矩形柱 400mm×400mm"，另一个项目名称为"C30 现浇混凝土矩形柱 600mm×400mm"

　　C. 分别列项，项目名称均为"现浇混凝土矩形柱"，在项目特征中注明截面尺寸

　　D. 合并列项，项目名称为"矩形柱（400mm×400mm，600mm×400mm）"，工程数量一栏给出合并后的工程量

25. 根据《建设工程工程量清单计价规范》GB 50500—2013，施工企业为从事危险作业的建筑安装施工人员缴纳的工伤保险费应计入建筑安装工程造价的（　　）。

　　A. 人工费　　　　B. 措施费　　　　C. 规费　　　　D. 企业管理费

26. 分部分项工程量清单应包括项目编码、项目名称、项目特征、计量单位和（　　）。

　　A. 单价　　　　B. 工程量　　　　C. 税金　　　　D. 费率

27. 根据《建设工程工程量清单计价规范》GB 50500—2013 的规定，招标人在编制分部分项工程量清单表时，（　　）的内容不能填写。

　　A. 项目编码　　　　B. 项目名称　　　　C. 计量单位　　　　D. 综合单价

28. 根据《建设工程工程量清单计价规范》GB 50500—2013 的规定，综合单价中不包括（　　）。

　　A. 人工费　　　　B. 管理费　　　　C. 材料费　　　　D. 税金

29. 采用工程量清单方式招标时，工程量清单的准确性和完整性应由（　　）负责。

　　A. 编制清单的造价工程师　　　　　　　　B. 审核清单的造价工程师

　　C. 工程招标人　　　　　　　　　　　　　D. 工程造价咨询人

30. 根据现行计量规范明确的工程量计算规则，清单项目工程量是以（　　）为准，并以完成的净值来计算的。

　　A. 实际施工工程量　　　B. 形成工程实体　　　C. 返工工程量及其损耗　　D. 工程施工方案

31. 工程量清单计价模式下，宜采用参数法计价的措施项目费是（　　）。

　　A. 混凝土模板费　　　B. 夜间施工增加费　　　C. 施工围挡费　　　D. 垂直运输费

32. 分部分项工程量清单项目设置五级编码，其中第五级编码（　　）顺序码。

　　A. 专业工程　　　B. 分部工程　　　C. 分项工程　　　D. 工程量清单项目

33. 根据《建设工程工程量清单计价规范》GB 50500—2013，招标人对土方开挖清单项目的项目特征描述一般有挖方深度、基坑底宽、场内运距、弃土运距和（　　）。

　　A. 放坡的坡度系数　　　B. 槽底钎探　　　C. 排地表水的方式　　　D. 土壤类别

34. 按工程量清单计价模式计价时，工程量清单的编制人应是（　　）。

　　A. 工程设计单位　　　　　　　　　　　　B. 工程投标单位

　　C. 工程招标单位　　　　　　　　　　　　D. 工程造价管理部门

35. 清单中的综合单价中不包括分项工程的（　　）。

　　A. 措施费、管理费和规费　　　　　　　　B. 措施费、利润和规费

　　C. 管理费、规费和税金　　　　　　　　　D. 措施费、规费和税金

36. 招标方编制工程量清单时有以下工作：①确定项目编码；②研究招标文件，确定清单项目名称；③确定计量单位；④计算工程数量；⑤确定项目特征。正确的顺序是（　　）。

　　A. ②①⑤③④　　　B. ①②③④⑤　　　C. ①②⑤③④　　　D. ②③⑤④①

37. 根据《建设工程工程量清单计价规范》GB 50500—2013，某招标工程量清单中挖沟槽土方的工程量为 2600m³，投标人在考虑工作面和放坡后，预计开挖土方量为 5090m³，运输土方量为 1925m³，人料机及管理费、利润合价为 118200 元。不考虑其他因素，则该分项工程的工程量清单综合单价为（　　）元/m³。

　　A. 16.85　　　B. 23.22　　　C. 45.46　　　D. 61.40

38. 《建设工程工程量清单计价规范》GB 50500—2013 中的工程量清单综合单价，是指完成工程量清单中一个规定项目所需的（　　），以及一定范围的风险费用。

　　A. 人工费、材料和工程设备费、施工机具使用费、企业管理费、利润、税金

　　B. 人工费、材料和工程设备费、施工机具使用费、企业管理费、利润

　　C. 人工费、材料和工程设备费、施工机具使用费、企业管理费、利润、规费

　　D. 人工费、材料和工程设备费、施工机具使用费、企业管理费、利润、规费和税金

39. 工程量清单计价模式下，招标文件中工程量清单标明的分部分项工程量的确定方法是（　　）。

　　A. 按施工图图示尺寸计算工程净量

　　B. 按施工图图示尺寸加允许误差计算工程量

　　C. 按施工方案计算工程总量

　　D. 按施工方案加允许误差计算工程量

40. 根据《建设工程工程量清单计价规范》GB 50500—2013 计价的某土方工程，业主提供的清单工程量为 3951m³。施工企业预计的实际施工量为 7902m³，预计完成该分项工程的人料机费用总和为 115265.27 元，管理费为 39190.19 元，利润为 9221.22 元，不考虑风险费和其他因素，则该分项工程的综合单价应为（　　）元/m³。

A. 41.43　　　　　　　B. 20.71　　　　　　　C. 29.17　　　　　　　D. 94.48

41. 根据《建设工程工程量清单计价规范》GB 50500—2013，关于工程量清单编制的说法，正确的是（　　）。

A. 综合单价包括应由招标人承担的全部风险费用

B. 招标文件提供了暂估单价的材料，其材料费用应计入其他项目清单费

C. 措施项目费包括规费、税金等在内

D. 规费和税金必须按有关部门的规定计算，不得作为竞争性费用

42. 根据《建设工程量清单计价规范》GB 50500—2013，分部分项工程清单综合单价应包含（　　）以及一定范围内的风险费用。

A. 人工费、材料费和工程设备费、施工机具使用费、企业管理费、利润

B. 人工费、材料费、施工机具使用费、企业管理费、规费

C. 人工费、材料和工程设备费、施工机具使用费、规费、利润、税金

D. 材料费、工程设备费、施工机具使用费、规费、税金、企业管理费

43. 根据《建设工程工程量清单计价规范》GB 50500—2013，关于分部分项工程量清单中工程量计算的说法，正确的是（　　）。

A. 实际施工中的各种损耗应列入措施项目费中

B. 所有招标清单项目工程量按实际施工工程量计算

C. 计算综合单价时需考虑施工方案增加的工程量，但不考虑施工中的材料损耗

D. 采用工程量清单计算规则计算时，工程实体的工程量是唯一的

44. 根据《建设工程工程量清单计价规范》GB 50500—2013，适宜采用综合单价法计价的措施项目费是（　　）。

A. 脚手架工程费　　　　　　　　　　B. 夜间施工增加费

C. 冬雨期施工增加费　　　　　　　　D. 二次搬运费

45. 工程量清单计价模式下，关于分部分项工程量和定额子目工程量的说法，错误的是（　　）。

A. 清单工程量是按施工图图示尺寸和工程量清单计算规则计算得到的工程净量

B. 清单工程量是承包人履行合同义务中应予完成的实际施工的工程量

C. 定额子目工程量应严格按照与所采用的定额相对应的工程量计算规则计算

D. 一个清单项目只对应一个定额子目时，清单工程量和定额工程量也可能不同

46. 根据《建设工程工程量清单计价规范》GB 50500—2013，招标工程量清单中挖土方工程量为20000m^3。定额子目工程量为35000m^3，挖土方定额人工费 7 元/m^3，材料费 1 元/m^3，机械使用费 2 元/m^3，管理费取人、料、机费用之和的 14%，利润率取人、料、机费用与管理费之和的 8%。不考虑其他因素，该挖土方工程的综合单价为（　　）元/m^3。

A. 21.55　　　　　　　B. 21.35　　　　　　　C. 12.31　　　　　　　D. 11.40

三、多选题：

1. 招标工程量清单应由（　　）等组成。

A. 分部分项工程量清单　　　　　　　　B. 综合单价分析清单

C. 措施项目清单　　　　　　　　　　　D. 其他项目清单

E. 主要材料价格清单

2. 招标工程量清单是（　　）的依据。

A. 进行工程索赔　　　　　　　　　　　B. 编制项目投资估算

C. 编制招标控制价　　　　　　　　　　D. 支付工程进度款

E. 办理竣工结算

3. 根据《建设工程工程量清单计价规范》GB 50500—2013，应计入社会保险费的有（　　）。

A. 财产保险费　　　　　　　B. 失业保险费　　　　　　　C. 医疗保险费

D. 劳动保险费　　　　　　　E. 工伤保险费

4. 根据《建设工程工程量清单计价规范》GB 50500—2013，编制措施项目清单时，措施项目设置的依据有（　　）。

A. 投标企业的资质等级与规模　　　　　B. 拟建工程的常规施工组织设计

C. 拟建工程的常规施工技术方案　　　　D. 实施中因变更可能产生的零星工作

E. 招标文件中需要通过一定技术措施才能实现的要求

5. 根据《建设工程工程量清单计价规范》GB 50500—2013，下列清单项目中，应列入其他项目清单的有（　　）。

A. 计日工　　　　　　　　　B. 暂估价　　　　　　　　　C. 材料二次搬运费

D. 总承包服务费　　　　　　E. 工程排污费

6. 按照造价形成划分的建筑安装工程费用中，暂列金额主要用于（　　）。

A. 施工中可能发生的工程变更的费用

B. 总承包人为配合发包人进行专业工程发包产生的服务费用

C. 施工合同签订时尚未确定的工程设备采购的费用

D. 在高海拔特殊地区施工增加的费用

E. 工程施工中合同约定调整因素出现时工程价款调整的费用

7. 根据《建设工程工程量清单计价规范》GB 50500—2013，应计入规费项目清单的费用有（　　）。

A. 安全文明施工费　　　　　B. 住房公积金　　　　　　　C. 工伤保险费

D. 工程定位复测费　　　　　E. 增值税销项税额

8. 根据《建设工程工程量清单计价规范》GB 50500—2013，关于招标工程量清单中项目特征的说法，正确的有（　　）。

A. 项目特征是确定一个清单项目综合单价的重要依据

B. 项目特征主要涉及项目的自身特征，不涉及项目的工艺特征

C. 项目特征是区分清单项目的重要依据

D. 项目特征决定了工程实体的实质内容，直接决定工程实体的自身价值

E. 仅有分部分项工程量清单项目需要进行项目特征描述

9. 根据《建设工程工程量清单计价规范》GB 50500—2013，安全文明施工费包括（　　）。

A. 环境保护费　　　　　　　B. 临时设施费　　　　　　　C. 施工降水费

D. 二次搬运费　　　　　　　E. 冬雨期施工增加费

10. 根据《建设工程工程量清单计价规范》GB 50500—2013 的规定，工程量清单包括（　　）。

A. 施工机械使用费清单　　　　　　　　B. 规费项目清单

C. 分部分项工程项目清单　　　　　　　D. 措施项目清单

E. 其他项目清单

11. 以下（　　）工程建设项目应按照《建设工程工程量清单计价规范》GB 50500—2013 的规定进行清单招标。

A. 全部使用国有资金投资的　　　　　　B. 世界银行贷款的

C. 国有资金投资为主的　　　　　　　　D. 自筹资金的

E. 房地产开发商投资的

12. 在工程招标投标阶段，工程量清单的主要作用有（　　）。

A. 为招标人编制投资估算文件提供依据

B. 为投标人投标竞争提供一个平等基础

C. 招标人可据此编制招标控制价

D. 投标人可据此调整清单工程量

E. 投标人可按其表述的内容填报相应价格

13. 适宜用参数法计价的措施项目费有（　　）。

A. 混凝土模板费   B. 二次搬运费   C. 安全文明施工费

D. 垂直运输费   E. 已完工程及设备保护费

14. 根据《建设工程工程量清单计价规范》GB 50500—2013，工程量清单计价计算公式，正确的有（　　）。

A. 措施项目费＝∑分部分项工程量×分部分项工程综合单价

B. 分部工程工程量＝∑分部工程工程量×分部分项工程综合单价

C. 单项工程造价＝∑单位工程造价

D. 单位工程造价＝∑分部分项工程费

E. 建设项目总造价＝单项工程造价＋工程建设其他费用＋建设期利息

15. 施工企业拟投标一个单独招标的分部分项工程项目，清单工程量为 10000m³。企业经测算，完成该分部分项工程施工直接消耗的人、料、机费用为 200 万元（不含增值税进项税额）。估计管理费为 16 万元，

风险费用 2 万元，利润 30 万元。为完成该分部分项工程的措施项目费估计为 24 万元（其中安全文明施工费 18 万元）（不含增值税进项税额）。估计全部规费 20 万元，税金 9 万元。不考虑其他因素，关于该分部分项工程的说法，正确的有（　　）。

A. 全费用综合单价为 292 元/m³

B. 工料单价为 200 元/m³

C. 按现行清单计价规范综合单价为 248 元/m³

D. 按现行清单计价规范，为了中标，规费、税金可降至 20 万元

E. 按现行清单计价规范，措施项目费报价不能低于 18 万元

16. 根据《建设工程工程量清单计价规范》GB 50500—2013，下列清单项目中，属于其他项目清单的有（　　）。

A. 暂列金额   B. 暂估价   C. 应急费

D. 未明确项目的准备金   E. 计日工

17. 根据《建设工程工程量清单计价规范》GB 50500—2013，分部分项工程综合单价包括完成规定计量单位清单项目所需的人工费、材料和工程设备费、施工机具使用费以及（　　）。

A. 企业管理费   B. 利润   C. 规费

D. 税金   E. 一定范围内的风险费

第十二章 建筑工程工程量清单的编制

一、填空题：

1. 在工程量清单计价规范中，平整场地的工程量等于_____。

2. 在工程量清单计价规范中，计算挖基础土方工程量时不考虑_____、_____等因素造成的实际增加的土方量。

3. 在工程量清单计价规范中，计算砌体工程量时应扣减门窗的_____体积。

4. 在工程量清单计价规范中，现浇混凝土构件的工程量按_____计算。

二、简答题：

1. 平整场地的工程量如何计算？挖基础土方的工程量如何计算？与定额的工程量是否相同？

2. 砌筑工程量如何计算？砌块墙体高度如何确定？基础和结构的划分界限在哪里？

3. 混凝土结构的梁、板、柱的工程量如何计算？

4. 钢筋工程的工程量如何计算？

5. 屋面工程如何计算工程量？屋面工程中的水泥砂浆找平层按什么项目编码列项？屋面工程中的隔气层按什么项目编码列项？

6. 防水工程如何计算工程量？防水工程计算工程量时应注意什么问题？

7. 保温隔热屋面、保温隔热天棚的工程量如何计算？

8. 混凝土工程中的柱高、梁长、墙高是如何规定计算尺寸的？

9. 平板、无梁板和有梁板的图示面积是如何计算的？

10. 柱帽的体积应并入什么工程量内？

11. 计算楼梯的混凝土工程量是否扣除梯井？

12. 现浇混凝土基础垫层和灰土垫层的项目编码是否相同？

13. 门窗工程的工程量是否按门窗的框外围面积计算？

14. 各分部分项工程的计量单位是否有扩大计量单位？如：$10m^3$、$100m^2$。

第十三章　装饰工程工程量清单和措施项目清单的编制

简答题：

1. 什么是整体面层？如何计算整体面层的工程量？

2. 块料面层的工程量如何计算？

3. 如何计算楼梯面层的工程量？是否包括楼梯侧面和底面面层的工程量？

4. 天棚抹灰的工程量是否包括楼梯底面抹灰的面积？天棚抹灰的工程量是否包括板底梁两侧面抹灰的面积？

5. 墙柱面块料面层的工程量如何计算？

6. 油漆、涂料工程量的计算规则有哪些？

7. 装饰线的工程量是按设计图示长度以米计算吗？

8. 墙面抹灰的工程量是否等于墙面涂料的工程量？

9. 措施项目包括哪些内容？按建筑面积计算清单工程量的措施项目有哪些？

10. 同一建筑物有不同檐高时，相关的措施费用有哪些？如何计算工程量？

11. 安全文明施工费的工作内容包括哪些？

第十四章　建筑工程工程量清单计价示例

本章附图 1 某别墅、附图 2 某办公楼、附图 3 某医院住院楼，共 3 套图纸，供课程设计使用。根据相关图纸，完成以下作业内容，汇总成一份完整的报价书。

1. 预算书封面

工程概预算书

工程名称：	综合办公楼	工程地点：	＊＊＊＊
建筑面积：	＊＊＊＊　m²	结构类型：	＊＊结构
工程造价：	＊＊＊＊　元	单方造价：	＊＊＊＊元/m²
建设单位：		设计单位：	
施工单位：		编制人：	
审核人：		编制日期：	
建设单位：	（公章）	施工单位：	（公章）

2. 编制说明：包括工程概况和编制依据。

工程概况包括：
(1) 简要说明工程名称、坐落地点、结构类型、层数、耐火等级和抗震等级；
(2) 建筑面积、层高、檐高、室内外高差；
(3) 基础类型及设计尺寸、混凝土强度等级；
(4) 混凝土构件（柱、梁、板、构造柱等）的断面尺寸和混凝土强度等级，可列表说明；
(5) 门窗规格及数量表；
(6) 屋面的工程做法、墙面（外、内、女儿墙）的材料做法及厚度；
(7) 柱、梁、板、墙等混凝土构件的模板选用说明；
(8) 建筑配件的设置及数量。

编制依据主要有：
(1) 某综合办公楼土建工程施工图纸；
(2) 2012 年北京市建设工程计价依据——预算定额；
(3) 北京市建设工程造价管理有关文件；
(4) 参考图集：建筑构造通用图集 88J1 及 88J3、88J4、88J5、88JX1。
其他说明主要是混凝土、砂浆的定额单价换算的计算；檐高的计算。

3. 单位工程费用表：

单位工程费用表

工程名称：　　　　　　　　　　　　　　　　　　　　　　　　第 页 共 页

序号	费用名称	费率(%)	费用金额
1	分部分项工程费		
1.1	其中:人工费		
2	措施项目费		
2.1	其中:人工费		
2.2	其中:安全文明施工费		
3	其他项目费		0
3.1	其中:总承包服务费		0
3.2	其中:计日工		0
3.2.1	其中:计日工人工费		0
4	企业管理费		
5	利润	7	
6	规费	20.25	
6.1	其中:社会保险费		
6.2	其中:住房公积金费		
7	增值税	9	
8	工程造价		

4. 措施项目计算表：

措施项目计算表

工程名称：　　　　　　　　　　　　　　　　　　　　　　　　第 页 共 页

序号	名称	计算式	人工费	费用金额(元)	未计价材料费
一	单价措施				
1	综合脚手架				
2	现浇混凝土模板及支架				
3	垂直运输				
4	工程水电费				
二	总价措施				
1	安全文明施工				
2	夜间施工				
3	非夜间施工照明				
4	二次搬运				
5	冬雨期施工				
6	已完工程及设备保护				
7	施工排水、降水费				
	合计				

5.分部分项工程费汇总表：

分部分项工程费汇总表

工程名称：

序号	工程项目	预算价(元)	其中：人工费(元)
一	土石方工程		
二	砌筑工程		
三	混凝土及钢筋混凝土工程		
四	门窗工程		
五	屋面及防水工程		
六	保隔、隔热、防腐工程		
七	楼地面装饰工程		
八	墙、柱面装饰		
九	天棚工程		
十	油漆、涂料、裱糊工程		
	合　计		

6.分部分项工程造价表：

分部分项工程造价表

工程名称：

序号	定额编号	项目名称	工程量		预算价(元)		其中(元)	
			单位	数量	单价	合价	人工费	材料费
	一	土石方工程						
1	1-1	平整场地	m²	1000	3.47	3470	3340	—

7.单价措施项目造价表：

单价措施项目造价表

工程名称：某办公楼

定额编号	工程项目	工程量		预算价(元)		其中:人工费(元)	
		单位	数量	单价	合计	单价	合计
一	工程水电费						
16-*	…	m²					
二	脚手架工程						
17-*	±0.000 以上工程搭拆	100m²					
17-*	±0.000 以上工程租赁	100m²					
三	现浇混凝土模板及支架						
17-*		m²					
四	垂直运输						
17-*		m²					
	合计				C		

注：以上表格中的定额编号以及费率是按北京市 2012 年预算定额为例，表格中的费用金额即预算价。

8.工程量计算表：

工程量计算表

工程名称：

序号	工程项目	计算式	单位	数量
	建筑面积	…	m²	
一、	土石方工程			
1.	平整场地	…	m²	100

第十五章 建设工程承包合同价格

一、单选题：

1. 关于招标控制价，说法正确的是（　　）。
A. 必须保密
B. 开标前应予以公布
C. 开标前由招标方确定是否上调或下浮
D. 不可作为评标的依据

2. 投标人在工程量清单投标报价时，风险的费用考虑在（　　）。
A. 其他项目清单计价表
B. 分部分项工程清单计价表
C. 零星工作费用表
D. 规费项目清单计价表

3. 采用工程量清单计价，可竞争性费用是（　　）。
A. 分部分项工程费　　B. 税金　　C. 规费　　D. 安全文明施工费

4. 根据《建设工程工程量清单计价规范》GB 50500—2013，投标时可由投标企业根据其施工组织设计，自主报价的是（　　）。
A. 安全文明施工费
B. 大型机械设备进出场及安拆费
C. 规费
D. 税金

5. 根据《建设工程工程量清单计价规范》GB 50500—2013，编制投标文件时，招标文件中已提供暂估价的材料价格应根据（　　）计入综合单价。
A. 投标人自主确定价格
B. 投标时当地的市场价格
C. 招标文件列出的单价
D. 政府主管部门公布的价格

6. 根据《建设工程工程量清单计价规范》GB 50500—2013，采用工程量清单招标的工程，投标人在投标报价时不得作为竞争性费用的是（　　）。
A. 二次搬运费
B. 安全文明施工费
C. 夜间施工费
D. 总承包服务费

7. 实行工程量清单计价的招标工程，投标人可完全自主报价的是（　　）。
A. 暂列金额
B. 总承包服务费
C. 专业工程暂估价
D. 措施项目费

8. 某建设项目分部分项工程的费用为20000万元（其中定额人工费占分部分项工程费的15%），措施项目费为500万元，其他项目费为740万元。以上数据均不含增值税。规费为分部分项工程定额人工费的8%，增值税税率为9%，则该项目的招标控制价为（　　）万元。
A. 23151.60　　B. 23413.20　　C. 24895.60　　D. 26421.60

9. 根据《建设工程工程量清单计价规范》GB 50500—2013，采用工程量清单招标的工程，投标人在投标报价时不得作为竞争性费用的是（　　）。
A. 夜间施工费
B. 施工排水降水费
C. 安全文明施工费
D. 二次搬运费

10. 若施工招标文件和中标人投标文件对工程质量标准的定义不一致，则商签施工合同时，工程质量标准约定应以（　　）为准。
A. 中标人投标文件
B. 双方重新协商的结果
C. 招标文件
D. 中标通知书

11. 招标人编制招标控制价与投标人报价的共同基础是（　　）。
A. 工料单价
B. 综合单价
C. 按拟采用施工方案计算的工程量
D. 工程量清单标明的工程量

12. 关于投标报价与招标控制价的说法，正确的是（　　）。
A. 两者均为期望价格
B. 投标报价高于招标控制价的为废标
C. 招标控制价是投标报价的成本价
D. 开标时招标控制价可根据投标报价上下浮动

13. 在招投标过程中，若招标文件某分部分项工程量清单项目特征描述与设计图纸不符，投标人报价时应按（　　）确定综合单价。
A. 设计图纸
B. 预算定额
C. 企业定额
D. 招标工程量清单

14. 根据《建设工程工程量清单计价规范》GB 50500—2013，采用工程量清单招标的工程，投标人在投标报价时不得作为竞争性费用的是（　　）。
A. 工程定位复测费
B. 税金
C. 冬雨期施工增加费
D. 总承包服务费

15. 按照《建设工程工程量清单计价规范》GB 50500—2013投标的工程，完全不能竞争的部分是（　　）。
A. 分部分项工程费
B. 措施项目费
C. 其他项目费
D. 规费

16. 根据《建设工程工程量清单计价规范》GB 50500—2013，投标企业可以根据拟建工程的具体施工方案进行列项的清单是（　　）。
A. 分部分项工程量清单
B. 措施项目清单
C. 其他项目清单
D. 规费项目清单

17. 根据《建设工程工程量清单计价规范》GB 50500—2013，关于投标报价的说法，错误的是（　　）。
A. 暂列金额应按照招标工程量清单中列出的金额填写，不得变动
B. 专业工程暂估价必须按照招标工程量清单中列出的金额填写
C. 计日工应按照招标文件中的数量和单价计算总费用
D. 总承包服务费应按照招标人的要求和现场管理需要自主确定

18. 投标人经复核，认为招标人公布的招标控制价未按照《建设工程工程量清单计价规范》GB 50500—2013的规定进行编制的，应在招标控制价公布后（　　）天内向招投标监督机构和工程造价管理机构投诉。
A. 10　　　　　　B. 7　　　　　　C. 5　　　　　　D. 3

19. 关于工程量清单招标方式下投标人报价的说法，正确的是（　　）。
A. 暂估价中的材料应按暂估单价计入综合单价
B. 专业工程暂估价中的专业工程应由投标人自主确定价格并计入报价
C. 措施项目中的总价项目应包括规费和税金
D. 投标人报价时可以给予一定幅度的总价优惠

20. 根据《建设工程工程量清单计价规范》GB 50500—2013，工程造价管理机构受理投标人对招标控制价投诉并组织复查后，发现招标控制价复查结论与招标人原公布的招标控制价误差超过（　　）以上时，

应当责成招标人改正。

  A. ±2%   B. ±3%   C. ±4%   D. ±5%

21. 投标过程中，若投标人发现招标工程量清单项目特征描述与施工图纸不符时，应以（ ）为准进行报价。

  A. 招标工程量清单的项目特征   B. 招标文件中的施工图纸说明

  C. 实际施工的项目特征   D. 投标人按规范修正后的项目特征

22. 某土方工程，招标工程量清单中挖土方工程数量为3000m³。投标人依据地质资料和施工方案计算的实际挖土方量为3600m³，挖土方的人、料、机费为65000元；人工运土的人、料、机费用25000元，机械运土的人、料、机费用58000元。企业管理费取人、料、机总费用的14%，利润率取人、料、机总费用与管理费和的8%，不考虑其他因素，则投标人挖土方的投标综合单价为（ ）元。

  A. 60.74   B. 60.19   C. 50.62   D. 50.16

23. 根据《建设工程工程量清单计价规范》GB 50500—2013，施工企业综合单价的计算有以下工作：①确定组合定额子目并计算各子目工程量；②确定人、料、机单价；③测算人、料、机的数量；④计算清单项目的综合单价；⑤计算清单项目的管理费和利润；⑥计算清单项目的人、料、机总费用。正确的步骤是（ ）。

  A. ②③①⑤⑥④   B. ③①②⑥⑤④

  C. ①③②⑥⑤④   D. ①③②④⑥⑤

24. 根据《建设工程工程量清单计价规范》GB 50500—2013，投标人在确定分部分项工程的综合单价时，若出现某招标工程量清单项目特征描述与设计图纸不符，但均符合设计规范，应以（ ）为准。

  A. 设计图纸及其说明   B. 设计规范

  C. 招标工程量清单的项目特征描述   D. 实际施工的项目特征

25. 施工过程中，出现施工图纸变更导致项目特征与招标工程量清单项目特征描述不符时，综合单价的确定应以（ ）的项目特征为准。

  A. 原设计图纸所示   B. 清单描述

  C. 变更图纸所示   D. 标准图集描述

26. 施工过程中必须发生，但在投标时很难具体分项预测，又无法单独列出项目内容的措施项目费用，宜采用的计价方法是（ ）。

  A. 工料单价法   B. 参数法

  C. 全费用综合单价法   D. 分包法

27. 在招标工程的合同价款约定中，若招标文件与中标人投标文件不一致，应以（ ）中的价格为准。

  A. 投标文件   B. 招标文件

  C. 工程造价咨询机构确认书   D. 审计报告

28. 当招标人要求对其发包的专业工程进行现场协调和统一管理，对竣工资料进行统一汇总整理时，总承包服务费应按发包的专业工程估算造价的（ ）%左右计算。

  A. 1   B. 1.5   C. 3   D. 5

29. 某施工企业编制投标报价时，对可以分包的室内空气污染测试费，其报价适宜采用的计算方法是（ ）。

  A. 根据需要消耗的实物工程量和实物单价计算

  B. 以定额分部分项工程费乘以系数计算

  C. 分包价格基础上加上投标人的管理费和风险费

  D. 分包价格基础上加上投标人的管理费、风险费、利润和税金

30. 根据《建设工程工程量清单计价规范》GB 50500—2013，一般情况下编制招标控制价采用的材料价格应优先选用（ ）。

  A. 工程造价管理机构通过工程造价信息发布的材料单价

  B. 招标人的材料供应商提供的材料单价

  C. 近三个月当地已完工程材料结算单价的平均值

  D. 当时当地市场的材料单价

31. 某工程的招标工程量清单中人工挖土方工程数量为5800m³。投标单位根据己方施工方案确定的挖方工程量为11200m³，人工、材料、机械费用之和为50元/m³，综合单价确定为80元/m³，则在如下人工挖土方分项工程的综合单价分析表中，"＊"位置对应的数量应为（ ）。

项目编号		项目名称	人工挖土方	计量单位	m³

清单综合单价组成明细										
定额编号	定额名称	定额单位	数量	单价				合计			
				人工费	材料费	机械费	管理费和利润	人工费	材料费	机械费	管理费和利润
	人工挖土	m³	＊	…	…	…	…	…	…	…	…
	…	…	…	…	…	…	…	…	…	…	…

  A. 0.52   B. 0.63   C. 1.60   D. 1.93

32. 根据《建设工程工程量清单计价规范》GB 50500—2013，某工程项目的钢筋由发包人在施工合同签订后与承包人一起招标采购。编制招标工程量清单时，招标人将HR335钢筋暂估价定为4200元/t，已知市场平均价格为3650元/t。若甲投标人自行采购，其采购单价低于市场平均价格，则甲投标人在投标报价时HR335钢筋应采用的单价是（ ）。

  A. 甲投标人自行采购价格   B. 4200元/t

  C. 3650元/t   D. 预计招标采购价格

33. 根据《建设工程工程量清单计价规范》GB 50500—2013，关于投标人的投标总价编制的说法，正确的是（ ）。

  A. 为降低投标总价，投标人可以将暂列金额降至零

  B. 投标人对投标报价的任何优惠均应反映在相应清单项目的综合单价中

  C. 投标总价可在分部分项工程费、措施项目费、其他项目费和规费、税金合计金额上做出优惠

  D. 开标前投标人来不及修改标书时，可在投标者致函中给出优惠比例，并将优惠后的总价作为新的投标价

34. 根据《建设工程工程量清单计价规范》GB 50500—2013，某工程在2018年5月15日发布招标公告，规定投标文件提交截止日期为2018年6月15日。在2018年6月6日招标人公布了修改后的招标控制价（没有超过批准的投资概算）。对此情况招标人应采取的做法是（ ）。

  A. 将投标文件提交的截止日期仍确定为2018年6月15日

  B. 将投标文件提交的截止日期延长到2018年6月18日

  C. 将投标文件提交的截止日期延长到2018年6月21日

  D. 宣布此次招标失败，重新组织招标

35. 投标人编制分部分项工程综合单价的主要工作有：①计算清单项目的管理费和利润；②测算人、料、机消耗量；③确定组合定额子目并计算各子目工程量；④确定人、料、机单价。正确的顺序是（ ）。

  A. ③①②④ B. ②①③④ C. ③②④① D. ③②①④

36. 工程量清单计价模式下，投标人应按照招标工程量清单中列出的金额填写且不得变动的项目是

（　　）。

A. 暂列金额和总承包服务费
B. 暂列金额和专业工程暂估价
C. 计日工和总承包服务费
D. 计日工和专业工程暂估价

37. 根据《建设工程工程量清单计价规范》GB 50500—2013，关于投标人投诉招标人不按规范编制招标控制价的说法，正确的是（　　）。

A. 投诉期为招标控制价公布后的 15 天内
B. 投标人应向政府投资管理部门投诉
C. 投诉书应明确投诉人的相关请求及主张
D. 投诉时，应当提交只加盖投标单位公章的书面投诉书

38. 发承包双方在进行招标工程合同价款约定时，若出现中标人投标文件与招标文件不一致的情况，正确的做法是（　　）。

A. 以中标人投标文件为准
B. 以招标文件为准
C. 由双方重新商定不一致的条款
D. 选择有利于招标人的条款

39. 关于单价合同中工程量计量的说法，正确的是（　　）。

A. 单价合同应予计量的工程量是承包人实际施工的工程量
B. 承包人因自身原因造成返工的工程量应予计算
C. 工程计量应以设计图纸为依据
D. 承包人为保证工程质量超过图纸要求的工程量应予计量

40. 某工程项目土方工程采用人工挖土方、人工运输和机械运输，招标工程量清单中的挖土方数量为 2000m³，投标人计算的施工挖土方数量为 3500m³，余土外运。投标人计算的人工挖土方费用为 42000 元，人工运土费用为 15000 元，机械运土费用为 38000 元，管理费用取人、料、机之和的 14%，利润取人、料、机与管理费之和的 8%。根据《建设工程工程量清单计价规范》GB 50500—2013，不考虑其他因素，投标人报价时挖土方综合单价为（　　）元/m³。

A. 33.41　　　　B. 58.48　　　　C. 61.56　　　　D. 73.10

41. 工程投标时，投标人在投标截止日前一天发现招标工程量清单中某分项工程量有明显的计算错误，则最适宜采取的做法是（　　）。

A. 按照施工中可能的工程量填报单价，不做任何额外说明
B. 电话咨询招标人，根据招标人口头认可的数量填报单价
C. 按照投标人修正的工程量填报单价，另在投标致函中予以说明
D. 按照原招标文件的工程量填报单价，另在投标致函中予以说明

42. 对于没有施工图，工程量不明，却急需开工的紧迫工程，发包方宜采用（　　）合同。

A. 纯单价　　　B. 估计工程量单价　　　C. 固定总价　　　D. 可调总价

43. 对于承包商来说，下列合同中风险最小的是（　　）合同。

A. 可调总价　　　B. 可调单价　　　C. 成本加奖罚　　　D. 成本加固定金额酬金

44. 根据现行计价规范，实行工程量清单计价的工程通常采用（　　）合同。

A. 固定总价　　　B. 可调总价　　　C. 单价　　　D. 成本加酬金

45. 采用固定总价合同时，发包方承担的风险是（　　）。

A. 实物工程量变化　　　B. 工程单价变化　　　C. 工期延误　　　D. 工程范围变更

46. 招标控制价是招标人根据政府主管部门发布的有关计价依据和办法，按（　　）计算的对招标工程限定的最高工程造价。

A. 概算指标　　　B. 施工图纸　　　C. 估算指标　　　D. 基础定额

47. 某工程合同价的确定方式为：发包方不需对工程量做出任何规定，承包方在投标时只需按发包方给出

的分部分项工程项目及工程范围做出报价，而工程量则按实际完成的数量结算。这种合同属于（　　）。

A. 纯单价合同
B. 估算工程量单价合同
C. 不可调值单价合同
D. 可调值总价合同

48. 估算工程量单价合同结算工程最终价款的依据是合同中规定的分部分项工程单价和（　　）。

A. 工程量清单中提供的工程量
B. 施工图中的图示工程量
C. 合同双方商定的工程量
D. 承包人实际完成的工程量

49. 关于建设项目单价合同特点的说法，正确的是（　　）。

A. 实施项目的工程性质和工程量应在事先确定
B. 实际总价按工程量清单工程量与合同单价确定
C. 承包方在投标报价中不需要考虑风险费用
D. 实际工程价格可能大于也可能小于合同价格

50. 在固定总价合同的执行过程中，发包方应对合同总价做相应调整的情况是（　　）。

A. 工程量减少 5%　　　B. 水泥价格上涨 3%　　　C. 出现恶劣气候　　　D. 工程范围变更

二、多选题：

1. 根据《建设工程工程量清单计价规范》GB 50500—2013，关于投标人投标报价编制的说法，正确的有（　　）。

A. 投标报价应以投标人的企业定额为依据
B. 投标报价应根据投标人的投标战略确定，必要的时候可以低于成本
C. 投标中若发现清单中的项目特征与设计图纸不符，应以项目特征为准
D. 招标文件中要求投标人承担的风险费用，投标人应在综合单价中予以考虑
E. 投标人可以根据项目的复杂程度调整招标人清单中的暂列金额的大小

2. 根据《建设工程工程量清单计价规范》GB 50500—2013，关于国有资金的投资项目招标控制价的说法，正确的有（　　）。

A. 招标控制价可以在公布后上调或下浮
B. 招标控制价是对招标工程限定的最高限价
C. 招标控制价的作用与标底完全相同
D. 招标控制价超过批准的概算时，招标人应将其报原概算审批部门审核
E. 投标人的投标报价高于招标控制价的，其投标应予以拒绝

3. 根据《建设工程工程量清单计价规范》GB 50500—2013，关于招标控制价的说法，正确的是（　　）。

A. 招标控制价是对招标工程项目规定的最高工程造价
B. 招标控制超过批准的概算时，招标人应将其报原概算审批部门审核
C. 国有或非国有资金投资的建设工程招标，招标人必须编制招标控制价
D. 招标控制价应在招标文件中发布，在招标过程中不应上调，但可适当下浮
E. 投标人的投标报价高于招标控制价时，其投标应按废标处理

4. 发承包双方应在施工合同中约定的合同价款事项有（　　）。

A. 工程价款的调整因素、方法、程序、支付方式及时间
B. 承担计价风险的内容、范围以及超出约定内容、范围的调整方法
C. 投标保证金的数额、支付方式及时间
D. 工程竣工价款结算编制与核对、支付方式及时间
E. 违约责任以及发生合同价款争议的解决方法及时间

5. 关于工程量清单计价下施工企业投标报价原则的说法，正确的有（　　）。

A. 投标报价由投标人自主确定

B. 投标报价不得低于工程成本

C. 投标人应该以施工方案、技术措施等作为投标报价计算的基本条件

D. 投标报价要以招标文件中设定的发承包双方责任划分作为基础

E. 确定投标报价时不需要考虑发承包模式

6. 工程量清单招标时，投标人编制投标报价前应认真复核工程量清单中的分部分项工程量，因为该工程量会影响（　　）。

    A. 施工方法选择   B. 劳动力和机具安排

    C. 投标综合单价报价   D. 投标总价的计算

    E. 结算工程量的确定

7. 根据《建设工程工程量清单计价规范》GB 50500—2013，关于招标控制价的说法，正确的有（　　）。

A. 国有资金投资的建设工程招标，必须编制招标控制价

B. 国有资金投资的建设工程招标，招标控制价应控制在已批准的投资概算内

C. 招标控制价应在招标文件中公布，不得变动

D. 投标人的投标报价若高于招标控制价，其投标应被拒绝

E. 招标控制价只能由具有编制能力的招标人自行编制

8. 下列资料中，属于编制招标工程量清单和招标控制价共同依据的有（　　）。

A. 建设工程设计文件及相关资料

B. 与建设项目相关的标准、规范、技术资料

C. 建设工程工程量清单计价规范

D. 施工现场情况和施工企业定额

E. 工程造价管理机构发布的工程造价信息

9. 某施工企业投标一个单独招标的分部分项工程项目，招标清单工程量为3000m³。经测算：该分部分项工程直接消耗的人、料、机费用（不含增值税进项税额）为300万元，管理费为45万元，利润为40万元，风险费为3万元，措施费（不含增值税进项税额）为60万元（其中：安全文明施工费为15万元），规费为30万元，税金为10万元。不考虑其他因素，根据《建设工程工程量清单计价规范》GB 50500—2013，关于该工程投标报价的说法，正确的有（　　）。

A. 为了中标，可将综合单价确定为990.00元/m³

B. 综合单价为1293.33元/m³

C. 安全文明施工费应按国家或省级、行业主管部门的规定计算确定

D. 投标总价为488.00万元

E. 若竞争激烈，标书中可将各项费用下调10%

10. 根据《建设工程工程量清单计价规范》GB 50500—2013，关于单价项目中风险及其费用的说法，正确的有（　　）。

A. 对于招标文件中要求投标人承担的风险，投标人应在综合单价中给予考虑

B. 投标人在综合单价中考虑风险费时通常以风险费率的形式进行计算

C. 对于风险范围和风险费用的计算方法应在专用合同条款中做出约定

D. 招标文件中没有提到的风险，投标人在综合单价中不予考虑

E. 施工中出现的风险内容及其范围在招标文件规定的范围内时，综合单价不得变动

11. 根据《建设工程工程量清单计价规范》GB 50500—2013，关于投标人其他项目费编制的说法，正确的有（　　）。

A. 专业工程暂估价必须按照招标工程量清单中列出的金额填写

B. 暂列金额应按照招标工程量清单中列出的金额填写，不得变动

C. 计日工应按照招标工程量清单列出的项目和数量自主确定各项综合单价

D. 总承包服务费应根据招标人要求提供的服务和现场管理需要自主确定

E. 材料暂估价由投标人根据市场价格变化自主测算确定

12. 根据《建设工程工程量清单计价规范》GB 50500—2013，投标人按照招标工程量清单填报投标价格时，必须与招标工程量清单保持一致的有（　　）。

    A. 项目编码   B. 项目名称

    C. 工程内容   D. 计量单位

    E. 工程量

13. 下列资料中，属于编制招标控制价和投标报价的共同依据的有（　　）。

    A. 国家、地区或行业定额   B. 造价管理部门发布的工程造价信息

    C. 企业定额   D. 投标人拟采用的施工方案

    E. 施工现场自然条件

14. 在工程报价中，投标人为了既不提高总报价，又能在结算中获得更理想的经济效益，运用不平衡报价法时，可以适当偏高报价的有（　　）。

A. 能早日结账收款的工程项目

B. 经核算预计今后工程量会增加较多的项目

C. 因设计图纸不明确可能导致工程量增加的项目

D. 预计不可能完全实施的早期工程项目

E. 预计工程量可能减少的后期工程项目

15. 建设工程承包合同的计价方式采用（　　）合同。

    A. 工料单价   B. 综合单价   C. 总价

    D. 单价   E. 成本加酬金

16. 关于投标报价编制的说法，正确的有（　　）。

A. 投标人可委托有相应资质的工程造价咨询人编制投标价

B. 投标人可依据市场需求对所有费用自主报价

C. 投标人的投标报价不得低于其工程成本

D. 投标人的某一子项目报价高于招标人相应基准价的应予废标

E. 执行工程量清单招标的，投标人必须按照招标工程量清单填报价格

17. 审核投标报价时，对分部分项工程综合单价的审核内容有（　　）。

A. 综合单价的确定依据是否正确

B. 清单中提供了暂估价的材料是否按暂估的单价进入综合单价

C. 暂列金额是否按规定纳入综合单价

D. 单价中是否考虑了承包人应承担的风险费用

E. 总承包服务费的计算是否正确

18. 根据现行计价规范，工程量清单适用的计价活动有（　　）。

    A. 设计概算的编制   B. 招标控制价的编制   C. 投资限额的确定

    D. 合同价款的约定   E. 竣工结算的办理

19. 在招投标阶段，投标人不能自主确定其综合单价或费用的有（　　）。

    A. 安全文明施工费   B. 暂列金额   C. 给定暂估价的材料

    D. 计日工   E. 总承包服务费

20. 关于编制工程量清单其他项目报价的说法，正确的有（　　）。

A. 暂列金额按招标人在其他项目清单中列出的金额填写

B. 材料暂估价由投标人根据实际情况自主确定

C. 总承包服务费由投标人根据招标文件中列出的内容和提出的要求自主确定

D. 专业工程暂估价由投标人根据施工组织设计或施工方案自主确定

E. 计日工按招标人在其他项目清单中列出的项目和数量，由投标人自主确定综合单价并计算计日工费用

21. 采用工程量清单计价模式时，不得作为竞争性费用的有（　　）。

A. 安全文明施工费　　　B. 其他项目费　　　C. 规费

D. 税金　　　　　　　　E. 风险费用

22. 在工程招标投标阶段，工程量清单的主要作用有（　　）。

A. 为招标人编制投资估算文件提供依据

B. 为投标人投标竞争提供一个平等基础

C. 招标人可据此编制招标控制价

D. 投标人可据此调整清单工程量

E. 投标人可按其表述的内容填报相应价格

23. 当项目实际工程量与估计工程量没有实质性差别时，由承包人承担工程量变动风险的合同形式有（　　）。

A. 固定总价合同　　　　　　　　B. 纯单价合同

C. 成本加奖励合同　　　　　　　D. 可调总价合同

E. 成本加固定百分比酬金合同

24. 关于合同价款约定内容，以下说法正确的是（　　）。

A. 预付款应在开工前一个月支付

B. 合同中应约定工程价款调整的范围

C. 进度款支付的比例最高不超过90%

D. 调价、现场签证、变更价款、费用索赔与工程进度款同时支付

E. 质量保证金从每月工程进度款中按比例扣留，直到扣足为止

25. 关于投标报价以下说法正确的是（　　）。

A. 投标人依据相关规定自主报价　　　B. 不得低于工程成本

C. 可以高于招标控制价　　　　　　　D. 发现清单中的缺项、错误，可以自行修改

E. 规费可以竞争

26. 工程量清单中的暂估价包括（　　）。

A. 材料暂估价　　　B. 设备暂估价　　　C. 专业工程暂估价

D. 计日工　　　　　E. 现场签证

27. 工程量清单中的其他项目费，应按招标人列出的金额填写的有（　　）。

A. 暂估价　　　　　B. 暂列金额　　　　C. 规费、税金

D. 计日工　　　　　E. 总承包服务费

28. 工程量清单中的其他项目费，由投标人自主报价的有（　　）。

A. 暂估价　　　　　B. 暂列金额　　　　C. 规费、税金

D. 计日工　　　　　E. 总承包服务费

29. 适宜采用固定总价合同的工程有（　　）。

A. 招标时的设计深度已达到施工图设计要求、图纸完整齐全的工程

B. 规模较小、技术不太复杂的中小型工程

C. 没有施工图、工程量不明、急于开工的紧迫工程

D. 工期长、技术复杂、不可预见因素较多的工程

E. 合同工期短的工程

30. 关于招标控制价的说法，正确的有（　　）。

A. 招标控制价是招标人对招标工程限定的最高工程造价

B. 招标人应在招标文件中如实公布招标控制价

C. 招标控制价可以进行上浮或下浮

D. 招标文件中应公布招标控制价各组成部分的详细内容

E. 招标控制价应在开标时公布

第十六章 建设工程价款结算

一、单选题:

1. 因修改设计导致现场停工而引起施工索赔时,承包商自有施工机械的索赔费用宜按机械(　　)计算。

　　A. 租赁费　　　　B. 台班费　　　　C. 折旧费　　　　D. 大修理费

2. 工程竣工结算书编制与核对的责任分工是(　　)。

　　A. 发包人编制,承包人核对　　　　B. 监理机构编制,发包人核对

　　C. 承包人编制,发包人核对　　　　D. 造价咨询人编制,承包人核对

3. 根据《建设工程工程量清单计价规范》GB 50500—2013,因不可抗力事件导致的损害及其费用增加,应由承包人承担的是(　　)。

　　A. 工程本身的损害　　　　　　　　B. 承包人的施工机械损坏

　　C. 发包方现场的人员伤亡　　　　　D. 工程所需的修复费用

4. 根据《建设工程工程量清单计价规范》GB 50500—2013,若合同未约定,当工程量清单项目的工程量偏差在(　　)以内时,其综合单价不作调整,执行原有的综合单价。

　　A. 15%　　　　B. 5%　　　　C. 10%　　　　D. 20%

5. 根据《标准施工招标文件》,在施工过程中遭遇不可抗力,承包人可以要求合理补偿(　　)。

　　A. 费用　　　　B. 利润　　　　C. 成本　　　　D. 工期

6. 采用清单计价的某分部项目工程,招标控制价的综合单价为320元,投标报价的综合单价为265元,该工程投标报价下浮率为5%。结算时,该分项工程工程量比清单增加了18%,且合同未确定综合单价调整方法,则综合单价的处理方法是(　　)。

　　A. 上浮18%　　B. 下调5%　　C. 调整为292.5元　　D. 可不调整

7. 竣工结算应依据的文件是(　　)。

　　A. 施工合同　　B. 初步设计图纸　　C. 承包方申请的签证　　D. 投资估算

8. 根据《建设工程量清单计价规范》GB 50500—2013,当合同中有约定时,对于任一招标工程量清单项目,如果因工程变更等原因导致工程量偏差超过(　　)时,合同单价应进行调整。

　　A. 20%　　　　B. 15%　　　　C. 10%　　　　D. 5%

9. 根据《建设工程工程量清单计价规范》GB 50500—2013的规定,当合同中没有适用或类似于变更工程的综合单价时,变更的综合价格应由(　　)确认后执行。

　　A. 承包人提出,经工程师　　　　　B. 承包人提出,经发包人

　　C. 工程师提出,经发包人　　　　　D. 发包人提出,经工程师

10. 根据《建设工程施工合同(示范文本)》GF—2017—0201,承包人在已标价工程量清单或预算书中载明材料单价低于基准价格的,除专用合同条款另有约定外,合同履行期间材料单价涨幅以基准价格为基础超过(　　)时,其超过部分据实调整。

　　A. 3%　　　　B. 4%　　　　C. 5%　　　　D. 10%

11. 某土方工程,招标文件中估计工程量为1.5万 m³,合同中约定土方工程单价为16元/m³,当实际工程量超过估计工程量15%时,超过部分单价调整为15元/m³。该工程实际完成土方工程量1.8万 m³,则土方工程实际结算工程款为(　　)万元。

　　A. 27.00　　　　B. 28.50　　　　C. 28.725　　　　D. 28.80

12. 某灌注桩计量支付条款约定工程量按图示尺寸以米计算,若设计长度为20m 的灌注桩承包人做了21m,监理工程师对施工质量未表示异议,则发包人应按(　　)m 支付价款。

　　A. 19　　　　B. 20　　　　C. 21　　　　D. 22

13. 某工程项目预付款120万元。合同约定:每月进度款按结算价的80%支付;每月支付安全文明施工费20万元;预付款从开工的第4个月起分3个月等额扣回。开工后前6个月结算价见下表,则第5个月应支付的款项为(　　)万元。

月份	1	2	3	4	5	6
结算价(万元)	200	210	220	220	220	240

　　A. 136　　　　B. 160　　　　C. 152　　　　D. 156

14. 根据《建设工程工程量清单计价规范》GB 50500—2013,签约合同中的暂估材料在确定单价以后,其相应项目综合单价的处理方式是(　　)。

　　A. 在综合单价中用确定单价代替原暂估价,不再调整企业管理费和利润

　　B. 在综合单价中用确定单价代替原暂估价,并调整企业管理费,不调整利润

　　C. 在综合单价中用确定单价代替原暂估价,并调整企业管理费和利润

　　D. 综合单价不做调整

15. 根据《建设工程工程量清单计价规范》GB 50500—2013,工程变更引起施工方案改变并使措施项目发生变化时,承包人提出调整措施项目费用的,应事先将(　　)提交发包人确认。

　　A. 索赔意向通知　　　　　　　　　B. 拟申请增加的费用明细

　　C. 拟实施的施工方案　　　　　　　D. 工程变更的内容

16. 根据《建设工程工程量清单计价规范》GB 50500—2013,工程发包时,招标人要求压缩的工期天数超过定额工期的(　　)时,应当在招标文件中明示增加赶工费用。

　　A. 5%　　　　　B. 10%　　　　C. 15%　　　　D. 20%

17. 根据《建设工程工程量清单计价规范》GB 50500—2013,已标价工程量清单中没有适用也没有类似于变更工程项目的,变更工程项目单价的确定方法是(　　)。

　　A. 应采用招投标时的基础资料和工程造价管理机构发布的信息价格,按成本加利润的原则由发承包双方协商新的综合单价

　　B. 由承包人根据市场价格确定,报发包人确认

　　C. 按照调价公式计算确定

　　D. 按照工程造价管理机构发布的信息价格直接确定

18. 根据《建设工程工程量清单计价规范》GB 50500—2013,施工过程中发生的计日工,应按照(　　)计价。

　　A. 已标价工程量清单中的计日工单价

　　B. 计日工发生时承包人提出的综合单价

　　C. 计日工发生当月市场人工资单价

　　D. 计日工发生当月造价管理部门发布的人工指导价

19. 施工合同履行过程中，导致工程量清单缺项并应调整合同价款的原因有（　　）。
    A. 承包人投标漏项　　　　　　　　B. 设计变更
    C. 施工条件改变　　　　　　　　　D. 施工技术进步
    E. 工程量清单编制错误

20. 根据《建设工程工程量清单计价规范》GB 50500—2013，在合同履行期间，由于招标工程量清单缺项，新增了分部分项工程量清单项目，关于其合同价款确定的说法，正确的是（　　）。
    A. 新增清单项目的综合单价应由监理工程师提出
    B. 新增清单项目的综合单价应由承包人提出，但相关措施项目费不能再做调整
    C. 新增清单项目应按额外工作处理，承包人可选择做或者不做
    D. 新增清单项目导致新增措施项目的，承包人应将新增措施项目实施方案提交发包人批准

21. 根据《建设工程工程量清单计价规范》GB 50500—2013，关于合同工期的说法，正确的是（　　）。
    A. 招标人压缩的工期天数不得超过定额工期的30%
    B. 招标人压缩的工期天数超过定额工期的20%但不超过30%时，不额外支付赶工费用
    C. 工程实施过程中，发包人要求合同工程提前竣工的，承包人必须采取加快工程进度的措施
    D. 发包人要求合同工程提前竣工的，应承担承包人由此增加的提前竣工费用

22. 根据《建设工程工程量清单计价规范》GB 50500—2013，由于承包人原因未在约定的工期内竣工的，则对原约定竣工日期后继续施工的工程，在使用价格调整公式进行价格调整时，应使用的现行价格指数是（　　）。
    A. 原约定竣工日期的价格指数
    B. 实际竣工日期的价格指数
    C. 原约定竣工日期与实际竣工日期的两个价格指数中较低者
    D. 原约定竣工日期与实际竣工日期的两个价格指数中较高者

23. 某独立土方工程，根据《建设工程工程量清单计价规范》GB 50500—2013签订了固定单价合同，招标工程量为3000m³，承包人标书中土方工程报价为55元/m³。合同约定：当实际工程量超过估算工程量15%时，超过部分工程量单价调整为50元/m³。工程结束时实际完成并经监理确认的土方工程量为4500m³，则土方工程总价为（　　）元。
    A. 240000　　　　B. 247500　　　　C. 242250　　　　D. 225000

24. 根据《建设工程工程量清单计价规范》GB 50500—2013，采用清单计价的某分部分项工程，招标控制价的综合单价为350元，承包人投标报价的综合单价为300元，该工程投标报价总的下浮率为5%。结算时，该分部分项工程工程量比清单工程量增加了16%，且合同未确定综合单价调整方法，则对该综合单价的正确处理方式是（　　）。
    A. 不做任何调整　　B. 调整为257元　　C. 调整为282.63元　　D. 调整为345元

25. 某建设工程施工过程中，由发包人供应的材料没有及时到货，导致承包人的工人窝工5个工日，每个工日单价为200元；承包人租赁的一台挖土机窝工5个台班，台班租赁费为500元；承包人自有的一台自卸汽车窝工2个台班，该自卸汽车折旧费每台班300元，工作时燃油动力费每台班80元。则承包人可以索赔的费用是（　　）元。
    A. 2500　　　　B. 3500　　　　C. 4100　　　　D. 4260

26. 某工程项目招标工程量清单数量为1500m²，施工中发生设计变更调整为1900m²，增加了26.7%，该项目招标控制价的综合单价为350元，投标报价的综合单价为400元，则该项目的工程价款为（　　）元。
    A. 751250　　　　B. 764750　　　　C. 738938.75　　　　D. 760000

27. 某工程采用工程量清单计价，施工过程中，业主将屋面防水变更为PE高分子防水卷材（1.5mm），清单中无类似项目，工程所在地造价管理机构发布该卷材单价为18元/m²，该地区定额人工费为3.5元/

m²，机械使用费为0.3元/m²，除卷材外的其他材料费为0.6元/m²，管理费和利润为1.2元/m²。若承包人报价浮动率为6%，则发承包双方协商确定该项目综合单价的基础为（　　）元/m²。
    A. 25.02　　　　B. 23.60　　　　C. 22.18　　　　D. 21.06

28. 根据《建设工程工程量清单计价规范》GB 50500—2013，关于提前竣工的说法，正确的是（　　）。
    A. 招标人压缩的工期天数不得超过定额工期的50%
    B. 工程实施过程中，发包人要求合同工程提前竣工，可以不征求承包人意见
    C. 赶工费用包括人工费、材料费、机械费以及履约保函手续费的增加
    D. 发承包双方约定提前竣工每日历天应补偿额度，与结算款一并支付

29. 某独立土方工程，招标工程量清单中的工程数量为1000m³，承包人投标报价中的综合单价为30元/m³。合同约定：当实际工程量超过清单工程量15%时调整单价，调整系数为0.9。工程结束时承包人实际完成并经监理工程师确认的工程量为1400m³，则该土方工程的工程量价款为（　　）元。
    A. 42300　　　　B. 41250　　　　C. 40800　　　　D. 37800

30. 根据《建设工程工程量清单计价规范》GB 50500—2013，因不可抗力事件导致的损失及增加的费用中，应由承包人承担的是（　　）。
    A. 停工期间承包人应发包人要求留在施工现场的必要的管理人员的费用
    B. 合同工程本身的损害
    C. 工程所需清理和修复费用
    D. 承包人的施工机械设备损坏及停工损失

31. 某施工项目6月份因异常恶劣的气候条件停工3天，停工费用8万元；之后因停工待图损失3万元；因施工质量不合格，返工费用4万元。根据《标准施工招标文件》，施工承包商可索赔的费用为（　　）万元。
    A. 15　　　　B. 11　　　　C. 7　　　　D. 3

32. 关于工程质量保证金的说法，正确的是（　　）。
    A. 合同约定缺陷责任期终止后，发包人应按照合同中最终结清的相关规定，将剩余的质量保证金返还给承包人
    B. 在合同约定的缺陷责任期终止后，发包人退还剩余质量保证金，承包人不再承担质量保修责任
    C. 承包人未按照合同约定履行工程缺陷修复义务的，发包人有权从质量保证金中扣除用于各种缺陷修复的支出
    D. 最终结清时，如果承包人被预留的质量保证金不足以抵减发包人工程缺陷修复费用的，发包人应承担不足部分

33. 根据《建设工程工程量清单计价规范》GB 50500—2013，当实际工程量比招标工程量清单中的工程量增加15%以上时，对综合单价进行调整的方法是（　　）。
    A. 增加后整体部分的工程量的综合单价调低
    B. 增加后整体部分的工程量的综合单价调高
    C. 超出约定部分的工程量的综合单价调低
    D. 超出约定部分的工程量的综合单价调高

34. 某工程采用的预拌混凝土由承包人提供，双方约定承包人承担的价格风险系数≤5%。承包人投标时对预拌混凝土的投标报价为308元/m³，招标人的基准价格为310元/m³，实际采购价为327元/m³。发包人在结算时确认的单价应为（　　）元/m³。
    A. 308.00　　　　B. 309.49　　　　C. 310.00　　　　D. 327.00

35. 根据《建设工程施工合同（示范文本）》GF-2017-0201，关于工程保修及保修期的说法，正确的是（　　）。
    A. 工程保修期从交付使用之日起计算

B. 发包人未经竣工验收擅自使用工程的，保修期自开始使用之日起算

C. 具体分部分项工程的保修期可在专用条款中约定，但不得低于法定最低保修年限

D. 保修期内的工程损害修复费用应全部由承包人承担

36. 根据《建设工程施工合同（示范文本）》GF—2017—0201，下列可能引起合同解除的事件中，属于发包人违约的情形是（　　）。

A. 因发包人所在国发生动乱导致合同无法履行连续超过 100 天

B. 因罕见暴雨导致合同无法履行连续超过了 20 天

C. 承包人未按进度计划及时完成合同约定工作

D. 因发包人原因未能在计划开工日期前 7 天下达开工通知

37. 某工程合同价 6000 万元。合同约定：工期 6 个月；预付款 120 万元，每月进度款按实际完成工程价款的 80% 支付；每月再单独支付安全文明施工费 50 万元；质量保证金按进度款的 3% 逐月扣留；预付款在最后两个月等额扣回。承包人每月实际完成工程价款金额见下表，则第 2 月发包人实际应支付的工程款金额为（　　）万元。

月份	1	2	3	4	5	6
实际完成工程价款金额（万元）	800	1000	1000	1200	1200	800

A. 776.0　　　　B. 824.5　　　　C. 826.0　　　　D. 850.0

38. 根据《建设工程工程量清单计价规范》GB 50500—2013，某工程定额工期为 25 个月，合同工期为 20 个月。合同实施中，发包人要求该工程提前 1 个月竣工，征得承包人同意后，调整了合同工期。则关于该工程工期和赶工费用的说法，正确的是（　　）。

A. 发包人要求合同工期比定额工期提前 6 个月竣工，应承担提前竣工 6 个月的赶工费用

B. 发包人要求压缩的工期天数超过定额工期的 20%，应承担提前竣工 5 个月的赶工费用

C. 发包人要求压缩的工期天数未超过定额工期的 30%，不支付赶工费用

D. 发包人要求合同工程提前 1 个月竣工，应承担提前竣工 1 个月的赶工费用

39. 某工程施工合同约定根据价格调整公式调整合同价。已知不调值部分占合同总价的比例为 15%，可参与调值部分的费用类型、占合同总价的比例和相关价格指数见下表。若结算当月完成的合同额为 1000 万元，则调整后的合同金额为（　　）万元。

	占合同总价的比例	基准日期价格指数	合同签订时价格指数	结算时价格指数
人工	30%	101	103	106
钢筋	20%	101	110	105
混凝土	25%	105	109	115
木材	10%	102	102	105

A. 1000　　　　B. 1017　　　　C. 1034　　　　D. 1050

40. 某工程采用工程量清单招标，招标人公布的招标控制价为 1 亿元。中标人的投标报价为 8900 万元，经调整计算错误后的中标价为 9100 万元。所有合格投标人的报价平均为 9200 万元，则该中标人的报价浮动率为（　　）。

A. 8.0%　　　　B. 8.5%　　　　C. 9.0%　　　　D. 11.0%

41. 一般情况下竣工结算审查应采用的方法是（　　）。

A. 抽样审查　　　B. 重点审查　　　C. 对比审查　　　D. 全面审查

42. 某工程项目施工合同约定竣工日期为 2018 年 6 月 30 日，在施工中因天气持续下雨导致甲供材料未能及时到货，使工程延误至 2018 年 7 月 30 日竣工。但由于 2018 年 7 月 1 日起当地计价政策调整，导致承

包人额外支付了 300 万元工人工资。关于这 300 万元的责任承担的说法，正确的是（　　）。

A. 发包人原因导致的工期延误，因此政策变化增加的 300 万元应由发包人承担

B. 增加的 300 万元因政策变化造成，属于承包人的责任，应由承包人承担

C. 因不可抗力原因造成工期延误，增加的 300 万元应由承包人承担

D. 工期延误是承包人原因，增加的 300 万元是政策变化造成，应由双方共同承担

43. 某工程施工合同约定采用造价信息进行价格调整。施工期间，项目所在省级造价管理机构发布了工人工资指导价上调 10% 的通知并即时生效，该工程在颁布通知当月完成的合同价款为 300 万元，其中人工费为 60 万元（已知该人工费单价比发布的指导价高出 30%）。则该工程当月人工费结算的做法是（　　）。

A. 按照通知要求上调 10%　　　　B. 由总监理工程师确定新的单价

C. 由发承包双方协商后适当调整　　　D. 不予上调

44. 下列事件中，需要进行现场签证的是（　　）。

A. 合同范围以内零星工程的确认

B. 修改施工方案引起工程量增减的确认

C. 承包人原因导致设备窝工损失的确认

D. 合同范围以外新增工程的确认

45. 某工程在施工过程中，因不可抗力造成损失，承包人及时向项目监理机构提出了索赔申请，并附有相关证明材料，要求补偿的经济损失如下：（1）在建工程损失 30 万元；（2）承包人的施工机械设备损坏损失 5 万元；（3）承包人受伤人员医药费和补偿金 4.5 万元；（4）工程清理修复费用 2 万元。根据《建设工程施工合同（示范文本）》，承包人可以索赔（　　）万元。

A. 32.0　　　　B. 36.5　　　　C. 37.0　　　　D. 41.5

46. 按照《建设工程施工合同（示范文本）》GF—2017—0201，监理工程师计量结果视为有效的是（　　）。

A. 承包人在计量前 12 小时收到通知未参加的工程计量

B. 承包人在计量前 24 小时收到通知未参加的工程计量

C. 对承包人超出设计图纸范围的工程进行的工程计量

D. 收到承包人已完工程量报告的 8 天后进行的工程计量

47. 根据《建设工程工程量清单计价规范》GB 50500—2013，某工程采用价格调整公式进行价格调整。施工中由于承包人返工的原因导致工期延误，则约定竣工日期后继续施工的工程，在使用价格调整公式时，应采用的价格指数是（　　）。

A. 原约定竣工日期的价格指数

B. 实际竣工日期的价格指数

C. 原约定竣工日期与实际竣工日期的两个价格指数中较低者

D. 原约定竣工日期与实际竣工日期的两个价格指数中较高者

48. 根据《建设工程工程量清单计价规范》GB 50500—2013，工程量清单计价的某分部分项工程综合单价为 500 元/m³，其中暂估材料单价 300 元，管理费率 5%，利润率 7%。工程实施后，暂估材料的单价确定为 350 元。结算时该分部分项工程综合单价为（　　）元/m³。

A. 350.00　　　　B. 392.00　　　　C. 550.00　　　　D. 556.18

49. 某工程在施工过程中因不可抗力造成如下损失：永久工程损坏修复费用 16 万元，承包人受伤人员医药费 4 万元，施工机具损害损失 6 万元，应发包人要求赶工发生费用 2 万元，停工期间应发包人要求承包人清理现场费用 4 万元。承包人及时向项目监理机构提出索赔申请，并附有相关证明材料。根据《建设工程施工合同（示范文本）》GF-2017-0201，项目监理机构应批准的索赔金额为（　　）万元。

A. 20　　　　B. 22　　　　C. 24　　　　D. 32

50. 某混凝土工程招标清单工程量为 200m³，合同约定的综合单价为 600 元/m³，当实际完成并经监理

工程师确认的工程量超过清单工程量 15％时可调整综合单价，调价系数为 0.9。施工过程中，因设计变更导致实际工程量为 250m³。则该混凝土工程的工程价款为（　　）万元。

    A. 12.00   B. 14.74   C. 14.88   D. 15.00

51. 根据《建设工程施工合同（示范文本）》GF—2017—0201，除专用合同条款另有约定外，承包人应提交最终结清申请单及证明材料的最迟时间为（　　）。

    A. 竣工验收合格后 7 天   B. 签发竣工付款证书后 14 天

    C. 缺陷责任期终止证书颁发后 7 天   D. 工程竣工验收合格后 28 天

52. 根据《建设工程施工合同（示范文本）》GF—2017—0201 通用合同条款，关于工程保修的说法，正确的是（　　）。

    A. 保修期内因特大地震造成工程的缺陷和损坏，可以委托承包人修复，发包人承担修复的费用并支付承包人合理的利润

    B. 保修期内因发包人使用不当造成工程的缺陷和损坏，可以委托承包人修复，发包人承担修复的费用但不用支付承包人利润

    C. 保修期内因承包人原因造成工程的缺陷和损坏，承包人应负责修复并承担修复的费用，但不承担因工程缺陷和损坏造成的人身及财产损失

    D. 保修期内发包人发现已接收的工程存在任何缺陷应书面通知承包人修复，承包人接到通知后应在 48 小时内到工程现场修复缺陷

53. 根据《建设工程造价鉴定规范》GB/T 51262—2017，由于承包人违约导致合同解除的费用争议，鉴定人出具的鉴定意见应包括的费用是（　　）。

    A. 完成永久工程的价款   B. 遣散人员的费用

    C. 撤离现场的费用   D. 已付款的材料等物品金额（归承包人所有）

54. 某土石方工程，施工承包采用固定总价合同形式，根据地质资料、设计文件估算的工程量为 17000m³。在机械施工过程中，由于局部超挖、边坡垮塌等原因，实际工程量为 18000m³；基础施工前，业主对基础设计方案进行了变更，需要扩大开挖范围，增加土石方工程量 2000m³。则结算时应对合同总价进行调整的工程量为（　　）m³。

    A. 0   B. 1000   C. 2000   D. 3000

55. 某建设工程项目，承包商在施工过程中发生如下人工费：完成业主要求的合同外工作花费 3 万元；由于业主原因导致工效降低，使人工费增加 2 万元；施工机械故障造成人员窝工损失 0.5 万元。则承包商可索赔的人工费为（　　）万元。

    A. 2.0   B. 3.0   C. 5.0   D. 5.5

56. 根据《建设工程工程量清单计价规范》GB 50500—2013，发承包双方进行工程竣工结算时的工程量应按（　　）计算确定。

    A. 招标文件中标明的工程量

    B. 发承包双方在合同中约定应予计量且实际完成的工程量

    C. 发承包双方在合同中约定的工程量

    D. 工程实体量与损耗量之和

57. 某土方工程根据《建设工程工程量清单计价规范》GB 50500—2013 签订了单价合同，招标清单中土方开挖工程量为 8000m³。施工过程中承包人采用了放坡的开挖方式。完工计量时，承包人因放坡增加土方开挖量 1000m³，因工作面增加土方开挖量 1600m³，因施工操作不慎塌方增加土方开挖量 500m³，则应予结算的土方开挖工程量为（　　）m³。

    A. 8000   B. 9000   C. 10600   D. 11100

58. 关于竣工结算的说法，正确的是（　　）。

A. 竣工结算是承包方与业主办理工程价款最终结算的依据

B. 竣工结算金额是建设工程从筹建开始到竣工交付使用为止的全部建设费用

C. 竣工结算是业主办理交付、验收、动用新增种类资产的依据

D. 竣工结算是建设项目竣工验收报告的重要组成部分

59. 由于业主原因，监理工程师下令工程暂停，导致承包商工期延误和费用增加，则停工期间承包商可索赔（　　）。

    A. 工期、成本和利润   B. 工期和成本，不能索赔利润

    C. 工期，不能索赔成本和利润   D. 成本，不能索赔工期和利润

60. 某独立土方工程，招标文件中估计工程量为 1 万 m³，合同中约定土方工程单价为 20 元/m³，当实际工程量超过估计工程量 15％时，需调整单价，单价调为 18 元/m³。该工程结算时实际完成土方工程量为 1.2 万 m³，则土方工程款为（　　）万元。

    A. 21.6   B. 23.6   C. 23.9   D. 24.0

61. 某工程项目招标控制价的综合单价为 350 元，投标报价的综合单价为 400 元，当工程量偏差超过 15％时，综合单价调整为（　　）元。

    A. 350   B. 402.50   C. 279.65   D. 400

62. 某工程项目有 A、B 两个材料，风险系数均为 5％，则施工期间 A 材料的实际单价为（　　）。

材料	施工期间市场价格(元)	基准单价(元)	投标单价(元)
A	425	410	404

    A. 425   B. 410   C. 404   D. 404.82

二、多选题：

1. 根据《标准施工招标文件》，下列事件中，承包人向发包人既可索赔工期又可索赔费用的有（　　）。

A. 发包人原因导致的工程缺陷和损失

B. 承包人遇到不利物质条件

C. 发包人要求向承包人提前交付工程设备

D. 施工过程发现文物

E. 承包人遇到异常恶劣的气候条件

2. 根据《建设工程施工合同（示范文本）》GF—2017—0201，关于安全文明施工费的说法，正确的有（　　）。

A. 发包人应在开工后 28 天内预付不低于当年施工进度计划的安全文明施工费总额的 50％

B. 发包人没有按时支付安全文明施工费的，承包人可以直接停工

C. 承包人对安全文明施工费应专款专用，不得挪作他用

D. 发包人在付款期满后 7 天内仍未支付安全文明施工费的，若发生安全事故，发包人承担全部责任

E. 承包人应将安全文明施工费在财务账目中单独列项备查

3. 根据《标准施工招标文件》，下列导致承包人工期延长和费用增加的事件中，承包人可同时索赔工期、费用和利润的有（　　）。

A. 发包人要求承包人提前交付材料和工程设备

B. 发包人提供资料错误

C. 施工过程发现文物

D. 承包人遇到不利物质条件

E. 发包人原因引起的暂停施工

4. 根据《建设工程工程量清单计价规范》GB 50500—2013，关于单价合同工程计量的说法，正确的有（　　）。

A. 承包人应于每月 25 日向监理人报送上月 20 日至当月 19 日已完成的工程量报告，并附具进度付款申请单、已完成工程量报表和有关资料。

B. 工程量按承包人在履行合同义务过程中实际完成应予计量的工程量确定

C. 监理人应在收到承包人提交的工程量报告后 7 天内完成对承包人提交的工程量报表的审核并报送发包人，以确定当月实际完成的工程量

D. 对工程变更引起工程量的增减变化，应据实调整，正确计量

E. 监理人对工程量有异议的，有权要求承包人进行共同复核或抽样复测，但承包人有权不参加复核或抽样复测

5. 根据《建设工程施工合同（示范文本）》GF—2017—0201，关于变更权的说法，正确的有（　　）。

A. 承包人可以根据施工的需要对工程非重要的部分做出适当变更

B. 监理人发出变更指示一般无需征得发包人的同意

C. 发包人和监理人均可以提出变更

D. 设计变更超过原批准的建设规模时，承包人应先办理规划变更审批手续

E. 变更指示均通过监理人发出

6. 根据《建设工程造价鉴定规范》GB/T 51262—2017，关于计量争议鉴定的说法，正确的有（　　）。

A. 在鉴定项目图纸完备，当事人对计量依据存在争议，合同专用条款没有明确约定且无国家标准的，鉴定人应以相关工程行业标准或地方标准规定计量

B. 当事人一方对另一方的计量结果提出异议但未提供具体证据的，鉴定人应按原计量结果进行鉴定

C. 当事人签订的总价合同对工程计量没有约定的，鉴定人应对整个工程的工程量进行鉴定

D. 当事人一方对另一方的计量结果提出异议又提出具体证据的，鉴定人应复核并依据复核结果进行鉴定

E. 合同当事人签订的总价合同对工程计量有约定的，鉴定人应按约定进行鉴定

7. 根据《标准施工招标文件》，承包人可同时索赔工期和费用的情形有（　　）。

A. 法律变化引起价格调整　　　　B. 承包人遇到不利物质条件

C. 施工过程发现文物　　　　　　D. 发包人要求向承包人提前交付工程设备

E. 承包人遇到异常恶劣的气候条件

8. 在施工阶段，监理工程师应进行计量的项目有（　　）。

A. 工程量清单中的全部项目　　　B. 各种原因造成返工的全部项目

C. 合同文件中规定的项目　　　　D. 超出合同工程范围施工的项目

E. 工程变更项目

9. 下列哪些费用承包商可以索赔？（　　）

A. 恶劣自然气候导致的人员窝工费

B. 法定的人工费增长

C. 难以预料的人为障碍导致的人员窝工费

D. 承包商人员罢工导致的人员窝工费

E. 承包商人员罢工导致的机械窝工费

10. 在施工阶段，下列因不可抗力造成的损失中，属于发包人承担的有（　　）。

A. 在建工程的损失　　　　　　　B. 承包人施工人员受伤产生的医疗费

C. 施工机具的损坏损失　　　　　D. 施工机具的停工损失

E. 工程清理修复费用

11. 关于工程合同价款调整程序的说法，正确的有（　　）。

A. 出现合同价款调减事项后的 14 天内，承包人应向发包人提交相应报告

B. 出现合同价款调增事项后的 14 天内，承包人应向发包人提交相应报告

C. 发包人收到承包人合同价款调整报告 7 天内，应对其核实并提出书面意见

D. 发包人收到承包人合同价款调整报告 7 天内未确认，视为报告被认可

E. 发承包双方对合同价款调整的意见不能达成一致，且对履约不产生实质影响的，双方应继续履行合同义务

12. 下列工程索赔事项中，属于发包人向承包人索赔的有（　　）。

A. 地质条件变化引起的索赔　　　B. 施工中人为障碍引起的索赔

C. 加速施工费用的索赔　　　　　D. 工期延误的索赔

E. 对超额利润的索赔

13. 下列承包商增加的人工费中，可以向业主索赔的有（　　）。

A. 特殊恶劣气候导致的人员窝工费

B. 法定人工费增长而增加的人工费

C. 由于非承包商责任的工效降低而增加的人工费

D. 监理工程师原因导致工程暂停的人员窝工费

E. 完成合同之外的工作增加的人工费

14. 承发包双方调整合同价款的因素有（　　）。

A. 法律法规变化　　B. 设计变更　　C. 物价变化

D. 索赔　　　　　　E. 设计图纸的技术修改

15. 当承包人投标报价中材料单价低于基准单价，以下说法正确的是（　　）。

A. 施工期间材料单价涨幅以基准单价为基础超过合同约定的风险幅度值时，其超过部分按实调整

B. 施工期间材料单价涨幅以投标报价为基础超过合同约定的风险幅度值时，其超过部分按实调整

C. 施工期间材料单价跌幅以基准单价为基础超过合同约定的风险幅度值时，其超过部分按实调整

D. 施工期间材料单价跌幅以投标报价为基础超过合同约定的风险幅度值时，其超过部分按实调整

E. 施工期间材料单价涨幅或跌幅以双方协商为依据调整合同价款

16. 当承包人投标报价中材料单价高于基准单价，以下说法正确的是（　　）。

A. 施工期间材料单价涨幅以基准单价为基础超过合同约定的风险幅度值时，其超过部分按实调整

B. 施工期间材料单价涨幅以投标报价为基础超过合同约定的风险幅度值时，其超过部分按实调整

C. 施工期间材料单价跌幅以基准单价为基础超过合同约定的风险幅度值时，其超过部分按实调整

D. 施工期间材料单价跌幅以投标报价为基础超过合同约定的风险幅度值时，其超过部分按实调整

E. 施工期间材料单价涨幅或跌幅以双方协商为依据调整合同价款

17. 因物价变化，合同价可以调整的费用有（　　）。

A. 人工费　　　　　B. 材料费　　　C. 施工机械使用费

D. 企业管理费　　　E. 利润

18. 由于承包人原因造成工期拖期，业主向承包人提出工程拖期索赔时应考虑的因素有（　　）。

A. 赶工导致施工成本增加　　　　B. 工程拖期后物价上涨

C. 工程拖期产生的附加监理费　　D. 工程拖期引起的贷款利息增加

E. 工程拖期产生的业主盈利损失

19. 出现（　　）情况且对承包商造成不利影响时，承包商也不能索赔利润。

A. 不可抗力　　　　B. 法规改变　　C. 业主未能提供现场

D. 文件有技术性错误　　E. 暂停施工

三、案例分析题：

（一）背景资料

某工程签约合同价 30850 万元，合同工期为 30 个月，预付款为签约合同价的 20%，从开工后第 5 个月开始分 10 个月等额扣回。工程质量保证金为签约合同价的 3%，开工后每月按进度款的 10% 扣留，扣留至足额为止。施工合同约定，工程进度款按月结算，因清单工程量偏差和工程设计变更等导致的实际工程量偏差超过 15% 时，可以调整综合单价。实际工程量增加 15% 以上时，超出部分的工程量综合单价调值系数为 0.9；实际工程量减少 15% 以上时，减少后剩余部分的工程量综合单价调值系数为 1.1。

按照项目监理机构批准的施工组织设计，施工单位计划完成的工程价款见表 16-1。

计划完成工程价款表　　　　　　　　表 16-1

时间（月）	1	2	3	4	5	6	7	…	15	…
工程价款（万元）	700	1050	1200	1450	1700	1700	1900	…	2100	…

工程实施过程中发生如下事件：

事件 1：由于设计差错修改图纸使局部工程量发生变化，由原招标工程量清单中的 1320m³ 变更为 1670m³，相应投标综合单价为 378 元/m³。施工单位按批准后的修改图纸在工程开工后的第 5 个月完成工程施工，并向项目监理机构提出了增加合同价款的申请。

事件 2：原工程量清单中暂估价为 300 万元的专业工程，建设单位组织招标后，由原施工单位以 357 万元的价格中标，招标采购费用共花费 3 万元。施工单位在工程开工后第 7 个月完成该专业工程施工，并要求建设单位对该暂估价专业工程增加合同价款 60 万元。

【问题】

1. 计算该工程质量保证金和第 7 个月应扣留的预付款各为多少万元？

2. 工程质量保证金扣留至足额时预计应完成的工程价款及相应月份是多少？该月预计应扣留的工程质量保证金是多少万元？

3. 事件 1 中，综合单价是否应调整？说明理由。项目监理机构应批准的合同价款增加额是多少万元（写出计算过程）？

4. 针对事件 2，计算暂估价工程应增加的合同价款，说明理由。

5. 项目监理机构在第 3、5、7 个月和第 15 个月签发的工程款支付证书中实际应支付的工程进度款各为多少万元（计算结果保留 2 位小数）？

（二）背景资料

某工程，签约合同价为 25000 万元，其中暂列金额为 3800 万元，合同工期 24 个月，预付款支付比例为签约合同价（扣除暂列金额）的 20%。自施工单位实际完成产值达 4000 万元后的次月开始分 5 个月等额扣回。工程进度款按月结算，项目监理机构按施工单位每月应得进度款的 90% 签认，企业管理费率 12%（以人工费、材料费、施工机具使用费之和为基数），利润率 7%（以人工费、材料费、施工机具使用费和管理费之和为基数），措施费按分部分项工程费的 5% 计，规费综合费率 8%（以分部分项工程费、措施费和其他项目费之和为基数），综合税率 3%（以分部分项工程费、措施费、其他项目费、规费之和为基数）。

施工单位在前 8 个月的计划完成产值见表 16-2。

施工单位计划完成产值　　　　　　　　表 16-2

时间（月）	1	2	3	4	5	6	7	8
计划完成产值（万元）	350	400	650	800	900	1000	1200	900

工程实施过程中发生如下事件：

事件 1：基础工程施工中，由于相邻外单位工程施工的影响，造成基坑局部坍塌，已完成的工程损失 40 万元，工棚等临时设施损失 3.5 万元，工程停工 5 天。施工单位按程序提出索赔申请，要求补偿费用 43.5 万元、工程延期 5 天。建设单位同意补偿工程实体损失 40 万元，工期不予顺延。

事件 2：工程在第 4 个月按计划完成后，施工至第 5 个月，建设单位要求施工单位搭设慰问演出舞台，项目监理机构确认该日工项目消耗用人工 80 工日（人工综合单价 75 元/工日），消耗材料 150m²（材料综合单价 100 元/m²）。

事件 3：工程施工至第 6 个月，建设单位提出设计变更，经确认，该变更导致施工单位增加人工费、材料费、施工机具使用费共计 18.5 万元。

事件 4：工程施工至第 7 个月，专业监理工程师发现混凝土工程出现质量事故，施工单位于次月返工处理合格，该返工部位对应的分部分项工程费为 28 万元。

事件 5：工程施工至第 8 个月，发生不可抗力事件，确认的损失有：

① 在建永久工程损失 20 万元；

② 进场待安装的设备损失 3.2 万元；

③ 施工机具闲置损失 8 万元；

④ 工程清理花费 5 万元。

【问题】

1. 本工程预付款是多少万元。按计划完成产值考虑，预付款应在开工后第几个月起扣？

2. 针对事件 1，指出建设单位做法的不妥之处，写出正确做法。

3. 针对事件 2 至事件 4，若施工单位各月均按计划完成施工产值，项目监理机构在第 4~7 个月应签认的进度款各是多少万元？

4. 针对事件 5，逐条指出各项损失的承担方（不考虑工程保险），建设单位应承担的损失是多少万（计算结果保留 2 位小数）？

（三）背景资料

某单机容量为 20 万千瓦的火力发电站工程，业主与施工单位签订了单价合同，并委托了监理。在施工过程中，施工单位向监理工程师提出应由业主支付如下费用：

（1）职工教育经费：因该项目的汽轮机是国外进口的设备，在安装前，需要对安装操作的职工进行培训，培训经费 2 万元。

（2）研究试验费：本项目中铁路专用线的一座跨公路预应力拱桥的模型破坏性试验费 8 万元，改进混凝土泵送工艺试验费 3 万元，合计 11 万元。

（3）临时设施费：为修变电站搭建的民工临时用房 5 间和为业主搭建的临时办公室 3 间，分别为 2 万元和 1 万元，合计 3 万元。

（4）施工机械迁移费：施工吊装机械从另一工地调入本工地的费用 1 万元。

（5）施工降效费：

① 根据施工组织设计，部分项目安排在雨期施工，由于采取防雨措施，增加费用 2 万元。

② 由于业主委托的另一家施工单位进行场区道路施工，影响了本施工单位正常的混凝土浇筑运输作业，监理工程师已审批了原计划和降效增加的工日及机械台班的数量，资料如下：受影响部分的工程原计划用工 2200 工日，计划支出 40 元/工日，原计划机械台班 360 台班，综合台班单价为 180 元/台班，受施工干扰后完成该部分工程实际用工 2800 工日，实际支出 45 元/工日，实际用机械台班 410 台班，实际支出 200 元/台班。

【问题】

1. 试分析以上各项费用业主应不应支付？为什么？

2. 第（5）项费用的②中提出的降效支付要求，人工费和机械使用费各应补偿多少？

（四）背景资料

某工程施工合同约定：

（1）签约合同价为 3000 万元，工期 6 个月。

（2）工程预付款为签约合同价的 15％，工程预付款分别在开工后第 3、4、5 月等额扣回。

（3）工程进度款按月结算，每月实际付款金额按承包人实际结算款的 90％支付。

（4）当工程量偏差超过 15％，且对应项目的投标综合单价与招标控制价偏差超过 15％时，按《建设工程工程量清单计价规范》GB 50500—2013 中"工程量偏差"调价方法，结合承包人报价浮动率确定是否调价。

（5）竣工结算时，发包人按结算总价的 5％扣留质量保证金。

施工过程中发生如下事件：

事件 1：基础工程施工中，遇未探明的地下障碍物。施工单位按变更的施工方案处理该障碍物既增加了已有措施项目的费用，又新增了措施项目，并造成工程延期。

事件 2：事件 1 发生后，为确保工程按原合同工期竣工，建设单位要求施工单位加快施工。为此，施工单位向项目监理机构提出补偿赶工费的要求。

事件 3：施工中由于设计变更，导致土方工程量由 1520m³ 变为 1824m³。已知土方工程招标控制价的综合单价为 60 元/m³，施工单位投标报价的综合单价为 50 元/m³，承包人的报价浮动率为 6％。

事件 4：经项目监理机构审定的 1～6 月实际结算款（含设计变更和索赔费用）见表 16-3。

实际结算款　　　　　　　　　　　　　　表 16-3

月份	1	2	3	4	5	6
实际结算款(万元)	400	550	500	450	400	460

【问题】

1. 事件 1 中，处理地下障碍物对已有措施项目增加的措施费应如何调整？新增措施项目的措施费应如何调整？

2. 事件 2 中，项目监理机构是否应批准施工单位的费用补偿要求？说明理由。

3. 事件 3 中，分析土方工程综合单价是否可以调整。

4. 工程预付款及第 3、4、5 月应扣回的工程款各是多少？依据表 16-3，项目监理机构 1～5 月应签发的实际付款金额分别是多少？6 月份办理的竣工结算款是多少？

参 考 文 献

［1］《建设工程工程量清单计价规范》编制组. 2013 建设工程计价计量规范辅导. 北京：中国计划出版社，2013.

［2］ 杨静，王炳霞. 建设工程概预算与工程量清单计价（第三版）. 北京：中国建筑工业出版社，2020.

［3］ 全国造价工程师执业资格考试培训教材编审组. 工程造价计价与控制. 北京：中国计划出版社，2019.

附图 1 某 别 墅

1. 建筑施工图

<table>
<tr><td colspan="5">×××× 建筑设计有限公司
图 纸 目 录</td><td>建设单位</td><td colspan="3">×××× 有限公司</td></tr>
</table>

×××× 建筑设计有限公司 图 纸 目 录	建设单位	×××× 有限公司		
	项目名称	×× 小区别墅	专业	建 筑
	项目编号		阶段	施工图
	编制人		日期	

序号	图别 图号	图 纸 名 称	图幅	备 注
1	建施-01	建筑设计说明（一）	A3	
2	建施-02	建筑设计说明（二）	A3+1/4	
3	建施-03	建筑构造做法表	A3	
4	建施-04	门窗表、门窗详图	A3	
5	建施-05	一层平面图	A3	
6	建施-06	二层平面图	A3	
7	建施-07	三层平面图	A3	
8	建施-08	屋顶平面图	A3	
9	建施-09	①～⑩轴立面图	A3	
10	建施-10	⑩～①轴立面图	A3	
11	建施-11	⑧～④轴立面图、 ④～⑧轴立面图	A3	
12	建施-12	1-1剖面图	A3	
13	建施-13	1号楼梯详图（2号楼梯镜像）	A3	
14	建施-14	厨房、卫生间、节点详图	A3	
15	建施-15	卫生间详图（二）	A3	
16	建施-16	墙身大样图	A3	
17	建施-17	节能设计建筑专篇	A3	
18	建施-18	透视图	A3	

建筑设计说明（一）

一、设计依据

1. ***市规划局提供的用地规划条件及拟建用地勘设红线图（或电子地形图），***市发展和改革关于本工程初步设计审查会议纪要。

2. 经批准的本工程建筑初步设计文件，建设方的意见。

3. 本工程依据的国家有关法规、规范：
- 《民用建筑设计统一标准》GB 50352 — 2019
- 《城市居住区规划设计规范》GB 50180—93（2016年版）
- 《建筑设计防火规范》GB 50016—2014（2018年版）
- 《住宅设计规范》GB 50096 — 2011
- 《房屋建筑制图统一标准》GB/T 50001—2017
- 《屋面工程设计规范》GB 50345 — 2012
- 《夏热冬冷地区居住建筑节能设计标准》JGJ 134—2010
- 《民用建筑绿色设计规范》JGJ/T 229—2010
- 《建筑外门窗气密、水密、抗风压性能分级及检测方法》GB/T 7106 — 2008
- 现行的国家有关建筑设计规范、规程和规定及当地规划及建筑设计规范。

二、项目概况

1. 工程名称：**市某某小区 别墅，建设单位：***房地产有限公司

2. 本工程建筑占地面积 227.85m²，总建筑面积 570.91m²。

3. 建筑层数：地上3层，高度（室外地坪到屋面结构层高度）10.05m。

4. 建筑工程等级及分类
   （1）建筑工程设计使用年限为50年。结构类型为框架结构。
   （2）本工程为二类建筑，建筑物耐火等级为二级。
   （3）本工程建筑抗震类别为丙类，按6度抗震设防，结构安全等级为二级。

三、建筑设计标高

1. 本工程标高所注尺寸以"m"为单位，其余尺寸均以"mm"为单位。

2. 本工程绝对标高相当于黄海高程6.800m。

3. 室内外高差为450mm，室内地坪设计标高±0.000。

4. 各层标注标高为建筑标高，屋面标高为结构标高(特殊注明除外)。

四、构造及用材说明

（一）一般说明

1. 总图及室外工程做法详见总图及各单体施工图。

2. 本工程有关施工操作及工程质量标准按国家颁发的现行建筑安装施工验收规范、安全技术规程，地区有关规定执行。

3. 本图纸中，细部节点以详图为准，比例与尺寸以尺寸为准。

4. 本工程各工种图纸应相互配合施工，如有矛盾及时与设计方联系解决。

5. 本工程住宅全装修交付，住宅室内详见二次装修设计图纸。

6. 本工程供二次装修和门窗、玻璃采光天窗、栏杆、幕墙、电梯设备安装等的预埋铁件，位置与选型仅供施工参考，应按二次装修设计或承包商提供图纸为准。

7. 本工程所用砂浆均采用预拌砂浆。

8. 本总说明中未涉及部分详见各单体子项说明或图纸。

（二）砌体工程

1. 图上未特殊注明的砌体均为 200 或 100 厚，详见单体图纸注明。未特殊注明的门洞口墙垛宽为200或100。混凝土柱边门窗洞口墙垛宽小于200的做素混凝土墙垛。

2. 无地下室及混凝土圈梁处墙身应设置连续的水平防潮层，设在室内地坪下60处，地面有高差时墙身设垂直防潮层，形成整体封闭的防潮层。

3. 设计标高 ±0.000 以下砌体采用：
   （1）MU15普通混凝土砖。
   （2）M10 水泥砂浆砌筑。

4. 设计标高 ±0.000 以上砌体主要有：
   （1）MU10烧结页岩多孔砖，M7.5混合砂浆砌筑。
   （2）A 5.0 加气混凝土砌块，Mb 5.0 专用砂浆。

5. 凡门窗洞口宽度大于等于2000的砌体，其洞口两端均需做不小于200×200的钢筋混凝土构造柱。

6. 砖砌墙体与屋面、阳台、空调隔板及大于 200 宽线脚等交接处，均设同墙宽素混凝土翻边以防渗漏，混凝土强度等级同楼板，翻边高度250（楼面自建筑层面算起，屋面自完成面算起）。凡卫生间等经常用水房间四周墙体基部均设同墙宽素混凝土翻边（掺 5％防水剂），混凝土强度等级同楼板，高度250。

7. 水表箱、电表箱及弱电表箱等均需预埋预设，避免事后开凿。配电箱、消火栓

预留洞同墙厚时，背面均应做钢板网粉刷。网宽每边大于洞口200。凡直径100以上管道穿墙身、基础、梁柱及楼板处，均需预留孔洞或预埋套管。

8. 预留洞的封堵：混凝土墙留洞的封堵详见结施，其余砌筑墙留洞待管道设备安装完毕后，用C20细石混凝土填实。

9. 凡阳台、挑檐、遮阳板、雨篷、空调板、窗套、腰线等外墙挑板和突出部位上口排水坡度不应小于5％，下口需做滴水线。

10. 内外墙粉刷前应做界面剂。砌筑墙采用专用抹面砂浆，抹灰砂浆强度不小于M5.0，顶层不小于M7.5。砌筑墙与混凝土柱、梁、剪力墙及其他材料墙体交接时，应在交接处加钉300 宽耐碱纤维网格布，防止裂缝。

（三）屋面工程

1. 本工程主屋面防水等级为Ⅱ级，屋面工程设计与施工详《屋面工程技术规范》GB 50345 — 2012。

2. 雨水管采用PVC－U，如粘接明装，色同外墙，或暗装于石材、铝板中，接口要严密并做水封试验。雨水排放系统应配全雨水口、试验。雨水排放系统应配全雨水口、球形篦板、底层检查口等构件。具体详水专业。

3. 本工程平屋面排水坡度为2％，排水沟内纵向坡度为1％。

4. 钢结构钛锌复合板雨罩屋面，承包商在本设计的基础上进一步深化，全面负责材料和系统的设计、制作、加工和安装质量。

5. 屋面构造：
   （1）本工程平屋面选用倒置式防水，防水卷材采用 3.0 厚弹性体（APP）改性沥青防水卷材，防水涂料采用 2.0 厚喷涂速凝橡胶沥青防水涂料（非固化防水涂料）。屋面所有卷材收口部位均用密封膏嵌实。
   （2）屋面建筑找坡层材料为泡沫混凝土，最薄处30，建筑做沟最薄处80。
   （3）本工程选用外保温屋顶，保温材料根据节能计算得出 48 厚挤塑聚苯板，倒置屋面厚度需增加25％。
   （4）屋面构造做法详建筑构造做法表。

（四）楼地面工程

1. 楼地面工程设计执行《建筑地面设计规范》GB 50037—2013。

2. 楼地面构造交接处及地坪高度变化处，除图中另有注明者外均位于门扇开启方向门洞边平。

审定	审核	工种负责	校对	设计	工程名称	某某小区别墅	比例	图别	图号
					图名	建筑设计说明（一）		建施	01

建筑设计说明（二）

3. 本工程厨房、卫生间楼地面降板高度详见图纸；无特别说明，设备平台、阳台结构标高一般比同层楼地面结构标高低50mm，设备平台、阳台以2%，其他以1%坡度坡向地漏。

4. 现浇楼板内有排气道、地漏及各类管线穿过时需预埋或预留孔洞，避免开凿。

5. 建筑物内各管井在每层楼面标高处预留钢筋，待管道安装完毕后在楼板处用相当于楼板耐火极限的不燃烧体做防火封堵。管道井检修门洞除特殊注明外均做楼板同强度等级素混凝土翻边，高度200（自建筑楼层面算起），宽度同墙厚。

6. 有防水要求的楼板周边及烟道、井道、排气管四周（除门洞外），应向上做一道高度不小于200（自建筑楼面算起）、宽度与墙同宽的混凝土翻边，混凝土强度等级同楼板，且与楼板一同浇筑。下沉式卫生间下沉部分墙面也应做防水处理。

7. 建筑内楼地面构造做法详见做法表。室外地面做法详见景观施工图。

（五）外墙装饰工程：

1. 外墙装修设计和做法索引见施工图及建筑构造做法表。

2. 外墙装修选用的各项材料其材质、规格、颜色等，均由施工单位提供样板，经建设和设计单位确认后进行施工。

3. 幕墙工程：

（1）幕墙的设计、制作和安装应执行《金属与石材幕墙工程技术规范》JGJ 133—2001和《玻璃幕墙工程技术规范》JGJ 102—2003。

（2）本工程的幕墙立面图仅表示立面形式及分格，颜色和材质要求看样品定，细部做法见立面图及墙身大样。

（3）幕墙工程的承包商应依据建筑设计进行幕墙施工图二次设计，二次设计经确认后，向建筑设计单位提供预埋件的设置要求。

（4）天然石材差异性大，选材时应保证其光泽度、平整度宜无色差与表面缺陷，安装前需挑选试拼。

（5）玻璃幕墙应与外墙相协调。玻璃采用中空玻璃，窗框采用断热型铝合金型材。透明幕墙的气密性不应低于《建筑幕墙》GB/T 21086—2007中规定的3级。

（6）幕墙自身防雷体系与主体结构的防雷装置可靠连接。

（六）室内装饰工程：

1. 本工程内装修执行《建筑内部装修设计防火规范》GB 50222—2017。

2. 本工程内墙面、顶棚、楼地面及踢脚板构造详建筑构造做法表，表格备注中注

明各做法适用范围。

3. 本工程所选用的建筑材料和装修材料必须符合《民用建筑工程室内环境污染控制规范》（GB 50325—2010）(2013版)的规定。

4. 住宅、商业户内门厅等均由用户自理,其余由业主另行委托全装修公司深化设计。

5. 二次装修所用材料规格、色彩应符合建筑设计要求，需经业主及设计单位确认。

6. 楼梯间的楼梯斜扶手垂直高度为900mm，凡平台水平段大于500mm时栏杆高度为1100。

（七）门窗工程

1. 本设计中有关门窗工程的强度设计、构造设计、防火设计、抗风压性能、水密性能、气密性能以及保温、隔声、采光性能等要求厂家根据相关国家规范及规定配置并负责与设计单位商量后确定。门窗检测应执行《建筑外门窗气密、水密、抗风压性能分级及检测方法》GB/T 7106—2008。建筑外门窗抗风压性能分级不得低于4级，气密性能分级不得低于6级，水密性能分级不得低于4级。

2. 本工程门窗按不同材料和用途分别编号。

3. 本工程所注门窗尺寸均为土建洞口尺寸。除特殊注明外，一般外门、外窗立樘墙中；内门窗立樘与门窗开启方向墙面平，双向平开门立樘居墙中；套内房间门洞预留洞口高2100mm。

4. 住宅入户门采用成品装修防盗门，当入户门为防火门时，应做三合一门（防噪、防火、防盗）。套内房间门除标明的防火门外均为示意，由住户自理。

5. 门窗加工尺寸应按照现场实测洞口尺寸及装修面厚度由承包商予以调整。门窗立面分格见门窗大样。外门、外窗铝合金型材采用深灰色氟碳喷涂漆面。

6. 本工程的门窗均采用断热铝合金多腔密封、低辐射中透光中空玻璃窗（6中透光Low-E+12空气+6透明），具体详见节能报告及门窗表。

7. 窗高或宽度大于3000mm时应由专业公司根据当地基本风压作抗风验算，加大窗框断面，增加锚固。

8. 玻璃：门窗玻璃的选用应遵照《建筑玻璃应用技术规程》JGJ 113—2015、《建筑安全玻璃管理规定》发改运行[2003]2116号、《建筑门窗应用技术规程》DB33/1064—2009和地方主管部门的有关规定。

9. 铝合金门窗主型材壁厚须经计算确定。门用主型材主要受力部位最小实测壁厚不应小于2.0mm，窗用主型材主要受力部位最小实测壁厚不应小于1.4mm。

10. 门窗预埋在墙或柱内的木、铁构件，应做防腐、防锈处理。当窗固定在非承重砌块上时，应在固定位置设置混凝土块，加强锚固强度。设备管井、风井百页应内衬金属防虫网。

（八）油漆工程

1. 本工程外露之钢、木构件按中级以上油漆的要求施工。木材面采用调和漆或清漆做法，钢构件用磁漆做法。

2. 凡预埋之铁件，木构件及所有排水管均须作防锈、防腐处理。

（九）室外工程

室外工程的散水、雨水沟，管井盖板，道路铺地，绿化覆土等由景观设计单位进行二次设计。

（十）其他工程

1. 外保温系统防火设计：本工程外墙保温材料为岩棉板和无机轻集料保温砂浆，其燃烧性能为A级。屋面保温材料为挤塑聚苯板，其燃烧性能不低于B2级。屋顶保温板上方有不小于40mm厚的细石混凝土作为防护层。

2. 凡在室内门窗及墙面阳角处均做1：2水泥砂浆护角，高2000，每边宽60。

3. 凡突出墙面的室内立管除特殊注明外，均等安装完毕后采用混凝土实心砖包砌（结构钢筋拉结保护），并按所在室内内墙做饰面。厨房、卫生间采用变压式排气道系统，选型详见单体。

4. 管井内壁1：2.5水泥砂浆随砌随抹平。

5. 空调专业的通风口留洞详暖通图纸。直接对外时加防雨百页窗。

6. 本工程所有色彩除图中注明者外，均由装修设计或业主会同设计选定，并制作样板，经业主及设计单位认可后方可全面施工。

7. 防雷：应严格按照本设计电施要求，在女儿墙及指定部位设避雷带并与地下防雷接地连通，确保安全。

8. 凡图纸未提及者请按现行施工及验收规范进行施工。

（十一）节能设计

1. 本工程位于**省**市，属于夏热冬冷地区。

2. 主要节能设计依据：
《民用建筑热工设计规范》GB 50176—2016
《夏热冬冷地区居住建筑节能设计标准》JGJ 134—2010

《民用建筑绿色设计规范》JGJ T229—2010
《公共建筑节能设计标准》GB 50189—2015
《建筑外门窗气密、水密、抗风压性能分级及检测方法》GB/T 7106—2008
《建筑幕墙》GB/T 21086—2007
《绿色建筑设计标准》DB33/1092—2016

3. 主要节能构造措施：

（1）居住建筑外墙：低层住宅30~50厚岩棉板，局部墙体30厚无机保温砂浆，具体详能计算书。

（2）居住建筑屋面保温采用挤塑聚苯板，根据节能计算得出48、50、60厚，倒置屋面厚度增加25%。具体厚度详节能报告书，做法详见建筑构造做法。

（3）底面接触室外空气的架空或外挑楼板下部采用30厚岩棉板，具体详节能计算书和构造做法表顶棚做法。

（4）空调供暖房间的分户楼板采用10厚挤塑聚苯板，具体详节能计算书和构造做法表顶棚做法。

（5）分户墙保温措施。

4. 本工程门窗所选用产品的K值及其他必须满足本设计要求：

（1）通往封闭空间户门类型：节能外门，传热系数2.00W/m²·K。

（2）外窗（含阳台门透明部分）：断热铝合金多腔密封、低辐射中透光中空玻璃窗（6中透光Low-E+12+6透明），传热系数2.4W/m²·K，玻璃遮阳系数0.50，气密性为6级，水密性为4级，可见光透射比0.62。

5. 外门窗加工应满足《建筑外门窗气密、水密、抗风压性能分级及检测方法》GB/T 7106—2008，确保外门窗的气密性不低于6级；水密性能不得低于4级，抗风压性能不得低于4级透明幕墙的气密性不应低于《建筑幕墙》GB/T 20186—2007中规定的3级。具体参数详见GB/T 7106—2008和GB/T 20186—2007。

6. 如本说明与节能设计专篇中有不同处，以节能设计专篇为准。

审定	审核	工种负责	校对	设计	工程名称	某某小区别墅	比例	图别	图号
					图名	建筑设计说明（二）		建施	02

· 39 ·

建筑构造做法表（工程做法说明）

一、楼地面做法

■ 地面1：复合木地板、抛光砖地面	适用部位
6. 复合木地板或抛光砖+10厚水泥砂浆结合层	
5. 30厚C20细石混凝土，随捣随抹平（内配双向Ø6@150钢筋网片）	一层门厅、客厅餐厅、卧室地面
4. 10厚挤塑聚苯板保温层	
3. 80厚C15混凝土层	
2. 200厚碎石垫层	
1. 素土夯实	

■ 地面2：防水地面1	适用部位
7. 8~10厚防滑地砖面层	
6. 20厚1:3干硬性水泥砂浆结合层	
5. 1.5厚JS复合防水涂料（2~3遍.四周上翻至楼面标高以上300）	一层入口、厨房地面
4. 10厚1:3水泥砂浆打底	
3. 80厚C15混凝土层	
2. 200厚碎石垫层	
1. 素土夯实	

■ 楼面1：复合木地板、抛光砖保温楼面	适用部位
4. 复合木地板或抛光砖+10厚水泥砂浆结合层	
3. 30厚C20细石混凝土，随捣抹平（内配双向Ø6@150钢筋网片）	二层、三层卧室、书房楼面，室内楼地面
2. 10厚挤塑聚苯板保温层	
1. 钢筋混凝土板找平	

■ 楼面2：防水楼面1	适用部位
5. 8~10厚防滑地砖面层	
4. 20厚1:3干硬性水泥砂浆结合层，表面撒水泥粉	
3. 1.5厚JS复合防水涂料（2~3遍，在地漏、阴阳角、穿管竖管等部位局部加强宽度300，翻起至楼面标高以上300，并沿门洞向无水房间扩出300	阳台楼面
2. 最薄处30厚C20细石混凝土，表面撒1:1水泥砂子随打随抹平，找坡2%坡向排水沟	
1. 现浇钢筋混凝土板找平压光，与墙体交接处同厚、同强度等级素混凝土四周翻边，高于建筑完成面度250，一次性浇捣	

■ 楼面3：防水楼面2	适用部位

（第二栏）

7. 8~10厚防滑地砖面层
6. 20厚1:3干硬性水泥砂浆结合层，表面撒水泥粉
5. 30厚C20细石砼随捣随抹平面
4. 陶粒增强混凝土填料1%坡度坡向地漏（厚度根据实际高度定填）
3. 1.5厚JS复合防水涂料（2~3遍），在地漏、阴阳角、穿管竖管等部位局部加强宽度300，翻起至楼面标高以上300，并沿门洞向无水房间扩出300
2. 5厚聚合物水泥防水砂浆
1. 现浇钢筋混凝土板抹平压光，四周同墙厚、同强度等级素混凝土四周翻边，高于建筑完成面度250，一次性浇捣

| | 下沉式卫生间楼面 |

二、外墙做法

■ 外墙1：金属铝板墙面1（由外至内）	适用部位
6. 3厚铝板干挂（铝合金板对缝拼接.上覆防水透气膜，钢立柱、龙骨、固定件等详厂家）专业厂家深化设计	
5. 30~50等厚岩（矿）棉板（24h后塑料锚栓机械锚固，聚氨酯发泡嵌缝，具体厚度详节能计算书）	住宅外墙面，岩棉具体厚度详节能计算书
4. 1:5专用砂浆粘结剂，专用界面剂一道	
3. 5厚抗裂砂浆（压入复合耐碱玻纤网格布）	
2. 20厚聚合物水泥防水砂浆找平	
1. 基层墙体（刷界面剂一道）	

■ 外墙2：仿石涂料墙面	适用部位
7. 仿石外墙涂料（深灰色高级涂料）	
6. 满刮柔性腻子，打磨平整	
5. 30（25）厚无机轻集料保温砂浆II型+5厚抗裂砂浆（内衬耐碱玻纤网格布）	
4. 5厚聚合物水泥防水砂浆（干粉类）防水层宜留分格缝，水平缝宜与窗口上、下沿齐平，垂直缝间距不大于6米，宜与门窗框两边线对齐，缝宽8	住宅局部外墙面
3. 基层墙体（刷界面剂一道）	
2. 20厚无机轻骨料保温砂浆I型+5厚抗裂砂浆（内衬耐碱玻纤网格布）	
1. 5厚面层专用粉刷石膏罩面（或由精装修公司二次设计）	

■ 外墙3：干挂石材墙面（由外到内）	适用部位
6. 干挂25厚石材，中性耐候胶嵌缝（钢立柱、龙骨、	

（第三栏）

固定件等详厂家业厂家设计）专业厂家深化设计
5. 30~50等厚岩（矿）棉板（24h后塑料锚栓机械锚固，聚氨酯发泡嵌缝，具体厚度详节能计算书）
4. 1:5专用砂浆粘结剂，专用界面剂一道
3. 5厚抗裂砂浆
2. 20厚聚合物水泥防水砂浆找平
1. 基层墙体（刷界面剂一道）

| | 住宅外墙面 |

三、内墙做法

■ 内墙1：防水砂浆内墙面	适用部位
4. 内墙面砖由精装修公司二次设计	
3. 12厚聚合物水泥防水砂浆（I型）分层抹平	卫生间、厨房等有防水或防潮的房间
2. 界面剂一道	
1. 基层墙体（聚合物水泥砂浆修补平整）	

■ 内墙2：无机涂料内墙面	适用部位
4. 无机涂料面层	
3. 15厚1：1：6水泥石灰膏砂浆分层抹平	室内卧室、书房、客厅等其他房间
2. 专用界面剂一道甩毛（用前先将墙面充分润湿）	
1. 基层墙体（聚合物水泥砂浆修补平整）	

四、顶棚做法

■ 顶棚1：室外非保温顶棚	适用部位
6. 外墙涂料（一底二面）	
5. 满刮2厚防水腻子	
4. 9.5厚防水石膏板，用自攻螺丝与龙骨固定，中距200	室外挑檐、雨棚、阳台顶棚
3. T形轻钢龙骨 TB 24×38，中距600，找平后与吊杆固定	
2. Ø6钢筋吊杆，吊杆上部与预留钢筋吊环固定	
1. 钢筋混凝土板找平，底刷界面剂一道	

■ 顶棚2：防水砂浆顶棚	适用部位
2. 12厚聚合物水泥防水砂浆（I型）分层抹平	卫生间顶棚
1. 钢筋混凝土板找平，底刷界面剂一道	

五、屋面做法

■ 屋1：保温屋面（倒置式）	适用部位
8. 40厚C20细石混凝土（内配双向Ø6@200钢筋，按	

（第四栏）

6000×6000设分仓缝，缝宽20mm，缝中嵌填密封材料）
7. 土工布隔离层一道
6. 60厚挤塑聚苯板保温层.（倒置式屋面在计算厚度基础上增加25%，具体详平面图、详图及节能计算书）
5. 3.0厚弹性体（APP）改性沥青防水卷材
4. 2.0厚喷涂速凝橡胶沥青防水涂料（非固化防水涂料）
3. 20厚1:3水泥砂浆找平层
2. 泡沫混凝土2%找坡层最薄处30（找坡走向见屋面平面排水方向）
1. 钢筋混凝土屋面板

| | 住宅屋面、屋顶露台、设备阳台等具体详平面及详图 |

六、踢脚做法

■ 踢1：水泥砂浆踢脚（120高）	适用部位
3. 8厚1:2水泥砂浆压实赶光	
2. 12厚1:3水泥砂浆打底（与墙面交界处嵌10宽塑料条）	室内踢脚
1. 墙基层（混凝土梁柱刷素水泥浆一道）	

七、油漆

■ 漆1：溶剂型氟炭漆（金属面油漆）	适用部位
4. 氟碳金属面漆（颜色详大样）	
3. 氟碳金属底漆	外露铁件
2. 刷专用防锈漆	
1. 清理基层,除锈等级不应低于sa2.5或st3级	

八、室外台阶

■ 漆1：溶剂型氟炭漆（金属面油漆）	适用部位
7. 15~20厚碎拼青片石铺面（表面平整），1：2水泥砂浆嵌缝表面抹平	
6. 撒素水泥面（洒适量清水）	
5. 20厚1:3干硬性水泥砂浆结合层	室外台阶
4. 素水泥浆一道，（内掺建筑胶）	
3. 60厚C15混凝土，台阶面向外坡1%	
2. 300厚3：7灰土分两步夯实	
1. 素土夯实	

审定	审核	工种负责	校对	设计	工程名称	某某小区别墅	比例	图别	图号
					图名	建筑构造做法表		建施	03

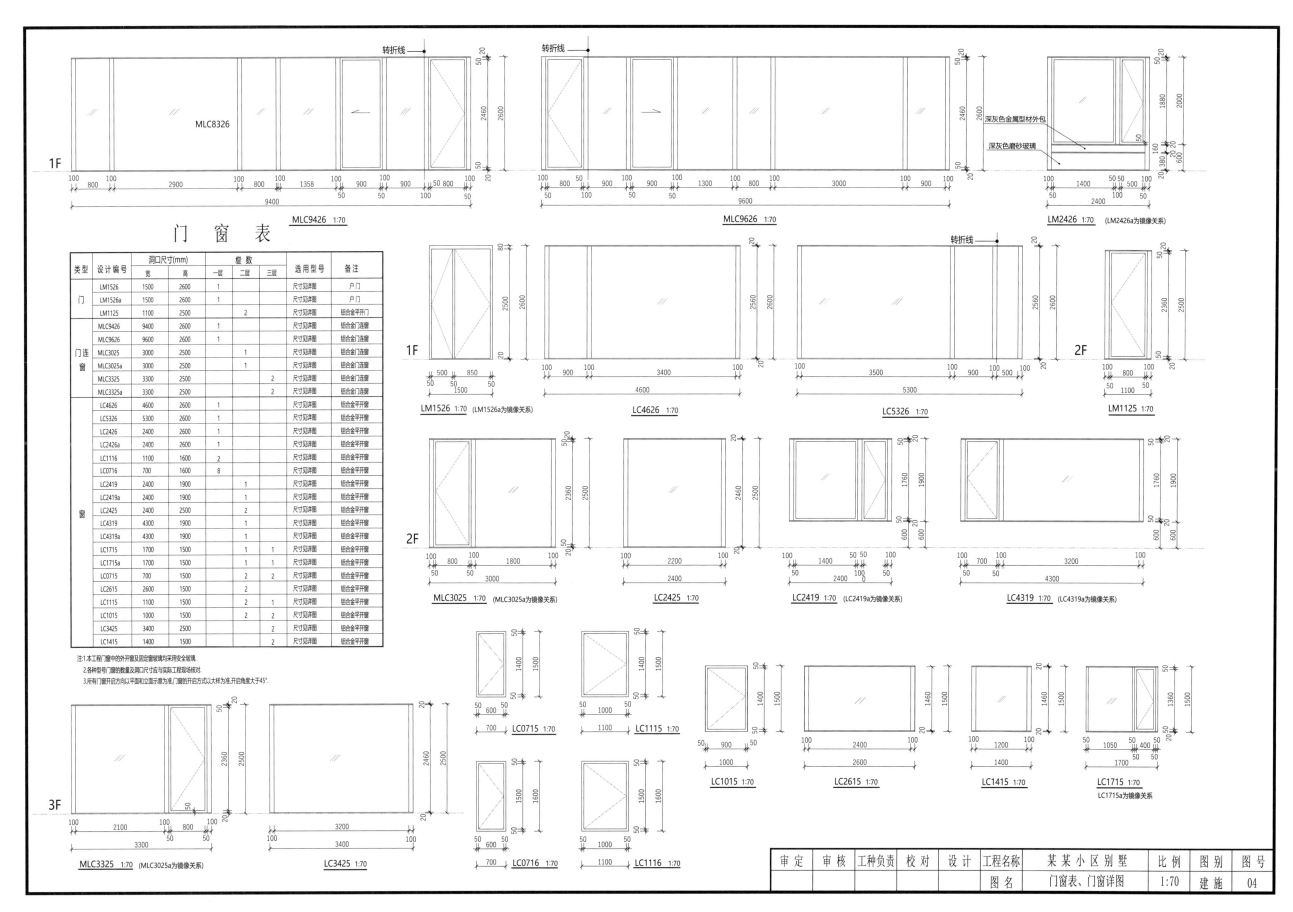

门窗表

类型	设计编号	洞口尺寸(mm)		樘数			选用型号	备注
		宽	高	一层	二层	三层		
门	LM1526	1500	2600	1			尺寸见详图	户门
	LM1526a	1500	2600	1			尺寸见详图	户门
	LM1125	1100	2500		2		尺寸见详图	铝合金平开门
门连窗	MLC9426	9400	2600	1			尺寸见详图	铝合金门连窗
	MLC9626	9600	2600	1			尺寸见详图	铝合金门连窗
	MLC3025	3000	2500		1		尺寸见详图	铝合金门连窗
	MLC3025a	3000	2500		1		尺寸见详图	铝合金门连窗
	MLC3325	3300	2500			2	尺寸见详图	铝合金门连窗
	MLC3325a	3300	2500			2	尺寸见详图	铝合金门连窗
窗	LC4626	4600	2600	1			尺寸见详图	铝合金平开窗
	LC5326	5300	2600	1			尺寸见详图	铝合金平开窗
	LC2426	2400	2600	1			尺寸见详图	铝合金平开窗
	LC2426a	2400	2600	1			尺寸见详图	铝合金平开窗
	LC1116	1100	1600	2			尺寸见详图	铝合金平开窗
	LC0716	700	1600	8			尺寸见详图	铝合金平开窗
	LC2419	2400	1900		1		尺寸见详图	铝合金平开窗
	LC2419a	2400	1900		1		尺寸见详图	铝合金平开窗
	LC2425	2400	2500		2		尺寸见详图	铝合金平开窗
	LC4319	4300	1900		1		尺寸见详图	铝合金平开窗
	LC4319a	4300	1900		1		尺寸见详图	铝合金平开窗
	LC1715	1700	1500	1	1		尺寸见详图	铝合金平开窗
	LC1715a	1700	1500	1	1		尺寸见详图	铝合金平开窗
	LC0715	700	1500		2		尺寸见详图	铝合金平开窗
	LC2615	2600	1500		2		尺寸见详图	铝合金平开窗
	LC1115	1100	1500		2	1	尺寸见详图	铝合金平开窗
	LC1015	1000	1500		2	2	尺寸见详图	铝合金平开窗
	LC3425	3400	2500			2	尺寸见详图	铝合金平开窗
	LC1415	1400	1500			2	尺寸见详图	铝合金平开窗

注:1.本工程门窗中的外开窗及固定窗玻璃均采用安全玻璃.
2.各种型号门窗的数量及洞口尺寸应与实际工程现场核对.
3.所有门窗开启方向以平面和立面图示意为准,门窗的开启方式以大样为准,开启角度大于45°.

审定	审核	工种负责	校对	设计	工程名称	某某小区别墅	比例	图别	图号
					图名	门窗表、门窗详图	1:70	建施	04

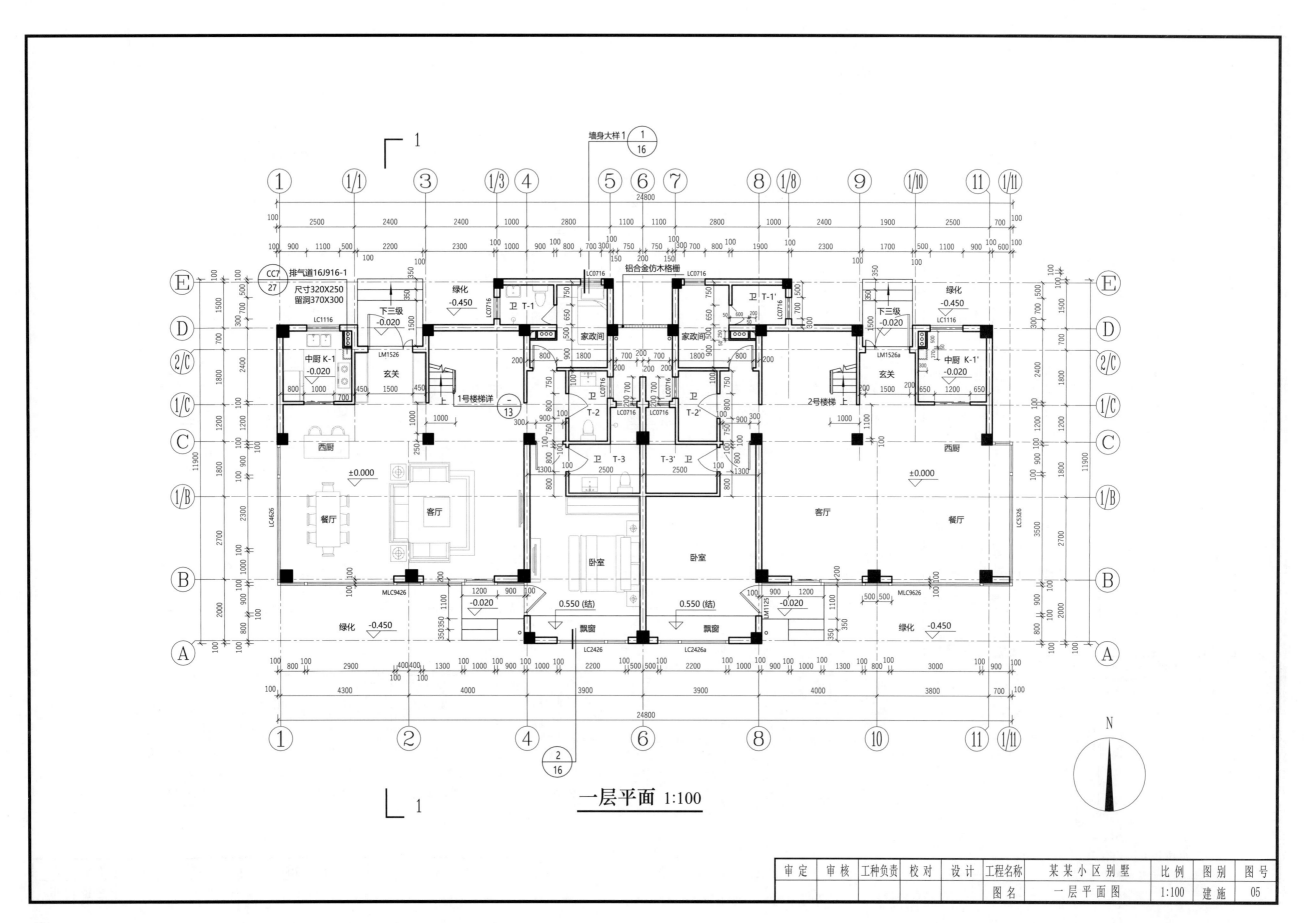

一层平面 1:100

审 定	审 核	工种负责	校 对	设 计	工程名称	某某小区别墅	比 例		图 别	图 号
					图 名	一层平面图	1:100		建 施	05

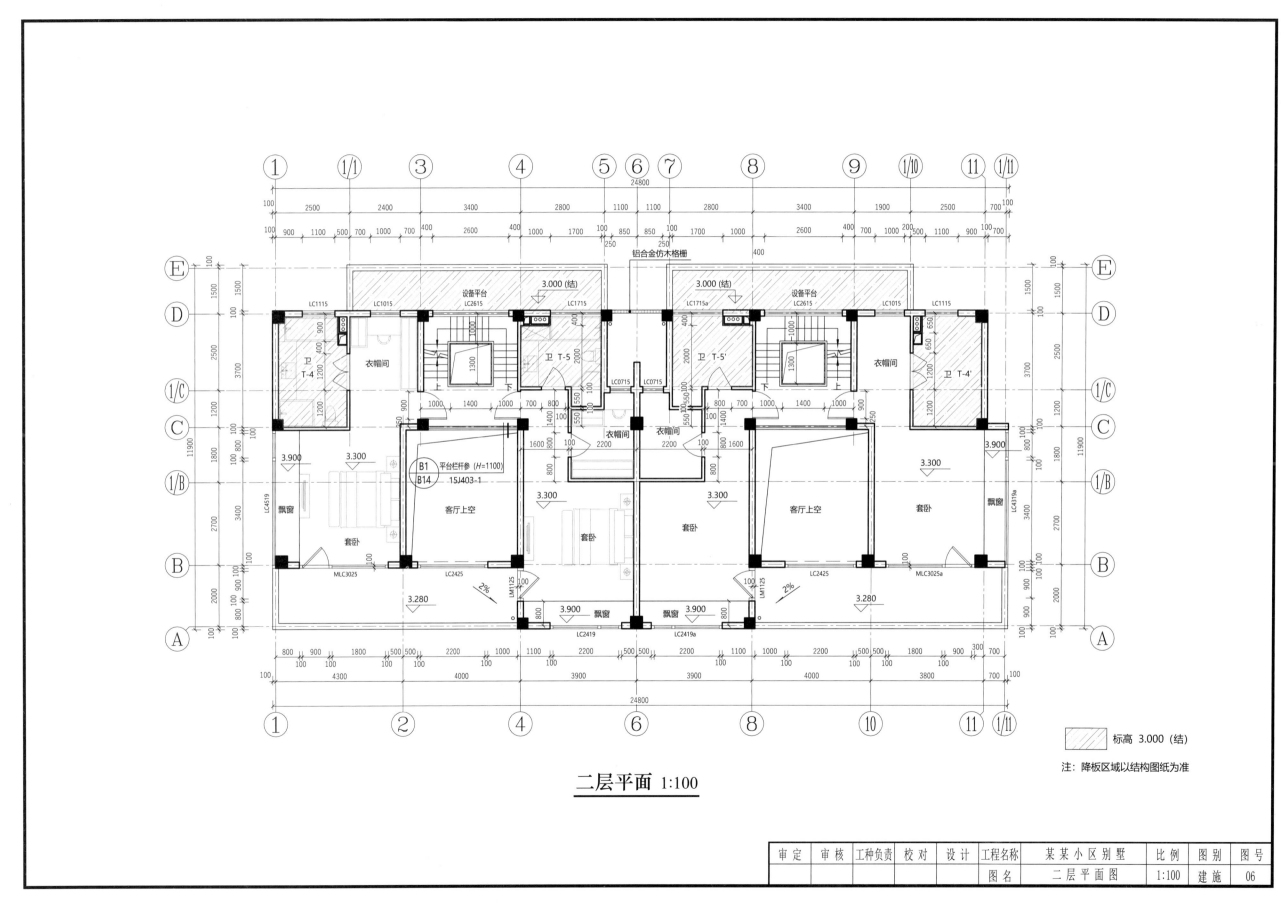

二层平面 1:100

标高 3.000 (结)

注：降板区域以结构图纸为准

审定	审核	工种负责	校对	设计	工程名称	某某小区别墅	比例	图别	图号
					图名	二层平面图	1:100	建施	06

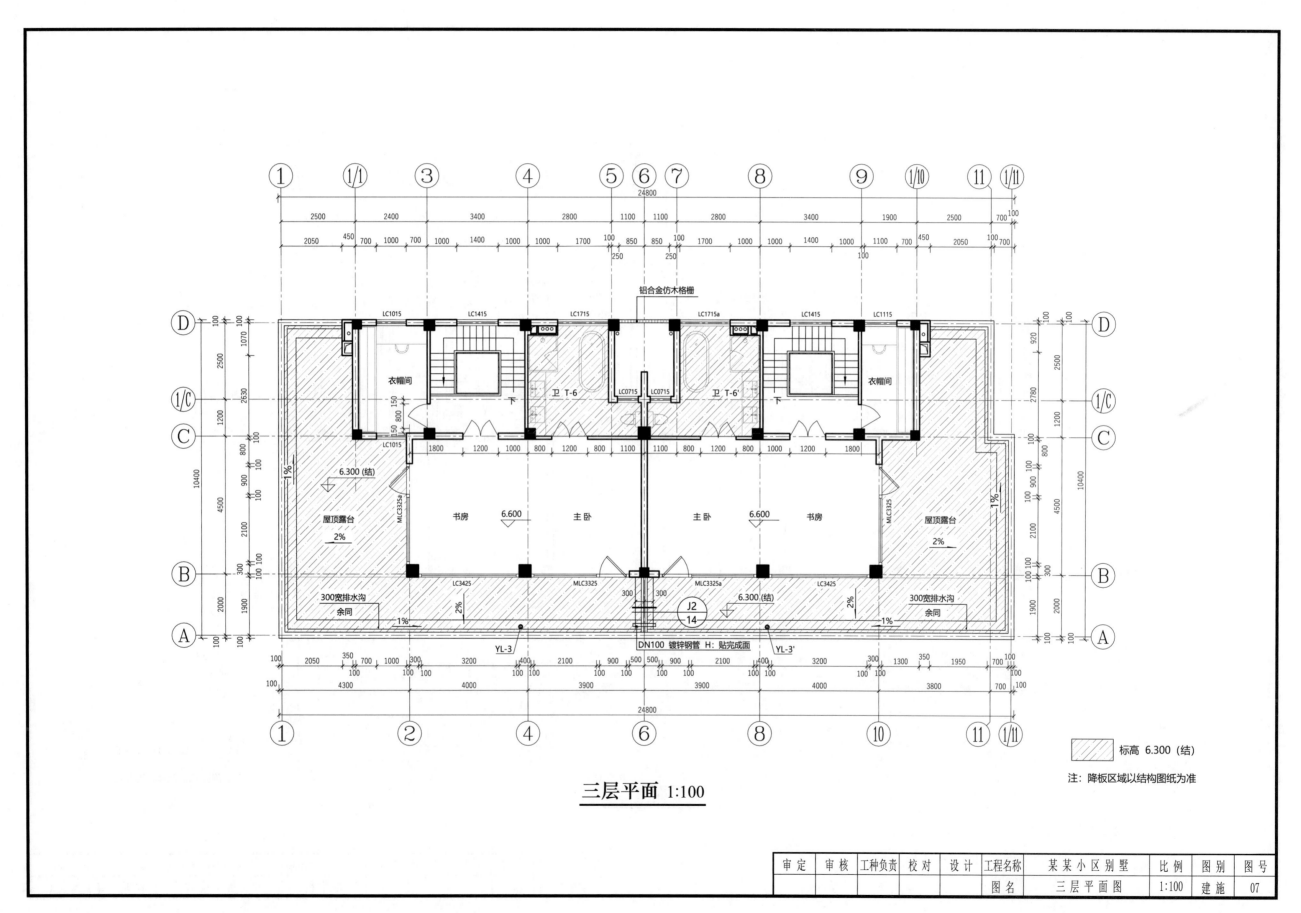

三层平面 1:100

标高 6.300（结）

注：降板区域以结构图纸为准

审定	审核	工种负责	校对	设计	工程名称	某某小区别墅	比例	图别	图号
					图名	三层平面图	1:100	建施	07

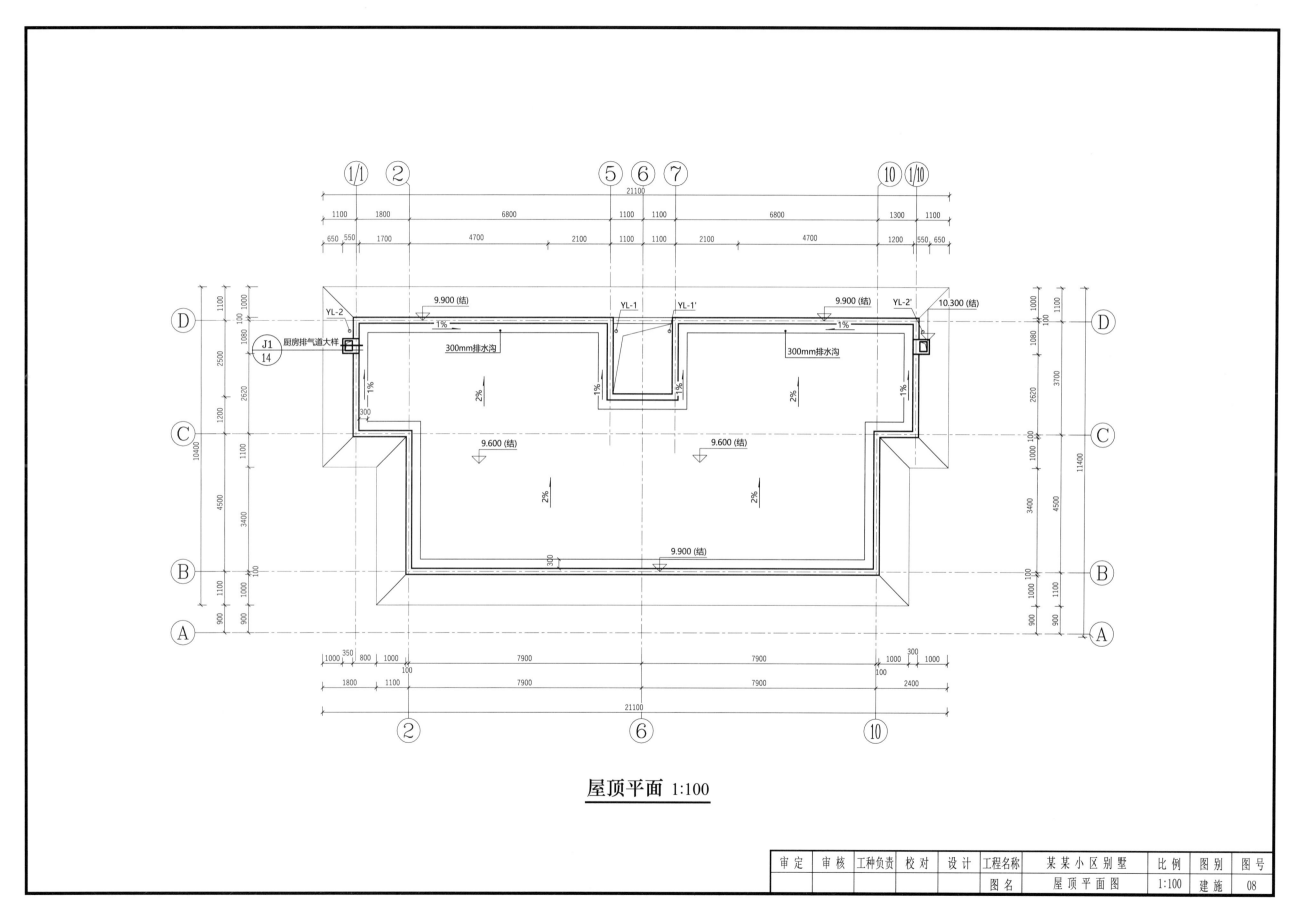

屋顶平面 1:100

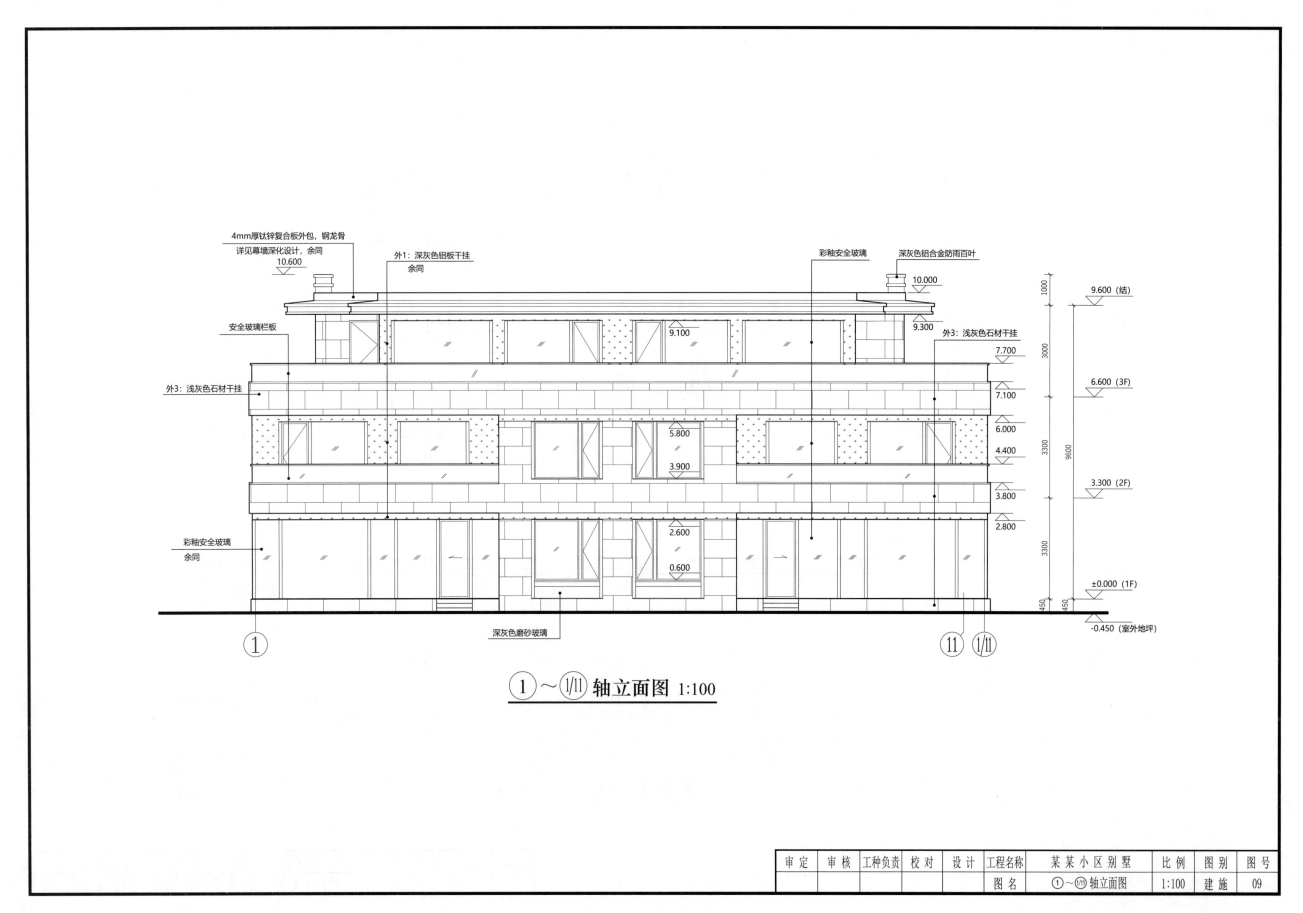

①~1/⑪轴立面图 1:100

审 定	审 核	工种负责	校 对	设 计	工程名称	某 某 小 区 别 墅	比 例	图 别	图 号
					图 名	①~⑪轴立面图	1:100	建 施	09

外1：深灰色铝板干挂
余同

4mm厚钛锌复合板外包，钢龙骨
详见幕墙深化设计，余同

深灰色铝合金防雨百叶

外3：浅灰色石材干挂

安全玻璃栏板

铝合金仿木格栅

深灰色铝板

彩釉安全玻璃

深灰色铝合金防雨百叶

安全玻璃栏板

彩釉安全玻璃

外1：深灰色铝板干挂

9.100
7.600

10.000   10.000
9.300

5.800
4.400

3.800

2.600   2.800

1000
3000
3300
3300
9600
450

9.600 (结)

7.700

6.600 (3F)

7.100

5.800

4.300

3.300 (2F)

2.800

2.600

1.000

±0.000 (1F)

−0.450 (室外地坪)

7.100

2.600

1/11   11

1

⑪~① 轴立面图 1:100

审 定	审 核	工种负责	校 对	设 计	工程名称	某某小区别墅	比 例	图 别	图 号
					图 名	⑪~① 轴立面图	1:100	建 施	10

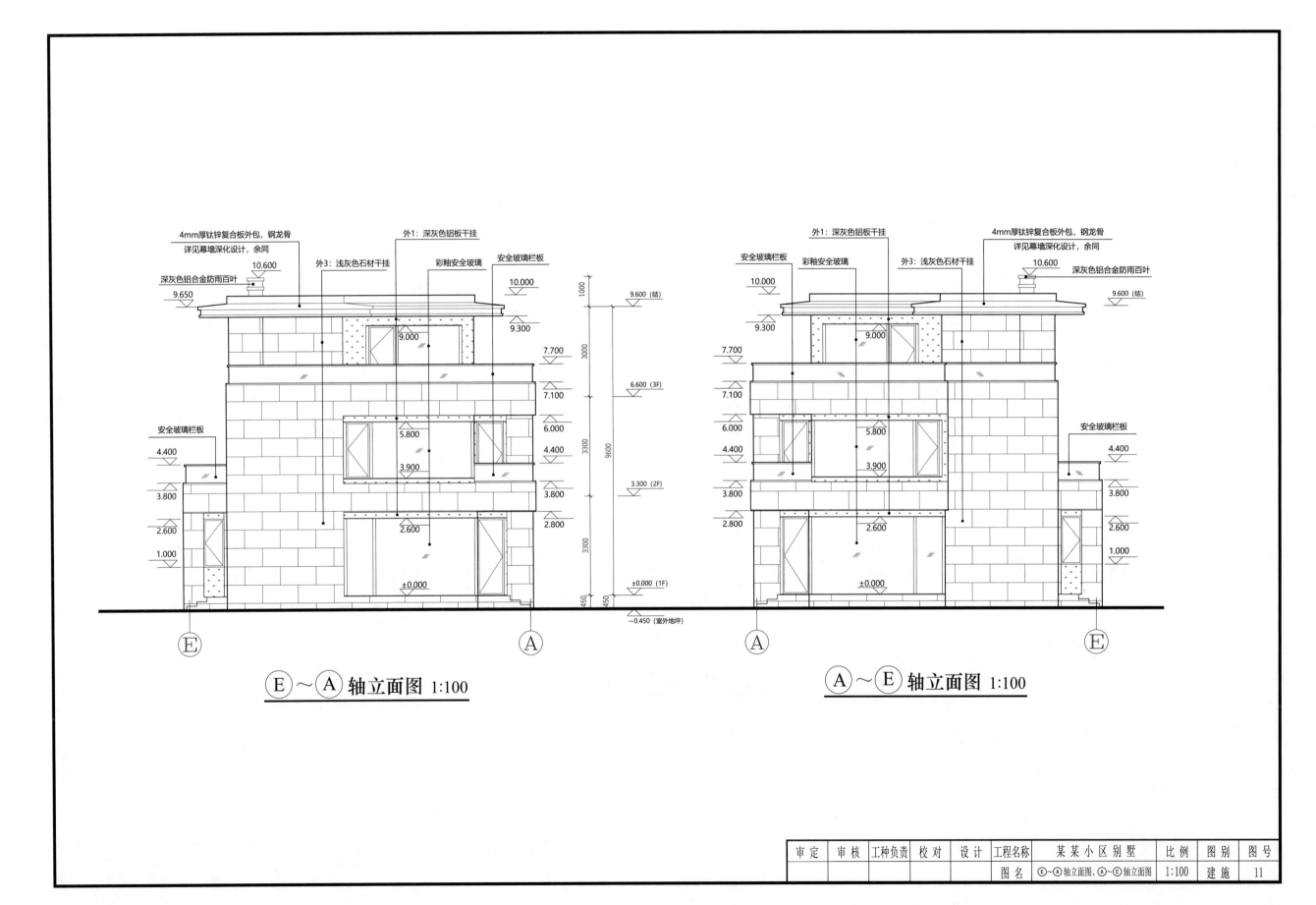

$\text{\textcircled{E}}{\sim}\text{\textcircled{A}}$ 轴立面图 1:100

$\text{\textcircled{A}}{\sim}\text{\textcircled{E}}$ 轴立面图 1:100

审 定	审 核	工种负责	校 对	设 计	工程名称	某某小区别墅	比 例	图 别	图 号
					图 名	ⓔ~ⓐ轴立面图、ⓐ~ⓔ轴立面图	1:100	建 施	11

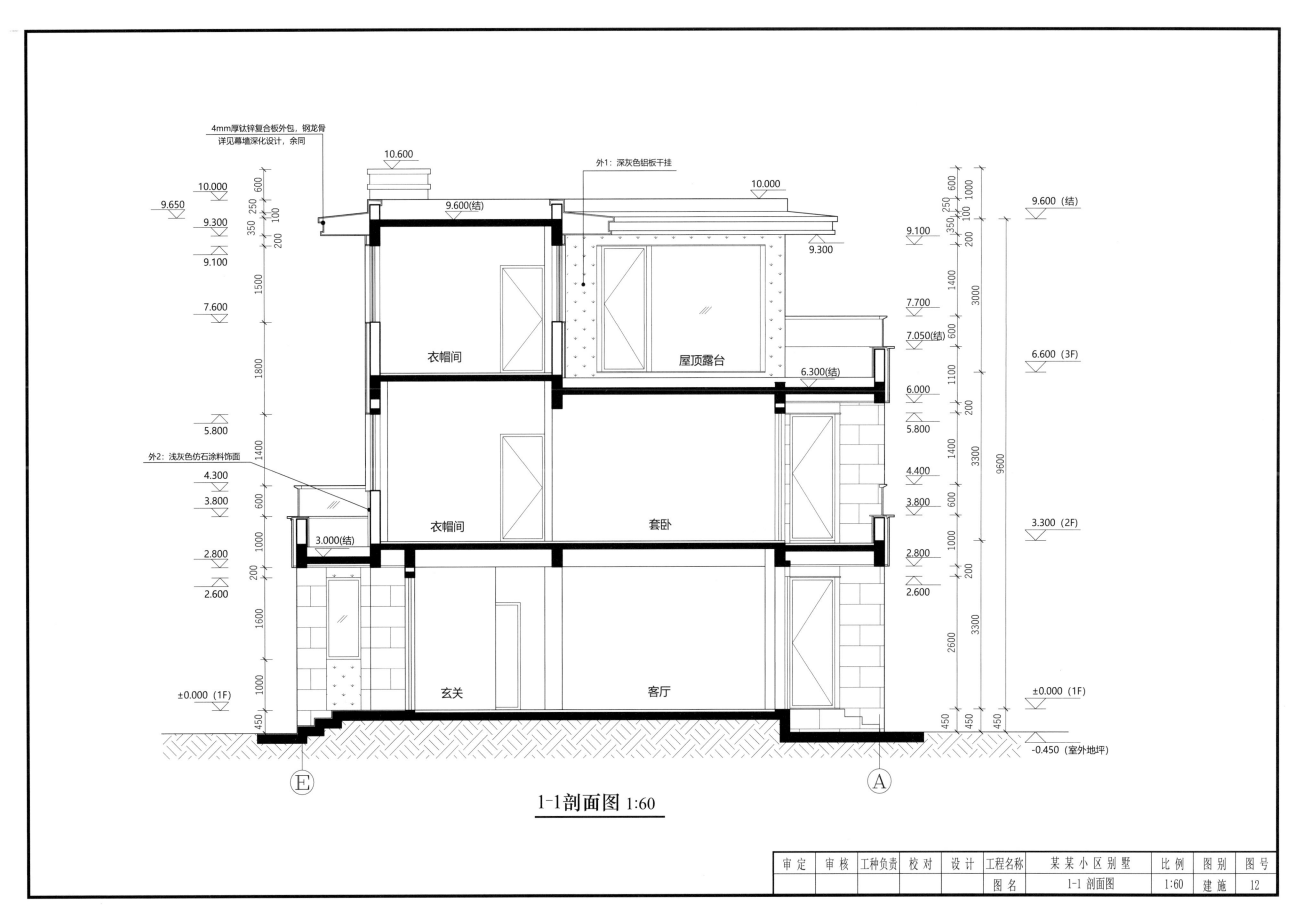

4mm厚钛锌复合板外包，钢龙骨
详见幕墙深化设计，余同

外1：深灰色铝板干挂

外2：浅灰色仿石涂料饰面

10.600
10.000
9.650
9.600(结)
9.300
9.100
10.000
9.300

衣帽间
屋顶露台
6.300(结)

7.600

5.800

4.300
3.800

衣帽间
套卧
3.000(结)

2.800

2.600

玄关
客厅

±0.000 (1F)

9.100
7.700
7.050(结)
6.000
5.800
4.400
3.800
2.800
2.600

9.600 (结)
6.600 (3F)
3.300 (2F)
±0.000 (1F)

-0.450 (室外地坪)

E

A

1-1剖面图 1:60

审 定	审 核	工种负责	校 对	设 计	工程名称	某 某 小 区 别 墅	比 例	图 别	图 号
					图 名	1-1 剖面图	1:60	建 施	12

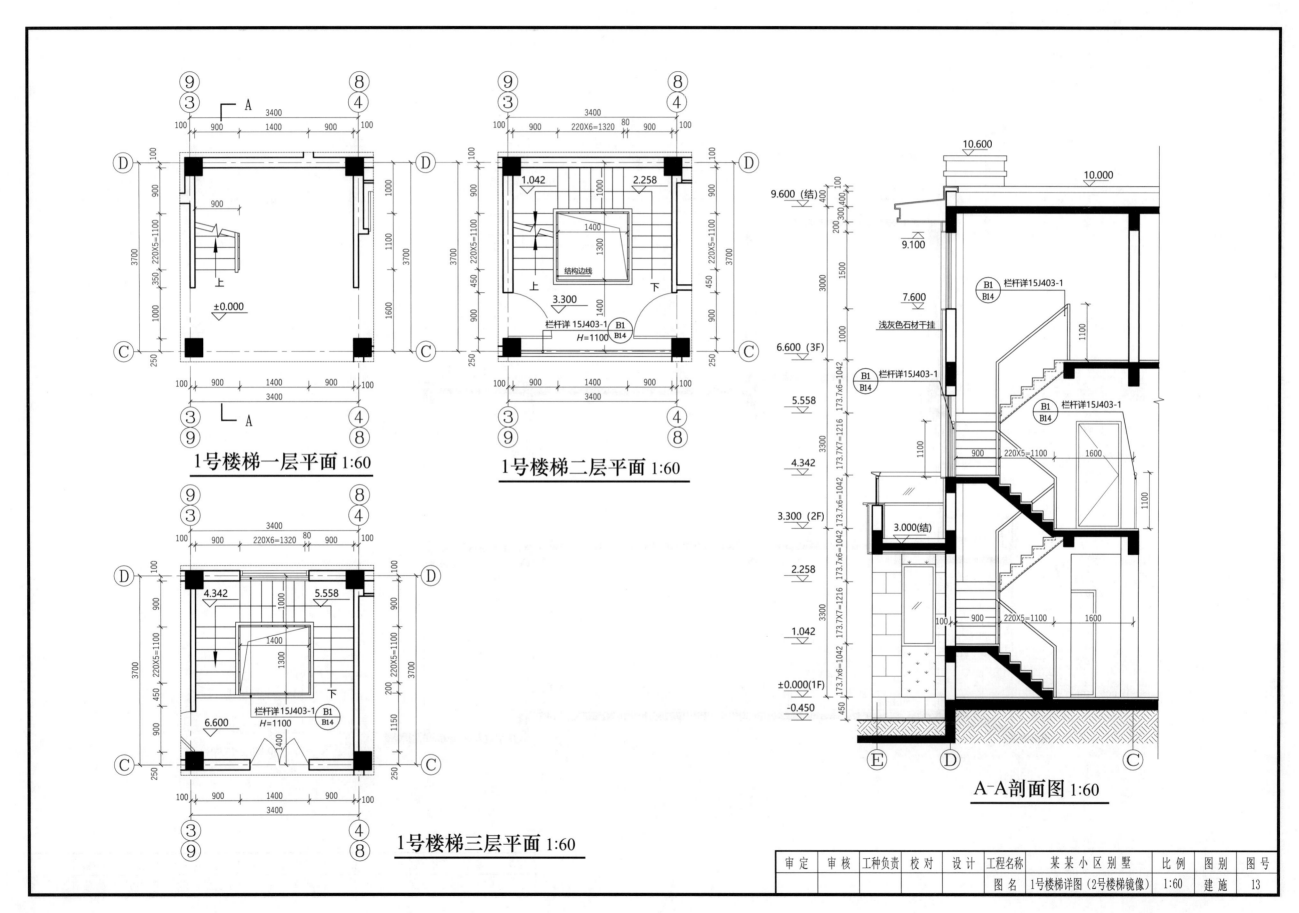

1号楼梯一层平面 1:60

1号楼梯二层平面 1:60

1号楼梯三层平面 1:60

A-A剖面图 1:60

审 定	审 核	工种负责	校 对	设 计	工程名称	某 某 小 区 别 墅	比 例	图 别	图 号
					图 名	1号楼梯详图 (2号楼梯镜像)	1:60	建 施	13

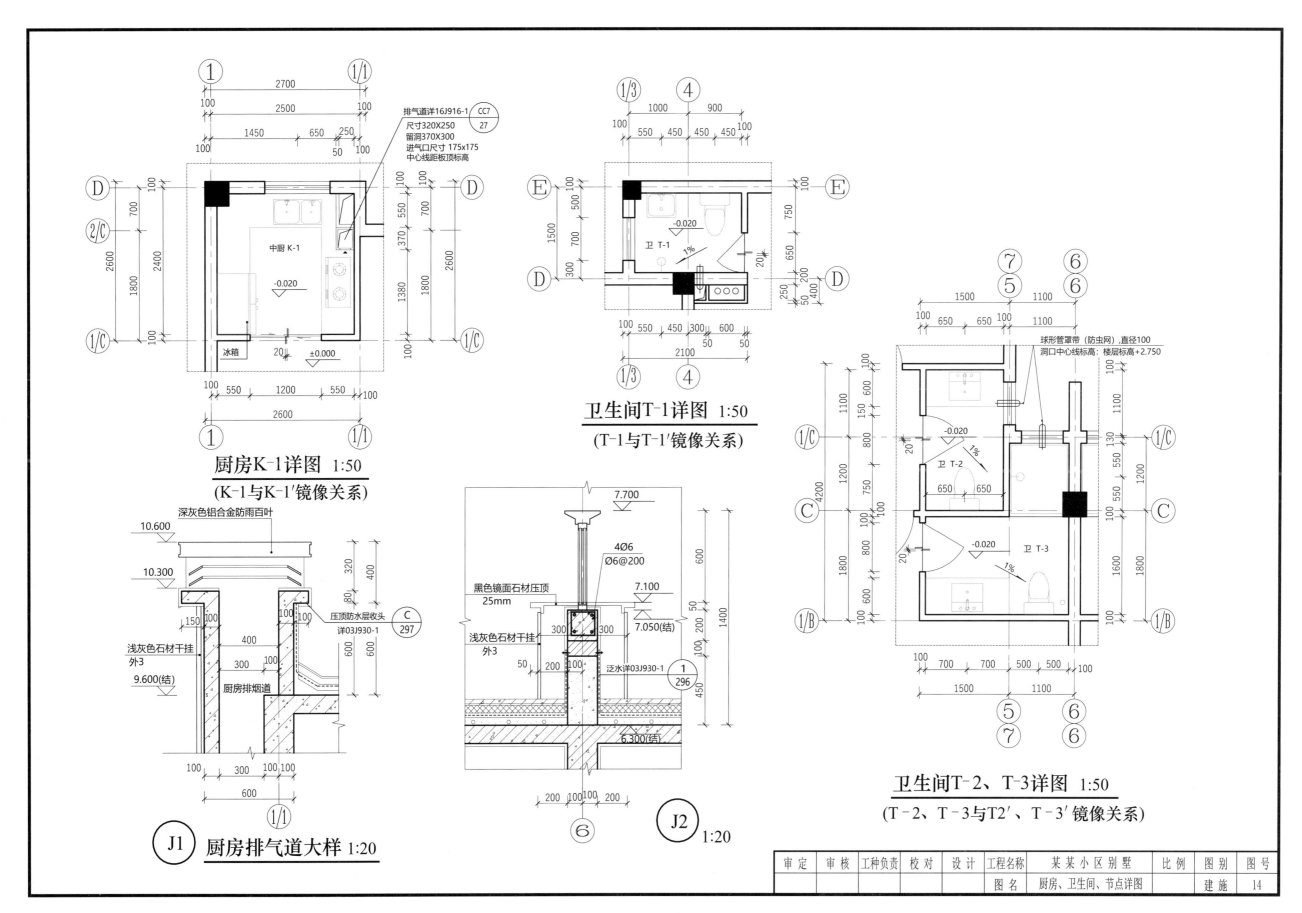

厨房K-1详图 1:50
(K-1与K-1'镜像关系)

卫生间T-1详图 1:50
(T-1与T-1'镜像关系)

卫生间T-2、T-3详图 1:50
(T-2、T-3与T2'、T-3'镜像关系)

J1 厨房排气道大样 1:20

J2 1:20

审定	审核	工种负责	校对	设计	工程名称	某某小区别墅	比例	图别	图号
					图名	厨房、卫生间、节点详图		建施	14

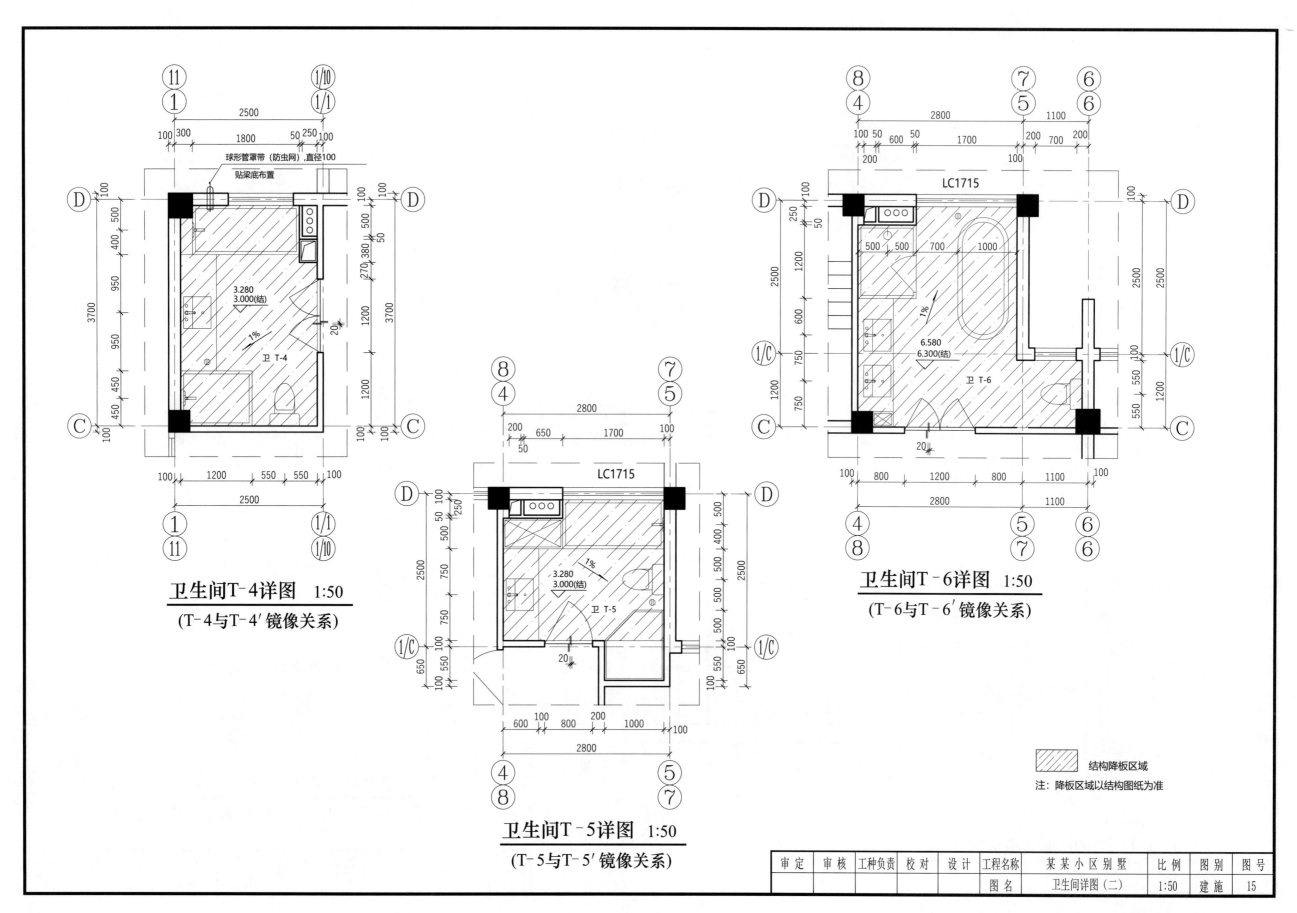

球形管罩带(防虫网),直径100
贴梁底布置

3.280
3.000(结)
1%
卫 T-4

卫生间T-4详图 1:50
(T-4与T-4′镜像关系)

LC1715
3.280
3.000(结)
1%
卫 T-5

卫生间T-5详图 1:50
(T-5与T-5′镜像关系)

LC1715
6.580
6.300(结)
1%
卫 T-6

卫生间T-6详图 1:50
(T-6与T-6′镜像关系)

结构降板区域

注: 降板区域以结构图纸为准

审定	审核	工种负责	校对	设计	工程名称	某某小区别墅	比例	图别	图号
					图名	卫生间详图(二)	1:50	建施	15

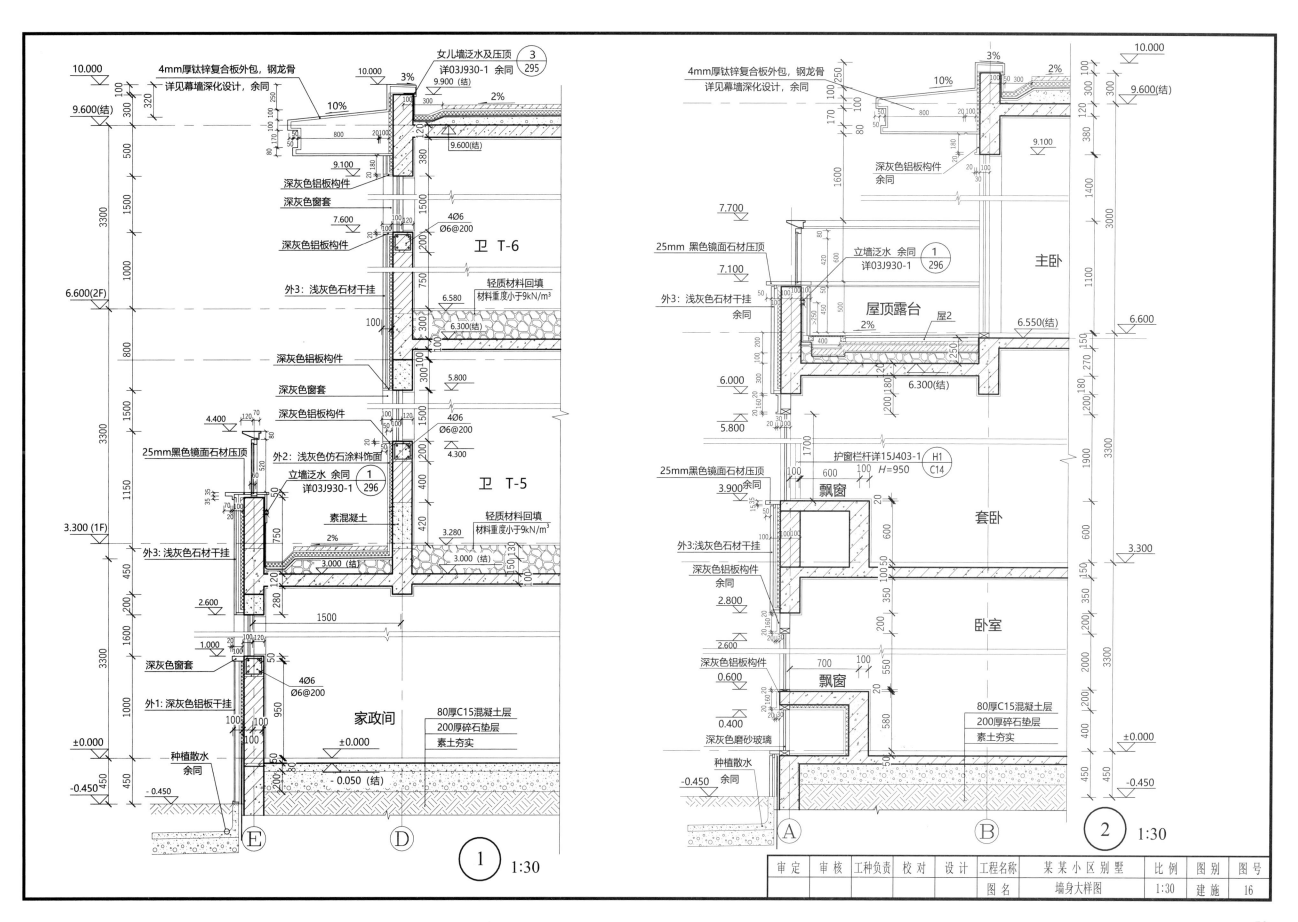

节能设计建筑专篇

一、主要设计依据

1.《夏热冬冷地区居住建筑节能设计标准》JGJ 134—2010
2.《民用建筑绿色设计规范》JGJ/T 229—2010
3.《建筑外门窗气密、水密、抗风压性能分级及检测方法》 GB/T 7106—2008
4.《建筑幕墙》 GB/T 21086—2007
5.《公共建筑节能构造-夏热冬冷和夏热冬暖地区》 17J908—2

二、工程概况

建筑名称： 某某小区别墅 。

建筑面积： 570.91m²，层数（地上）3层 ，建筑体积1892.89m³。

建筑体形系数 0.53；本项目地处气候分区的夏热冬冷的地区，建筑朝向南。

三、围护结构节能概述

1. 屋顶采用 挤塑聚苯板60mm（按计算厚度48mm增加25%）保温/隔热措施；
   传热系数0.58 kW/（m²·K）。

2. 外墙1采用烧结页岩多孔砖(200mm)＋岩棉板（50mm)或烧结页岩多
   孔砖（200mm）＋无机轻骨料保温砂浆Ⅱ型（30mm）保温/隔热措施；
   热桥部位外墙采用 岩棉板（50mm)或无机轻骨料保温砂浆Ⅱ型（30mm）
   保温/隔热措施；外墙全楼权平均传热系数0.82。

3. 分户墙、楼梯间隔墙、外走廊隔墙用 烧结多孔砖、烧结空心砖（200.0mm）
   保温/隔热措施；传热系数1.65 kW/（m²·K）。

4. 空调供暖房间的楼板采用挤塑聚苯板（10.0mm）保温/隔热措施；
   传热系数1.69 kW/（m²·K）。

5. 户门采用 节能外门3 保温/隔热措施；传热系数 2.00 kW/（m²·K）。

6. 窗：（包括 阳台门透明部分）

   (1) 外窗（东向）采用 隔热金属型材多腔密封6mm中透光LOW-E +12空气+6mm透明；
   窗墙面积比0.31，传热系数 2.40 kW/（m²·K）遮阳系数 0.40。气密性等级 6级。

   (2) 外窗（南向）采用 隔热金属型材多腔密封6mm中透光LOW-E +12空气+6mm透明；
   窗墙面积比 0.52，传热系数 2.40 kW/（m²·K）。遮阳系数 0.35。气密性等级 6级。

   (3) 外窗（西向）采用 隔热金属型材多腔密封6mm中透光LOW-E +12空气+6mm透明；
   窗墙面积比0.31，传热系数 2.40 kW/（m²·K）。遮阳系数 0.40。气密性等级 6级。

   (4) 外窗（北向）采用 隔热金属型材多腔密封6mm中透光LOW-E +12空气+6mm透明；
   窗墙面积比0.37，传热系数 2.40 kW/（m²·K）。遮阳系数 0.40。气密性等级 6级。

四、主要围护结构构造特点及主要技术指标

表1

围护结构构造简图及编号	构造做法	主要保温隔热材料主要技术指标	围护结构构造简图及编号	构造做法	主要保温隔热材料主要技术指标
主墙体1	1. 外墙涂料 2. 30mm 无机轻集料保温砂浆Ⅱ型 3. 200mm 烧结页岩多孔砖（MU10） 4. 20mm 水泥砂浆	无机轻集料保温砂浆Ⅱ型 导热系数 λ [W/(m·K)] 0.085 蓄热系数 s [W/(m²·K)] 1.50 热惰性指标 D=R·S 0.53 修正系数 α 1.25	分户墙	1. 20mm 水泥砂浆 2. 200mm烧结多孔砖、烧结空心砖 3. 20mm 水泥砂浆	烧结多孔砖、烧结空心砖 导热系数 λ [W/(m·K)] 0.580 蓄热系数 s [W/(m²·K)] 7.92 热惰性指标 D=R·S 2.73 修正系数 α 1.00
主墙体2	1. 铝板（石材）干挂 2. 50mm岩棉板 3. 200mm烧结页岩多孔砖（MU10） 4. 20mm 水泥砂浆	岩棉板 导热系数 λ [W/(m·K)] 0.044 蓄热系数 s [W/(m²·K)] 0.75 热惰性指标 D=R·S 0.51 修正系数 α 1.30	屋面	1. 40mm细石混凝土（双向配筋） 2. 土工布隔离层一道 3. 60mm挤塑聚苯板保温层，（按计算厚度48mm，增加25%） 4. 20mm 水泥砂浆 5. 轻集料混凝土（陶粒等）找坡层最薄处30 6. 现浇钢筋混凝土屋面板	挤塑聚苯板 导热系数 λ [W/(m·K)] 0.030 蓄热系数 s [W/(m²·K)] 0.32 热惰性指标 D=R·S 0.11 修正系数 α 1.20
热桥1	1. 5厚抗裂砂浆 2. 30mm 无机轻集料保温砂浆Ⅱ型 3. 钢筋混凝土 4. 20mm 水泥砂浆	无机轻集料保温砂浆Ⅱ型 导热系数 λ [W/(m·K)] 0.085 蓄热系数 s [W/(m²·K)] 1.50 热惰性指标 D=R·S 0.53 修正系数 α 1.25	保温楼板	1. 30mm 细石混凝土 2. 10mm 挤塑聚苯板保温层 3. 钢筋混凝土	挤塑聚苯板 导热系数 λ [W/(m·K)] 0.030 蓄热系数 s [W/(m²·K)] 0.32 热惰性指标 D=R·S 0.11 修正系数 α 1.20
热桥2	1. 50mm 岩棉板 2. 5厚抗裂砂浆 3. 钢筋混凝土 4. 20mm 水泥砂浆	岩棉板 导热系数 λ [W/(m·K)] 0.044 蓄热系数 s [W/(m²·K)] 0.75 热惰性指标 D=R·S 0.51 修正系数 α 1.30	飘窗	1. 铝板（石材）干挂 2. 30mm岩棉板 3. 5厚抗裂砂浆	岩棉板 导热系数 λ [W/(m·K)] 0.044 蓄热系数 s [W/(m²·K)] 0.75 热惰性指标 D=R·S 0.51 修正系数 α 1.30

五、居住建筑节能设计表

建筑名称： 某某小区 别墅　　建筑形体： 条式 ☑ 点式 □　体形系数： 0.53

表2

围护结构项目		限值			设计建筑			
		传热系数限值K W/（m²·K）	遮阳系数限值SW		平均传热系数K W/（m²·K）	遮阳系数SW	节能构造措施	节能构造做法
屋顶	非透明部分	□ 0.7　□ 0.8 ☑ 0.6			0.58		挤塑聚苯板60mm（按计算厚度48mm增加25%）	见表1及建筑总说明
	透明部分							
外墙 （含非透明幕墙）		☑1.5　□1.8 □1.2			0.82		主体：200mm 烧结页岩多孔砖（MU10） 30mm 无机轻集料保温砂浆Ⅱ型 50mm 岩棉板	见表1及建筑总说明
外窗及窗墙比 （含透明幕墙）	南 0.52	1.90	夏0.25，冬0.60		2.40	夏0.35，冬0.35	隔热金属型材多腔密封6mm中透光LOW-E+12空气+6mm透明	—
	北 0.37	2.00	——		2.40	夏0.40，冬0.40	隔热金属型材多腔密封6mm中透光LOW-E+12空气+6mm透明	
	东 0.31	2.10	夏0.40		2.40	夏0.40，冬0.40	隔热金属型材多腔密封6mm中透光LOW-E+12空气+6mm透明	
	西 0.31	2.10	夏0.40		2.40	夏0.40，冬0.40	隔热金属型材多腔密封6mm中透光LOW-E+12空气+6mm透明	
分户墙和楼梯隔墙		2.0			1.47		烧结多孔砖、烧结空心砖（200.0mm）	见表1
楼板		2.0			1.69		挤塑聚苯板（10.0mm）	—
凸窗不透明板		——			——		——	——
底层接触室外空气的架空或外挑楼板		1.00			1.31			
户门		2.00(通往封闭空间)			2.0		节能外门	市售三合一户门，满足节能要求
设计建筑是否满足规定性指标					☑ 是　　□ 否			
参照建筑能耗 kW·h/m²					设计建筑能耗 kW·h/m²			
25.57					25.53			

审 定	审 核	工种负责	校 对	设 计	工程名称	某 某 小 区 别 墅	比 例	图 别	图 号
					图 名	透 视 图		建 施	18

2. 结构施工图

	××××建筑设计有限公司 图 纸 目 录		建设单位	××××有限公司		
			项目名称	某某小区别墅	专业	结 构
			项目编号		阶段	施工图
			编 制 人		日期	

序号	图别 图号	图 纸 名 称	图幅	备 注
1	结施-01	结构设计总说明（一）	A2	
2	结施-02	结构设计总说明（二）	A2	
3	结施-03	基础平面图	A3	
4	结施-04	基础顶~6.550柱平法施工图	A3	
5	结施-05	6.550~9.600柱平法施工图	A3	
6	结施-06	3.250梁平法施工图	A3	
7	结施-07	6.550梁平法施工图	A3	
8	结施-08	9.600梁平法施工图	A3	
9	结施-09	3.250板平法施工图	A3	
10	结施-10	6.550板平法施工图	A3	
11	结施-11	9.600板平法施工图	A3	
12	结施-12	楼梯详图	A3	

结构设计总说明

一、工程概况

本工程位于XX省XX市，为某某小区别墅，地上三层，建筑高度10.050m，框架结构，基础形式为柱下独立基础。

二、设计依据

1. 本工程设计使用年限为50年。
2. 自然条件：
   (1) 基本风压0.55kN/m²，地面粗糙度B类。
   (2) 基本雪压0.45kN/m²。
   (3) 场地地震基本烈度6度，特征周期值0.45s，抗震设防烈度6度，设计基本地震加速度0.05g，设计地震分组第一组，建筑物地基类别Ⅲ类。
3. XX工程勘察院提供的《XX小区岩土工程勘察报告》。
4. 政府有关主管部门对本工程的审查批复文件。
5. 本工程设计所执行的规范及规程见下表：

序号	名称	编号和版本号
1	《建筑结构可靠性设计统一标准》	GB 50068—2018
2	《建筑工程抗震设防分类标准》	GB 50223—2008
3	《建筑结构荷载规范》	GB 50009—2012
4	《建筑抗震设计规范》	GB 50011—2010（2016年版）
5	《混凝土结构设计规范》	GB 50010—2010（2015年版）
6	《建筑地基基础设计规范》	GB 50007—2011
7	《砌体结构设计规范》	GB 50003—2011
8	《多孔砖砌体结构技术规范》	JGJ 137—2001（2002年版）

三、图纸说明

1. 本工程结构施工图中除注明外，标高以"m"为单位，尺寸以"mm"为单位；
2. 本工程相对标高±0.000相当于黄海高程6.800m。

四、建筑分类等级

序号	名称	等级	序号	名称	等级
1	建筑结构安全等级	二级	5	建筑耐火等级	二级
2	地基基础设计等级	丙级	6	砌体施工质量控制等级	B级
3	建筑抗震设防类别	丙类	7	混凝土构件的环境类别	一类 二a类
4	框架抗震等级	四级			

五、主要荷载取值

楼（屋）面活荷载见下表：（单位：kN/m²）

部位	阳台、厨房	卫生间	屋顶露台	不上人屋面	楼梯间	其余房间
荷载	2.5	2.5	2.5	0.5	2.5	2.0

注：使用荷载和施工荷载不得大于设计活载值

六、设计计算程序

本工程使用中国建筑科学研究院PKPMCAD工程部编制的PKPMCAD系列软件，2010新规范版本进行结构整体分析。

七、主要结构材料

1. 混凝土强度等级见下表：

部位及构件	混凝土强度等级	备注
基础垫层	C15	
基础	C30	
柱	C30	
梁、板	C30	
过梁、构造柱、圈梁	C20	

2. 钢筋符号、钢材牌号见下表：

热轧钢筋种类	符号	f_y(N/mm²)	钢材牌号	厚度(mm)	f(N/mm²)
HPB300(Q235)	φ	270	Q235-B	≤16	215
HRB335	Φ	300	Q345-B	≤16	310
HRB400	Φ	360			

3. 焊条：
   E43型：用于HPB300钢筋焊接，Q235-B钢材焊接。
   E50型：用于HRB335钢筋焊接，HRB400钢筋焊接，Q345-B钢材焊接。
   钢筋与钢材焊接随钢筋定焊条，焊接应符合JGJ 18—2012以及JGJ 81—2002有关规定。

4. 墙体材料：

构件部位		砌块材料	砌块强度等级	砂浆材料	砂浆强度等级
±0.000以下		混凝土普通砖	MU15	水泥砂浆	M10
±0.000以上	外墙	烧结页岩多孔砖	MU10	混合砂浆	M7.5
	内墙	加气混凝土砌块	A5.0	专用砂浆	Mb5.0

八、地基基础

1. 基础类型：本工程采用柱下独立基础，详见结施-03。
2. 基础施工前需将表面耕植土清除。基槽开挖时，如遇异常情况，应通知勘察设计部门处理。基槽开挖完毕后应会同勘察、设计部门门验槽，合格后方可进入下一步施工。
3. 基坑开挖时应根据勘察报告提供的参数进行放坡，对基坑距道路、市政管线、现有建筑物较近处应进行边坡支护，以确保道路、市政管线、现有建筑的安全和工期顺利进行。
4. 地下水位较高时，施工应采取有效措施降低地下水位，保证正常施工。
5. 基底超挖部分用净砂石（其中碎石、卵石占全重30%），分层回填至设计标高，压实系数≥0.97，基础混凝土养护完成后应迅速填土（压实系数≥0.94）至室外标高。
6. 基础墙体采用MU15混凝土普通砖，M10水泥砂浆砌筑，两面20厚1:3防水砂浆粉刷。
7. 本工程要求进行沉降观测：沉降观测点位置详见结施-02基础施工图。沉降观测自完成±0.000层开始，于施工一层观测一次，结构每月观测一次，竣工验收后第一年观测次数不少于4次，第二年不少于2次，以后每年一次，直至建筑物沉降稳定。未尽之处按《建筑变形测量规程》JGJ8—2007执行。沉降观测做法见图1。

图1 沉降观测点

九、钢筋混凝土

1. 本工程采用国家标准图集《混凝土结构施工图平面整体表示方法制图规则和构造详图》16G101的表示方法，施工图中未注明的构造要求均按照标准图集的有关要求执行。

2. 钢筋的混凝土保护层厚度
   构件中受力钢筋的保护层厚度，最外层钢筋的外边缘至混凝土表面的距离不应小于钢筋的公称直径，且符合下表规定：

环境类别	板、墙		梁、柱	
	C25	C30~C45	C25	C30~C45
一	20	15	25	20
二 a	25	20	30	25

注：基础的混凝土保护层厚度为40mm。

3. 钢筋接头形式和要求

(1) 梁柱钢筋宜优先采用机械连接，钢筋直径d≥28时应采用机械连接；d=25时宜采用机械连接。
(2) 接头位置宜设置在受力较小处，在同一根钢筋上宜少设接头。
(3) 受力钢筋的接头应相互错开，当采用焊接接头时，相邻接头之间距离应大于35d，且不小于500mm，当采用绑扎搭接时，相邻接头中心之间的距离应大于1.3倍搭接长度。位于同一连接区段内的受力钢筋搭接接头面积百分率应符合下表要求：

接头形式	受拉区接头面积百分率	受压区接头面积百分率
机械连接	≤50%	不限
焊接连接	≤50%	不限
绑扎连接	≤25%	≤50%

4. 纵向钢筋的锚固长度、搭接长度
   (1) 纵向钢筋的锚固长度
   详《混凝土结构施工图平面整体表示方法制图规则和构造详图》16G101 P57、58页。
   注：所有锚固长度均应大于200mm，HPB300钢筋两端必须加弯钩
   (2) 纵向钢筋的搭接长度

纵向钢筋的搭接接头百分率	≤25	50	100
纵向受拉钢筋的搭接长度	1.2La	1.4La	1.6La
纵向受压钢筋的搭接长度	0.85La	1.0La	1.13La

注：抗震设计时为LaE；受拉和受压钢筋搭接长度分别不应小于300和200mm

5. 现浇钢筋混凝土板
   (1) 双向板钢筋的放置，短跨方向钢筋置于外层，长跨方向钢筋置于内层。现浇板施工时，应采取措施保证钢筋位置正确。
   (2) 现浇板钢筋的锚固、连接等构造详见国标图集16G101-1 P99~P101页。
   (3) 单向板受力钢筋，双向板支座负筋必须配置分布筋。图中未注明分布筋均为φ6@200。
   (4) 板上洞口加强：除已注明者外，孔洞直径（矩形洞长边尺寸）不大于300时，钢筋绕过即可。孔洞直径（矩形洞长边尺寸）大于300，而小于1000时，按图2、图3加强。

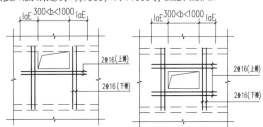

图2 板洞口加固配筋图（附加钢筋应伸至支座内）

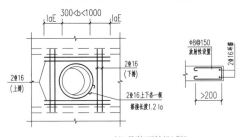

图3 圆形板洞口加固配筋图

审定	审核	工种负责	校对	设计	工程名称	某某小区别墅	比例		图别	图号
					图名	结构设计总说明（一）			结施	01

(5)楼板外墙转角及板短跨≥3.9m处楼板四角上部配置放射形钢筋见图4.

图4 放射筋布置

(6)当有管道井时，其板内钢筋仍应按图设置，并按板上开洞规定处理，待管道设备安装完毕后，再用混凝土浇捣密实，混凝土强度等级同各楼层，板厚度见各平面图标注.
(7)板内埋设管线时，所埋设管线应在板底钢筋之上，板上部钢筋之下，且管线上下各铺设550级冷轧带肋Φ4@100钢筋网片，宽度600.
(8)对设备的预留孔洞及预埋件与安装单位配合施工，未经设计人员同意，不得随意在板上打洞、剔凿.
(9)跨度大于4.0m的板施工支模时应起拱，起拱高度为跨度的2/1000.

6. 钢筋混凝土梁

(1)楼层(包括屋面)框架梁纵向钢筋构造详见国标图集16G101-1P84、84页.
(2)框架梁中间支座纵向钢筋详见国标图集16G101-1P87页.
(3)框架梁箍筋构造详见国标图集16G101-1P88页.
(4)非框架梁配筋构造详见国标图集16G101-1P89页.
(5)不伸入支座的梁下部纵向钢筋衡点位置、附加箍筋、附加吊筋、梁侧面构造筋等其他构造要求详见国标图集16G101-1.
(6)当次梁与框架梁或主梁同高时，次梁主筋应放在主梁钢筋的内侧.
(7)梁上不允许预留洞口，预埋件需与安装单位配合施工.
(8)屋面(包括露台)处的框架梁均按《16G101-1》中屋面框架梁WKL的构造处理.
(9)跨度大于4.0m梁施工支模时应起拱，起拱高度为跨度的2/1000.

7. 钢筋混凝土柱

(1)框架柱纵向钢筋连接构造详见国标图集16G101-1 P63页.
(2)框架边柱与角柱柱顶纵向钢筋构造详见国标图集16G101-1 P67页.
(3)框架中柱柱顶纵向钢筋构造、框架柱变截面处纵向钢筋构造详见国标图集16G101-1P68页.
(4)框架柱箍筋构造详见国标图集16G101-3 P65、66页.
(5)柱插筋在基础中的锚固构造详见国标图集16G101-3.
(6)柱上不允许预留孔洞，预埋件需与安装单位配合施工.
(7)柱上节点的构造要求详见国标图集16G101-1.

十、砌体工程

1.砌体填充墙平面位置详建筑施工图，不得随意更改. 应配合建筑图，按要求预留墙体插筋.
2.砌体填充墙沿框架柱(包括构造柱)或钢筋混凝土墙全高每隔500mm设置2Φ6的拉筋，拉筋伸入填充墙内的长度不小于填充墙长的1/5，且不小于700mm，详见图5.

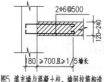

图5 填充墙与混凝土柱、墙间拉筋构造

3.砌体填充墙内的构造柱一般不在各楼层结构平面图中画出，一律按以下原则设置:
(1)填充墙长度>5m时，沿墙长度方向每隔4m设置一根构造柱.
(2)外墙及楼梯间墙转角处设置构造柱.
(3)填充墙端部无翼墙或混凝土柱(墙)时，在墙部增设构造柱.
(4)超过2m的门窗洞口两侧.
构造柱尺寸:墙宽x240，配筋为4Φ12，Φ6@200.

4.砌体填充墙高度大于4米时，墙体半高处或门洞上皮设与柱连接且沿全墙贯通的钢筋混凝土水平圈梁，圈梁高200，宽同墙宽，配筋为4Φ12，Φ6@200.若水平圈梁遇过梁，则兼作过梁并按过梁增配钢筋，柱(墙)施工时，应在相应位置预留4Φ12与圈梁纵筋连接.
5.填充墙内的构造柱应先砌墙后浇混凝土，施工主体结构时，应在上下楼层梁的相应位置预留相同直径和数量的插筋与构造柱纵筋连接.
6.框架柱(或构造柱)边砖墙墙垛长度不大于120时，可采用素混凝土整浇.
7.砌体内门窗洞口顶部无梁时，均按图6的要求设置钢筋混凝土过梁.

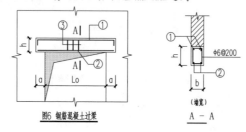

图6 钢筋混凝土过梁

钢筋混凝土过梁截面配筋表

净跨 L₀	L₀<1000	1000<L₀ <1500	1500<L₀ <2000	2000<L₀ <2500	2500<L₀ <3000	3000<L₀ <3500	3500<L₀
梁高 h	120	150	180	240	300	350	另详施工图
支承长度 a	180	240	240	360	360	360	
面筋①	2Φ10	2Φ10	2Φ10	2Φ12	2Φ12	2Φ12	
底筋②	2Φ10	2Φ12	2Φ14	2Φ16	2Φ16	3Φ16	

8.在填充墙与混凝土构造连接缝处，有固定的设置镀锌钢丝网，其宽度不小于200.
9.砌块墙体开设管线槽时应使用开槽机，严禁敲击成槽. 管线埋设后，小孔和小槽用水泥砂浆填补，大孔和大槽用细石混凝土填满.

十一、其他施工注意事项

1.卫生间、开水间、室外楼地面及屋面交界处墙体，靠外侧做250高120宽素混凝土翻边.
2.所有预留孔洞、预埋套管，应根据各专业图纸，由各工种施工人员核对无误后方可施工. 结构图纸中标注的预留孔洞等与各专业图纸不符时，应事先通知设计人员处理.
3.预埋件的设置:建筑幕墙、吊顶、门窗、楼梯栏杆、电缆桥架、管道支架以及电梯导轨等与主体结构连接时，各工种应密切配合进行预埋件的埋设，不得随意采用膨胀螺栓连接. 建筑幕墙与主体结构的连接必须采用预埋件连接.
4.施工中混凝土强度达到70%时方可拆除底模和浇筑上层混凝土;在悬挑梁、板等结构上的支撑，必须在混凝土强度达到设计强度的100%时方可拆除.
5.屋面天沟及雨篷等应设置必要的过水管(孔)，施工完毕后必须清扫干净，保持排水畅通. 过水管(孔)设置的标高应考虑建筑面层的厚度.
6.施工楼面堆载不得超过设计使用荷载. 未经结构工程师允许不得改变使用环境及原设计的使用功能.
7.防雷接地做法详电气施工图.
8.钢筋混凝土栏板每隔12m设置20mm宽温度缝.
9.本总说明未做详尽规定或未及之处按现行有关规范、规程执行.

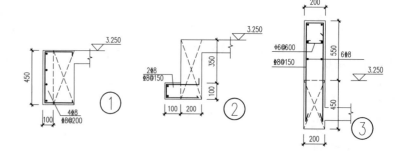

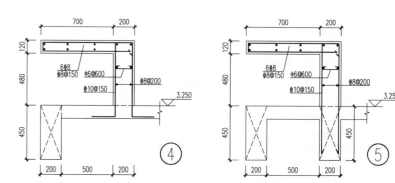

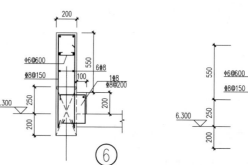

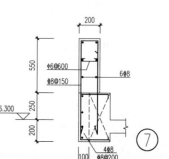

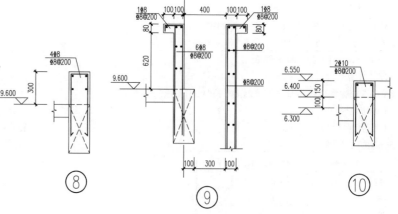

审定	审核	工种负责	校对	设计	工程名称	某某小区别墅	比例	图别	图号
					图名	结构设计总说明(二)		结施	02

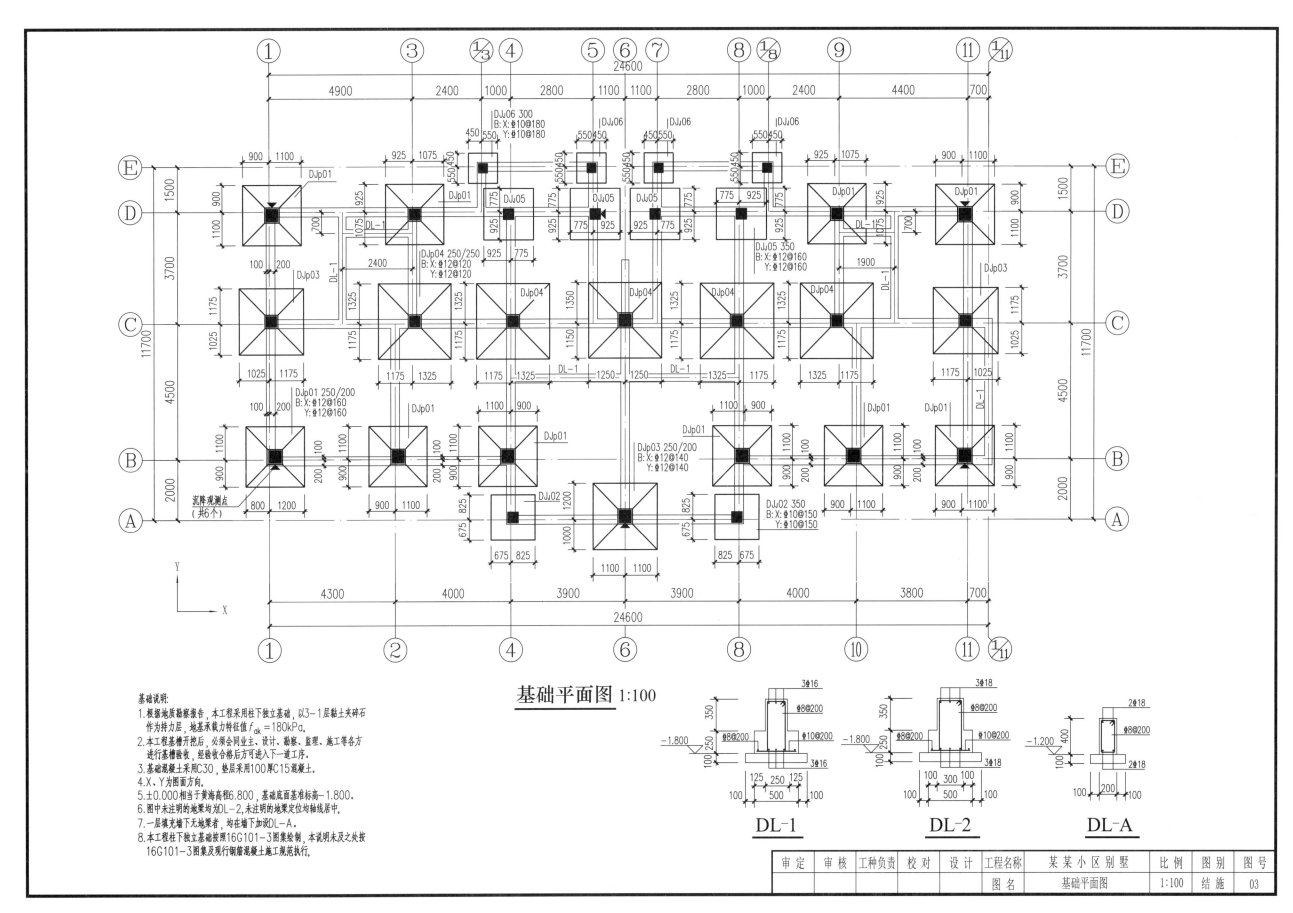

基础平面图 1:100

基础说明：
1. 根据地质勘察报告，本工程采用柱下独立基础，以3-1层黏土夹碎石作为持力层，地基承载力特征值 f_{ak} =180kPa。
2. 本工程基槽开挖后，必须会同业主、设计、勘察、监理、施工等各方进行基槽验收，经验收合格后方可进入下一道工序。
3. 基础混凝土采用C30，垫层采用100厚C15混凝土。
4. X、Y为图面方向。
5. ±0.000相当于黄海高程6.800，基础底面基准标高-1.800。
6. 图中未注明的地梁均为DL-2，未注明的地梁定位均按线居中。
7. 一层填充墙下无地梁者，均在墙下加设DL-A。
8. 本工程柱下独立基础按照16G101-3图集绘制，本说明未及之处按16G101-3图集及现行钢筋混凝土施工规范执行。

DL-1

DL-2

DL-A

审定	审核	工种负责	校对	设计	工程名称	某某小区别墅	比例	图别	图号
					图名	基础平面图	1:100	结施	03

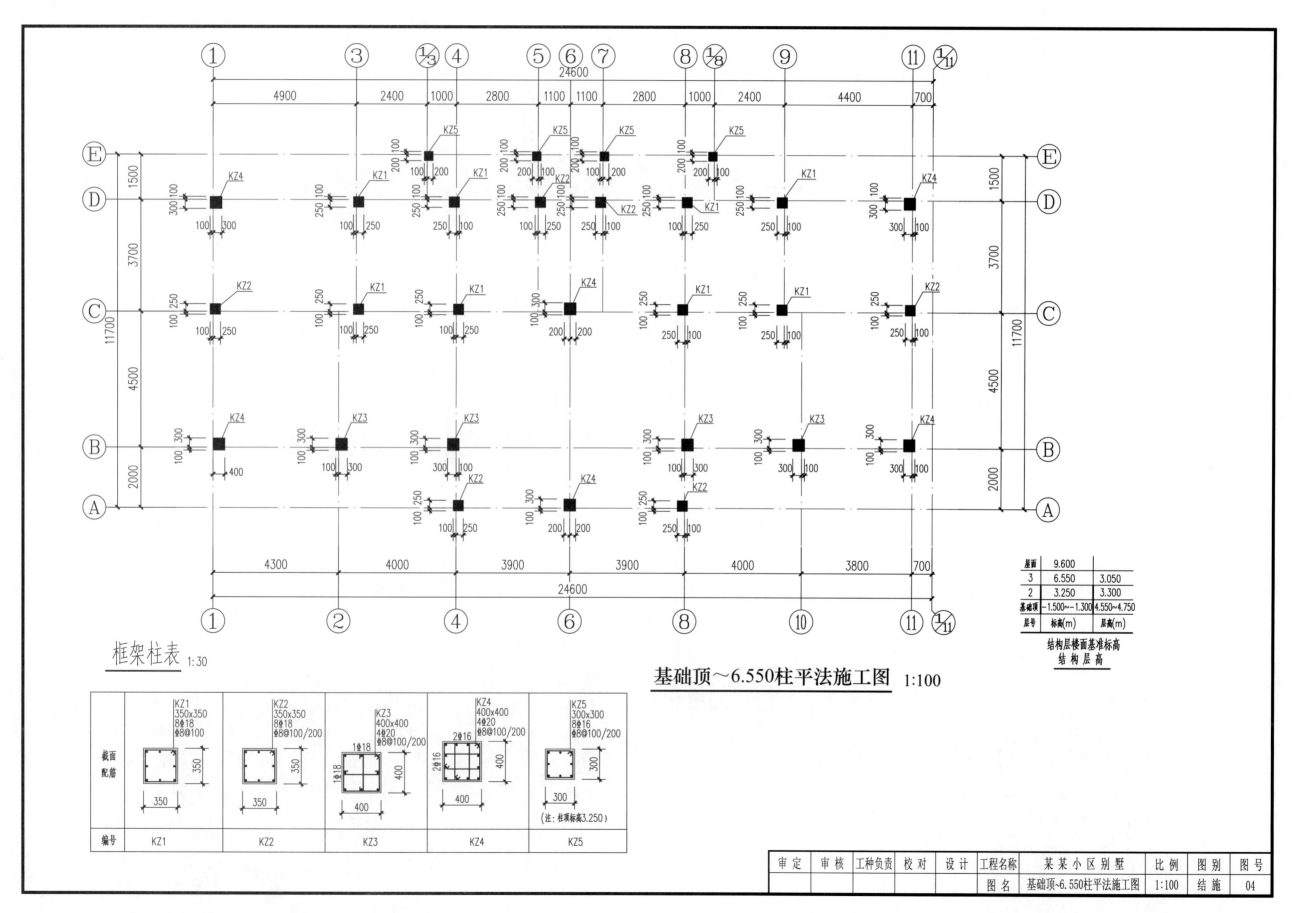

框架柱表 1:30

基础顶～6.550柱平法施工图 1:100

屋面	9.600	
3	6.550	3.050
2	3.250	3.300
基础顶	−1.500~−1.300	4.550~4.750
层号	标高(m)	层高(m)

结构层楼面基准标高
结 构 层 高

截面配筋	KZ1 350x350 8Φ18 Φ8@100	KZ2 350x350 8Φ18 Φ8@100/200	KZ3 400x400 4Φ20 Φ8@100/200	KZ4 400x400 4Φ16 Φ8@100/200	KZ5 300x300 8Φ16 Φ8@100/200 (注:柱顶标高3.250)
编号	KZ1	KZ2	KZ3	KZ4	KZ5

审 定	审 核	工种负责	校 对	设 计	工程名称	某某小区别墅	比 例	图别	图号
					图 名	基础顶~6.550柱平法施工图	1:100	结 施	04

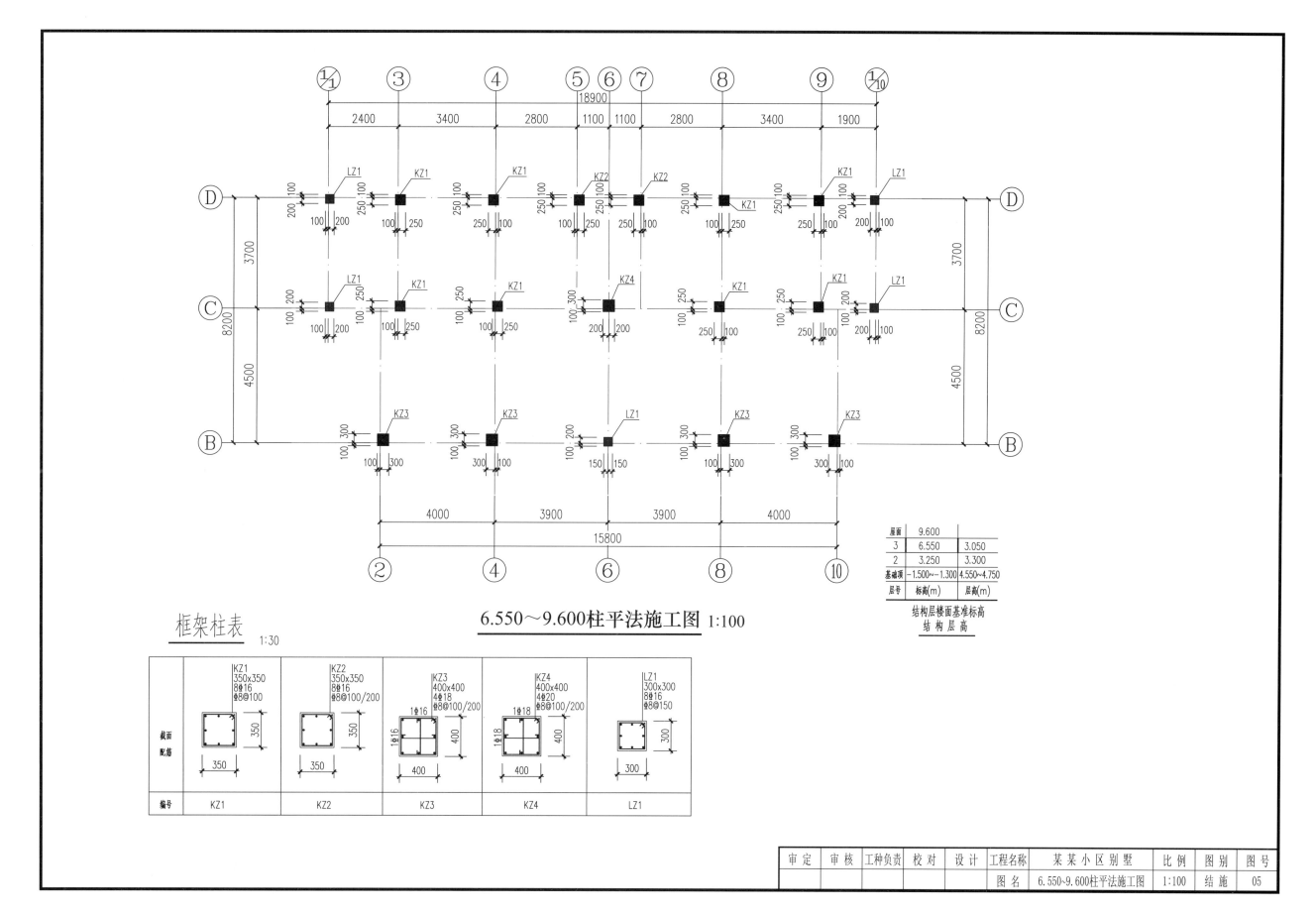

框架柱表 1:30

	KZ1 350×350 8Φ16 φ8@100	KZ2 350×350 8Φ16 φ8@100/200	KZ3 400×400 4Φ18 φ8@100/200	KZ4 400×400 4Φ20 φ8@100/200	LZ1 300×300 8Φ16 φ8@150
截面 配筋			1Φ16	1Φ18	
编号	KZ1	KZ2	KZ3	KZ4	LZ1

6.550～9.600柱平法施工图 1:100

屋面	9.600	
3	6.550	3.050
2	3.250	3.300
基础顶	−1.500~−1.300	4.550~4.750
层号	标高(m)	层高(m)

结构层楼面基准标高
结构层高

审定	审核	工种负责	校对	设计	工程名称	某某小区别墅	比例	图别	图号
					图名	6.550~9.600柱平法施工图	1:100	结施	05

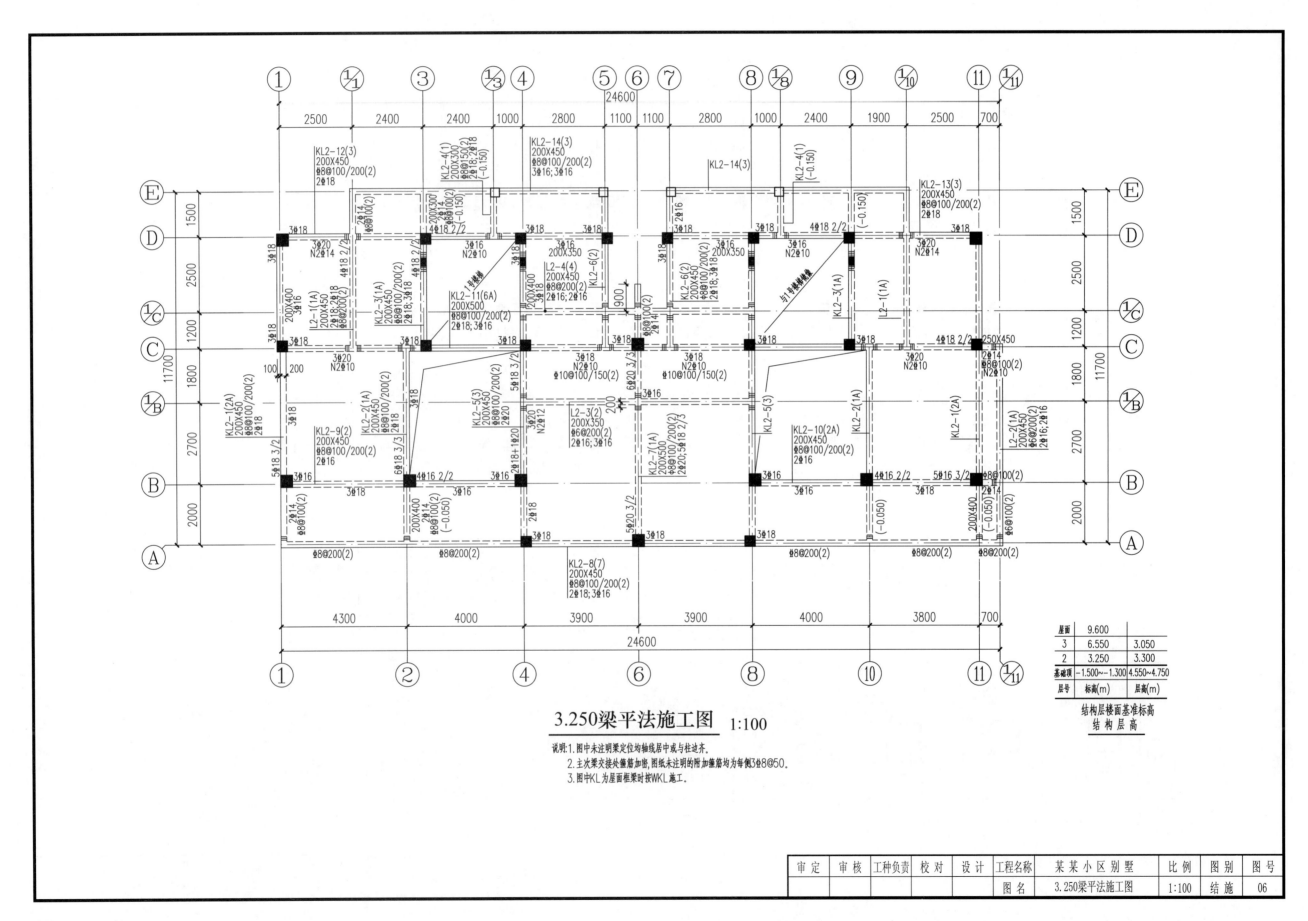

3.250梁平法施工图 1:100

说明:1.图中未注明梁定位均居轴线居中或与柱边齐。
　　　2.主次梁接处箍筋加密,图纸未注明的附加箍筋均为每侧3φ8@50。
　　　3.图中KL为屋面框梁时按WKL施工。

屋面	9.600	
3	6.550	3.050
2	3.250	3.300
基础顶	-1.500~-1.300	4.550~4.750
层号	标高(m)	层高(m)

结构层楼面基准标高
结构层高

审定	审核	工种负责	校对	设计	工程名称	某某小区别墅	比例	图别	图号
					图名	3.250梁平法施工图	1:100	结施	06

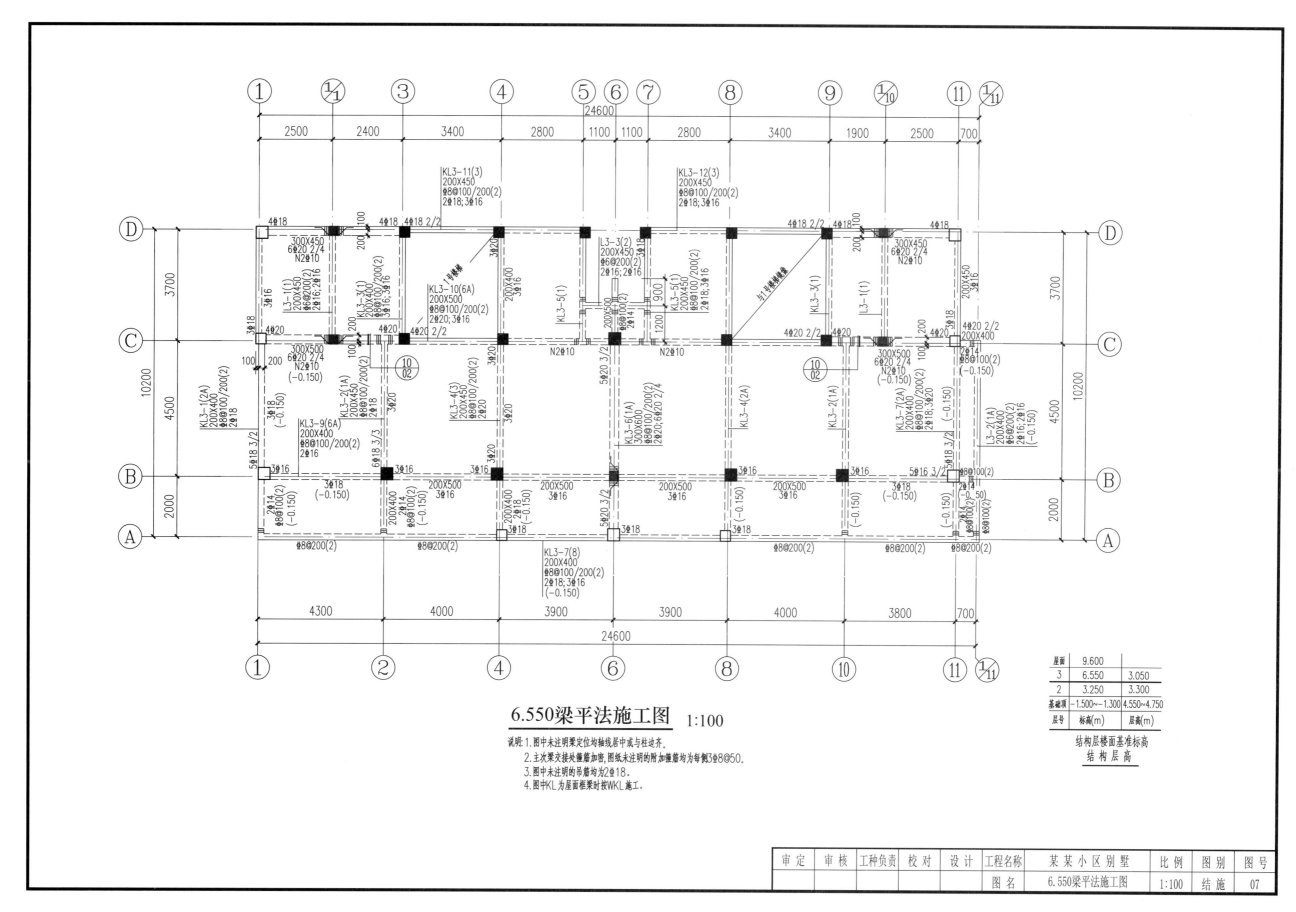

6.550梁平法施工图 1:100

说明: 1.图中未注明梁定位均轴线居中或与柱边齐。
2.主次梁接处处箍筋加密,图纸未注明的附加箍筋均为每侧3φ8@50。
3.图中未注明的吊筋均为2φ18。
4.图中KL为屋面框梁时按WKL施工。

结构层楼面基准标高
结 构 层 高

屋面	9.600	
3	6.550	3.050
2	3.250	3.300
基础顶	-1.500~-1.300	4.550~4.750
层号	标高(m)	层高(m)

审定	审核	工种负责	校对	设计	工程名称	某某小区别墅	比例	图别	图号
					图名	6.550梁平法施工图	1:100	结施	07

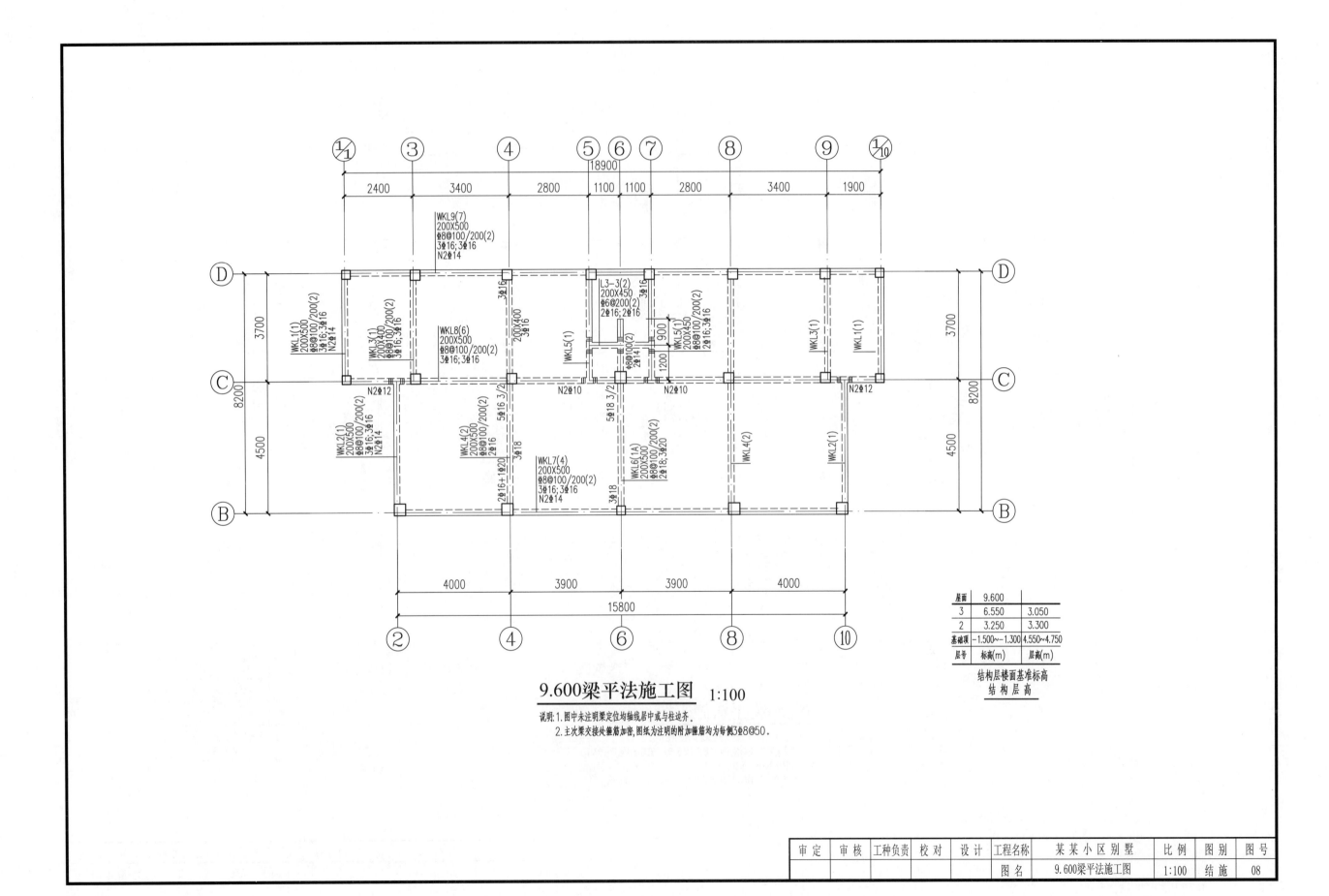

9.600梁平法施工图 1:100

说明: 1.图中未注明梁定位均轴线居中或与柱边齐。
2.主次梁交接处箍筋加密,图纸未注明的附加箍筋均为每侧3φ8@50。

屋面	9.600	
3	6.550	3.050
2	3.250	3.300
基础顶	−1.500~−1.300	4.550~4.750
层号	标高(m)	层高(m)

结构层楼面基准标高
结构层高

审 定	审 核	工种负责	校 对	设 计	工程名称	某某小区别墅	比 例	图 别	图 号
					图 名	9.600梁平法施工图	1:100	结 施	08

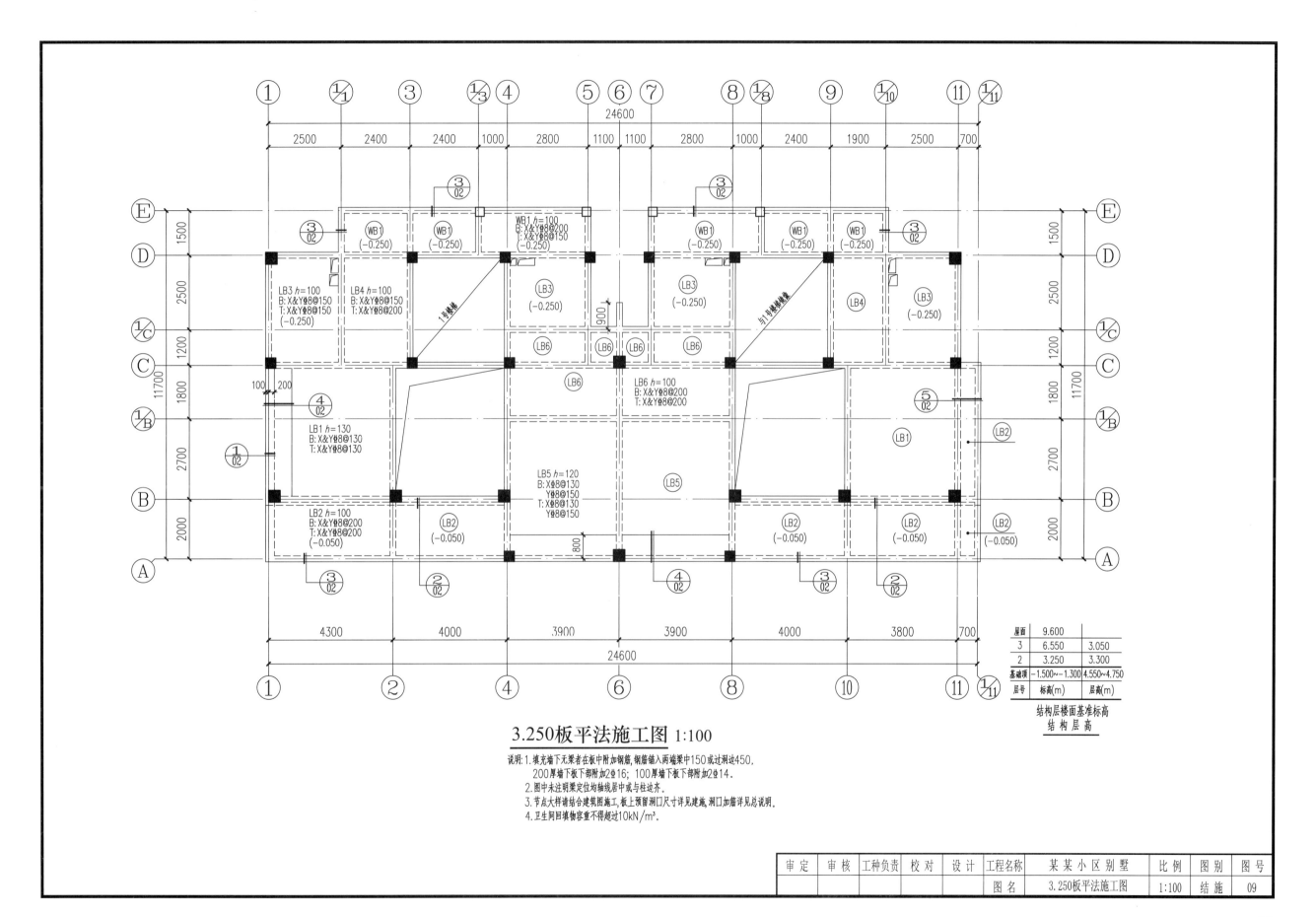

3.250板平法施工图 1:100

说明: 1. 填充墙下无梁者在板中附加钢筋, 钢筋锚入两端梁中150或过洞边450,
200厚墙下板下部附加2Φ16; 100厚墙下板下部附加2Φ14。
2. 图中未注明梁定位均轴线居中或与柱边齐。
3. 节点大样请结合建筑图施工, 板上预留洞口尺寸详见建施, 洞口加筋详见总说明。
4. 卫生间回填物容重不得超过10kN/m³。

屋面	9.600	
3	6.550	3.050
2	3.250	3.300
基础顶	-1.500~-1.300	4.550~4.750
层号	标高(m)	层高(m)

结构层楼面基准标高
结构层高

审定	审核	工种负责	校对	设计	工程名称	某某小区别墅	比例	图别	图号
					图名	3.250板平法施工图	1:100	结施	09

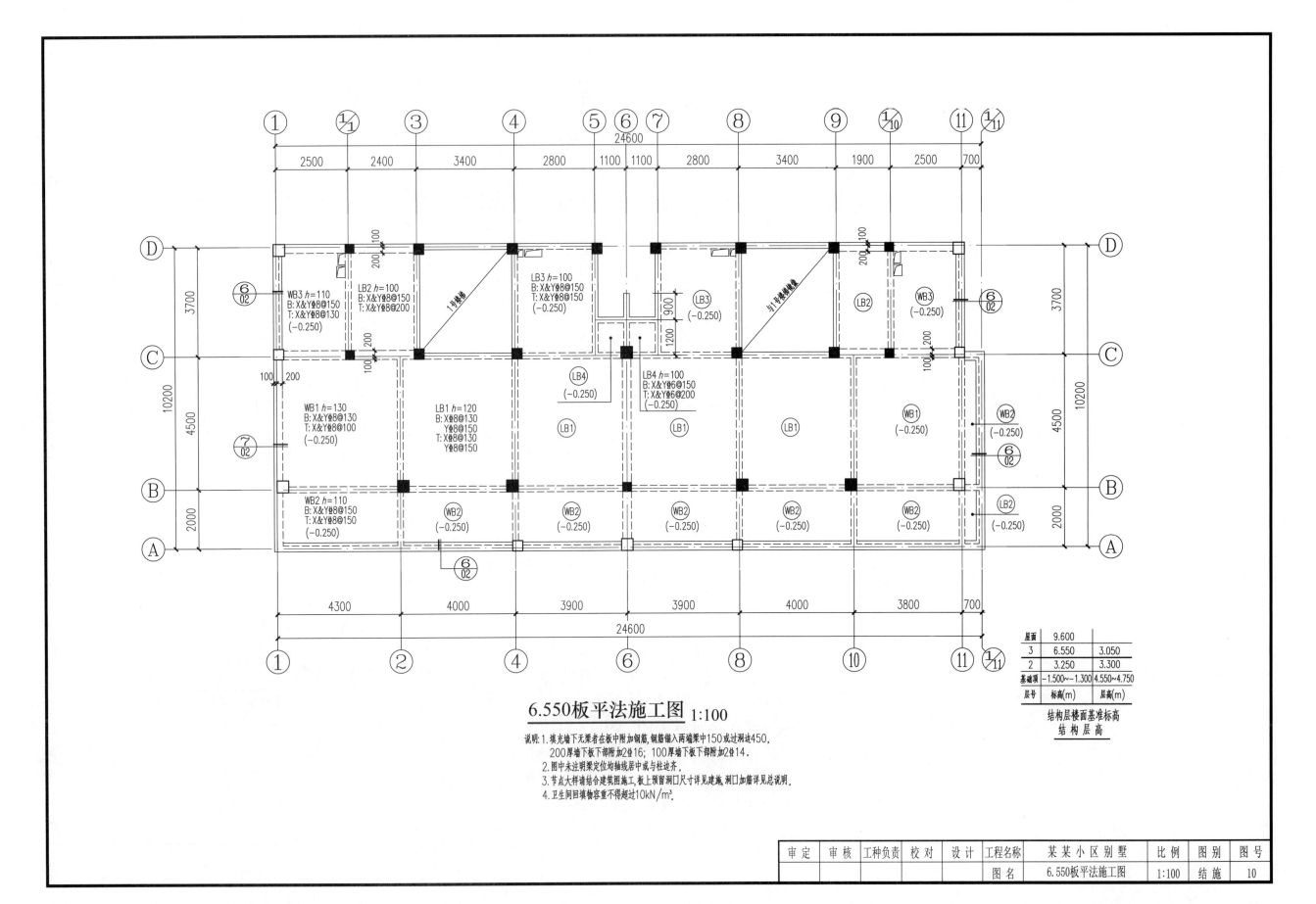

6.550板平法施工图 1:100

说明: 1.填充墙下无梁者在板中附加钢筋,钢筋锚入两端梁中150或过洞边450,
　　　200厚墙下板下部附加2φ16; 100厚墙下板下部附加2φ14。
　　2.图中未注明梁定位均居中或与柱边齐。
　　3.节点大样请结合建筑图施工,板上预留洞口尺寸详见建施,洞口加筋详见总说明。
　　4.卫生间回填物容重不得超过10kN/m³。

屋面	9.600	
3	6.550	3.050
2	3.250	3.300
基础顶	-1.500~-1.300	4.550~4.750
层号	标高(m)	层高(m)

结构层楼面基准标高
结构层高

审定	审核	工种负责	校对	设计	工程名称	某某小区别墅	比例	图别	图号
					图名	6.550板平法施工图	1:100	结施	10

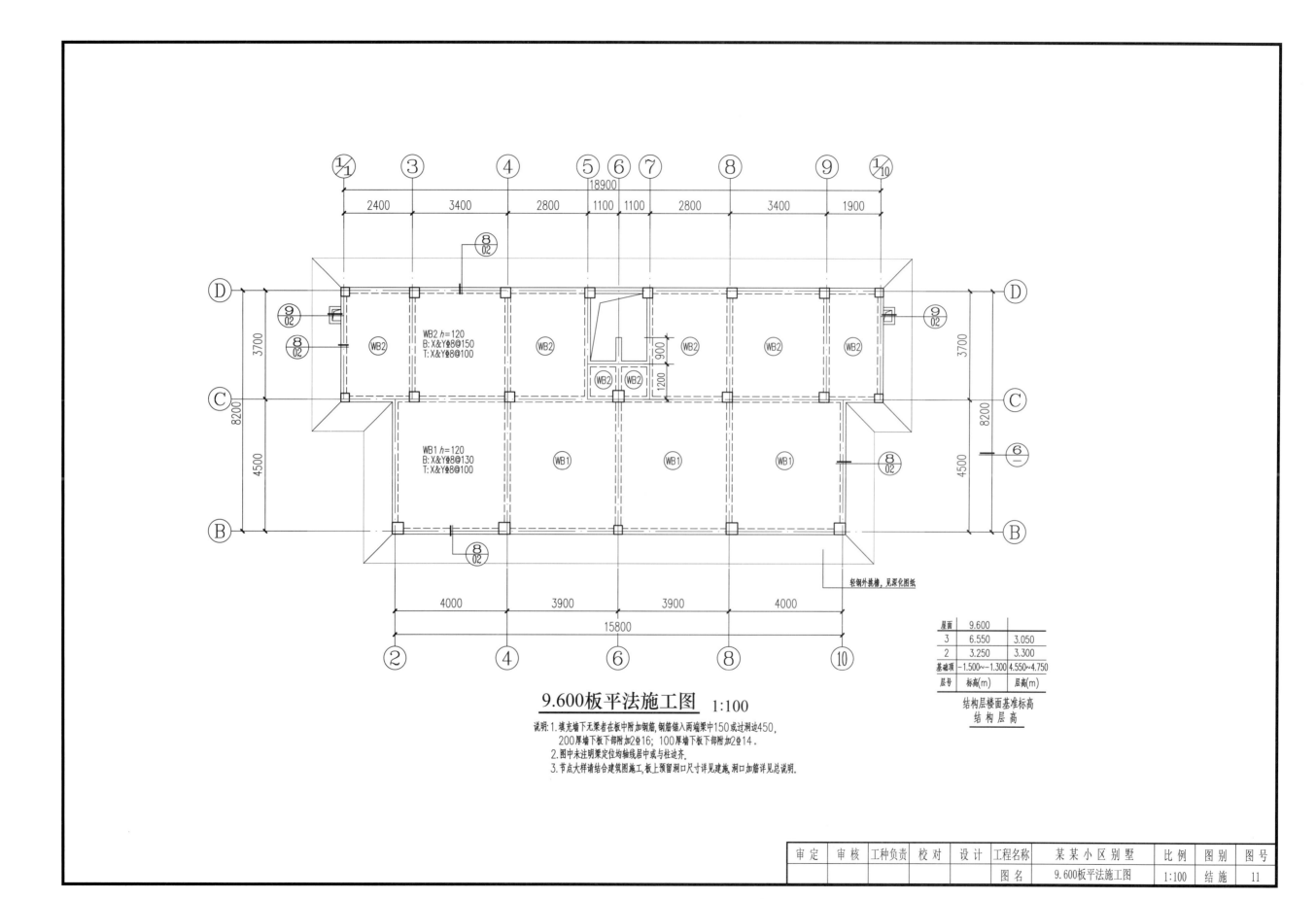

9.600板平法施工图 1:100

说明: 1.填充墙下无梁者在板中附加钢筋, 钢筋锚入两端梁中150或过洞边450, 200厚墙下板下部附加2⌀16; 100厚墙下板下部附加2⌀14.
2.图中未注明梁定位均轴线居中或与柱边齐.
3.节点大样请结合建筑图施工, 板上预留洞口尺寸详见建施, 洞口加筋详见总说明.

屋面	9.600	
3	6.550	3.050
2	3.250	3.300
基础项	-1.500~-1.300	4.550~4.750
层号	标高(m)	层高(m)

结构层楼面基准标高
结构层高

WB2 h=120
B: X&Y⌀8@150
T: X&Y⌀8@100

WB1 h=120
B: X&Y⌀8@130
T: X&Y⌀8@100

轻钢外挑檐, 见深化图纸

审 定	审 核	工种负责	校 对	设 计	工程名称	某某小区别墅	比 例	图 别	图 号
					图 名	9.600板平法施工图	1:100	结 施	11

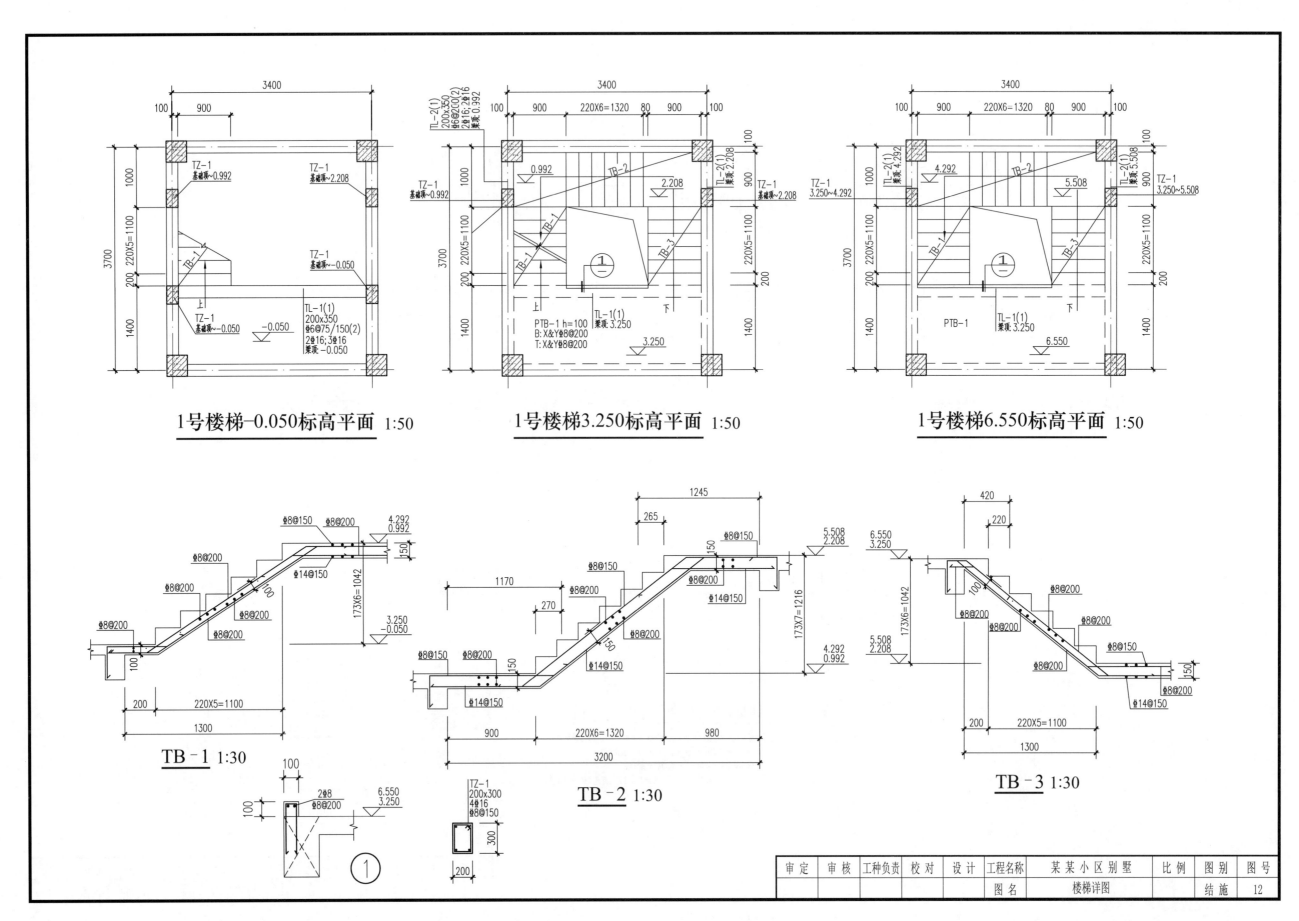

1号楼梯-0.050标高平面 1:50

1号楼梯3.250标高平面 1:50

1号楼梯6.550标高平面 1:50

TB-1 1:30

TB-2 1:30

TB-3 1:30

审定	审核	工种负责	校对	设计	工程名称	某某小区别墅	比例	图别	图号
					图名	楼梯详图		结施	12

附图 2　某 办 公 楼

1. 建筑施工图

	建设单位	XXXX有限公司		
XXXX建筑设计有限公司 **图纸目录**	项目名称	XXXX办公楼	专业	建筑
	项目编号		阶段	施工图
	编制人	孙可欣	日期	

序 号	图别 图号	图 纸 名 称	图幅	备 注
1	建施-01	建筑设计总说明	A2	
2	建施-02	工程做法说明	A2	
3	建施-03	门窗表	A2	
4	建施-04	建筑总平面图	A2	
5	建施-05	首层平面图	A2	
6	建施-06	标准层平面图	A2	
7	建施-07	顶层平面图	A2	
8	建施-08	①～⑮立面图	A2	
9	建施-09	⑮～①立面图	A2	
10	建施-10	Ⓐ～Ⓖ立面图、Ⓖ～Ⓐ立面图	A2	
11	建施-11	1-1剖面图、外墙外保温节点详图	A2	
12	建施-12	1-1楼梯剖面图、楼梯平面图	A2	

建筑设计总说明

一、设计依据
1. 根据建筑物所在地的气象、地理、建设场地的工程概况等
2. 建设单位提供的使用要求或生产工艺等资料
3. 国家现行的有关规范、标准以及地方规程：
  (1)建筑设计资料图集，中国建筑工业出版社；
  (2)《民用建筑设计通则》GB 50352—2005 中国建筑工业出版社；
  (3)《建筑设计防火规范》GB 50016—2014(2018年版) 中国计划出版社；
  (4)《办公建筑设计规范》JGJ 67—2006 中华人民共和国建设部；
  (5)《无障碍设计规范》GB 50763—2012 中国建筑工业出版社；
  (6)《建筑施工图示例图集》中国建筑工业出版社；
  (7)混凝土结构设计规范 GB 50010—2010 （2015版）中国建筑工业出版社，2010；
  (8)建筑抗震设计规范 GB 50011—2010 （2016版），中国建筑工业出版社，2010；
  (9)高层建筑混凝土结构技术规程 JGJ 3—2010，中国建筑工业出版社，2010；
  (10)建筑结构荷载规范 GB 50009—2012，中国建筑工业出版社，2012；
  (11)建筑地基基础设计规范 GB 50007—2011，中国建筑工业出版社，2011；
  (12)高层建筑结构设计（第二版），包世华、方鄂华编，清华大学出版社，1990；
  (13)建筑构造通用图集(工程做法)(88J1)，华北地区建筑设计标准化办公室等；
  (14)简明建筑基础计算与设计手册，张季容、朱向荣，中国建筑工业出版社，1997；
  (15)钢筋混凝土高层建筑结构设计，赵西安，中国建筑工业出版社，1992。

二、建筑设计概况
1. 工程名称：文兴企业股份有限公司办公楼
2. 设计使用年限：50年，建筑物重要性类别：乙级
3. 抗震设防烈度：8度
4. 建筑耐火等级：一级
5. 屋面防水等级：Ⅱ级，混凝土抗渗等级为P6
6. 结构形式：框架-剪力墙结构
7. 建筑用地面积：5000m²
8. 建筑总面积：9020.535m²
9. 建筑基地面积：1451.52m²
10. 建筑密度：0.258，容积率：1.550
11. 绿化面积：1232.945m²，绿化率：24.66%
12. 建筑高度：27.0m，层数：6层，层高：每层均为4.5m
13. 室内外高差：0.75m，设计标高±0.000处相当于黄海高程测量标高12.50m
14. 设计基本地震加速度为0.20g
15. 设计地震分组为第一组，场地类型为Ⅱ类，地面粗糙度：D类
16. 本工程所在地区：北京市大兴区（北方）
17. 基本雪压：0.40kN/m²，基本风压：0.45kN/m²

三、其他设计说明及注意事项
1. 本设计图中，除总图和标高以m为单位之外，其他尺寸均以mm为单位
2. 所有门窗洞口和内墙阳角均以1：2水泥砂浆暗包角
3. 内装详见《材料做法表》，全部房间与走廊铺设地砖
4. 楼梯踏步采用预制水磨石板，扶手采用不锈钢钢管

5. 凡工程中所用内外装修材料，施工单位应在征得建设单位与设计单位同意之后，方可进行采购，所用材料以及产品具有经国家有关部门鉴定的合格证，以保证施工质量
6. 本图在施工时应该与其他专业工种密切配合，且在施工过程中应严格按照国家和地方的有关施工以及验收规范、规定施工

四、防火工程
1. 主要消防设计规范：《建筑设计防火规范》GB 50016—2006
2. 建筑耐久年限为50年
3. 建筑物中最长的疏散距离为m，均满足疏散要求
4. 消防控制中心位于一层西南角，疏散口直接对外
5. 每层设有两部消防电梯并通向屋顶
6. 楼梯梯段宽度为1.4m，大于1.1m，满足疏散要求
7. 疏散楼梯间设有前室和防火门，出屋面的电梯机房均独立设置，开门为乙级防火门
8. 本建筑高度小于60m，外墙保温材料的燃烧性能均不低于B1级
9. 内部装修均选用非可燃性材料，木材一级织物一律经过防火处理

五、节能保温做法
1. 保温内墙面：采用内墙温2C做法(08BJ1-1)，防火等级A级
  (1) 水泥砂浆墙面
  (2) 2厚耐水腻子
  (3) 抹4-5厚粉刷石灰，一层中碱玻纤网格布；
  (4) 抹30厚膨胀玻化微珠保温；
  (5) 混凝土砌块墙，墙面做界面处理。
2. 保温楼面：采用保温5做法(08BJ1-1)
  (1) 50厚C20细石混凝土随打随抹平，内配双向6φ中距150；
  (2) 20厚挤塑聚苯板；
  (3) 钢筋混凝土板。
3. 外窗保温性能：采用双玻中空的塑钢窗，隔声值31-32dB，遮阳系数0.85
4. 外墙外保温：采用外墙51做法(08BJ1-1)
  (1) 外涂14-1涂料饰面；
  (2) 抹3-5厚聚合物砂浆，中间压入一层中碱玻纤网格布；
  (3) DEA砂浆粘贴50厚挤塑聚苯板保温层；
  (4) DP砂浆找平层；
  (5) 基层墙面，刷界面剂。

六、无障碍设计
1. 本工程在如下部位设置无障碍设施，具体做法严格按照《城市道路与建筑物无障碍设计规范》JGJ 50—2001
2. 室内外高差为0.75m，在出入口处皆做成较为平缓的坡道，入口、平台及门宽在设计时均考虑无障碍要求
3. 大门处采用弧形坡道，分布在门厅的两侧，长9.0m，宽4.0m，坡度满足无障碍要求
4. 在停车场附近的道路两旁设置若干个无障碍停车位
5. 公共部分的水平交通均满足无障碍通行
6. 在所有公共区域的卫生间均设有独立的无障碍卫生间。卫生间设有报警按钮，安装高度距地面0.5m
7. 在公用电话处设置高度为1m的无障碍公用电话

材料做法表（选自工程做法08BJ1-1）

名称	做法
散水	散1 混凝土散水
坡道	坡1A 麻面细石混凝土坡道
台阶	台1A 水泥砂浆抹面台阶
踢脚	踢2C 水泥踢脚
墙裙	裙1C 涂料墙裙
外墙	外墙51 涂料面层

材料做法表

墙体	砂浆强度等级	砌块类型	砌块强度等级
外墙	MU10	加气混凝土砌块	A5.0
内墙	MU7.5	陶粒空心砖	MU10

门窗表

类别	序号	设计编号	洞口尺寸(宽)	洞口尺寸(高)	数量	参考图集
木门1	M1	1021M1	1000	2100	95	88J13-3
木门2	M2	1521M1	1500	2100	36	88J13-3
木门3	M3	0921M3	900	2100	52	88J13-3
玻璃钢门1	M4	2124TM1	2400	2100	4	88J13-2
防火门1	M5	GFMO-0921-a	900	2100	2	09BJ13-4
防火门2	M6	GFMO-1821	1800	2100	26	09BJ13-4
塑钢窗1	C1	1818TC2	1800	1800	172	88J13-1
塑钢窗2	C2	2118TC7	2100	1800	48	88J13-1
塑钢窗3	C3	0918TC	900	1800	20	88J13-1

材料做法表（选自工程做法08BJ1-1）

房间	地面	楼面	内墙面	屋面	顶棚
办公室、档案室、走廊、接待室、会议室	地12 锦地砖地面	楼12F-1 锦地砖防水楼面	内墙温2A	平屋12 混凝土面	棚8B
卫生间	地12F 锦地砖防水地面	楼12F-1 锦地砖防水楼面	内墙温2A	平屋12 混凝土面	棚7B
楼梯		楼11-A 现浇水磨石面	内墙温2A	平屋12 混凝土面	棚8B
走廊	地12 锦地砖地面	楼12F-1 锦地砖防水楼面	内墙温2A	平屋12 混凝土面	棚8B
厨房、档案室、餐厅	地3B 水泥地面(有防潮)	楼12F-1 锦地砖防水楼面	内墙温2A	平屋12 混凝土面	棚8B

审定	审核	工种负责	校对	设计	工程名称	文兴企业股份有限公司办公楼	比例	图别	图号
					图名	建筑设计总说明		建施	01

工 程 做 法 说 明

分类	编号	名 称	工 程 做 法	使用部位
屋面		平屋12 混凝土面	1) 40厚C20细石混凝土随打随抹平,3000×3000分缝,缝宽10,缝下部填聚苯板,上部填缝缝膏 2) 0.4厚聚氯乙烯塑料薄膜隔离层 3) 65厚挤塑聚苯板保温层 4) 防水层 5) 20厚DS砂浆找平层 6) 钢筋混凝土屋面板	所有屋面
楼地面	地面1	地12 铺地砖地面	1) 5~10厚地砖,DTC擦缝 2) 5厚DTA砂浆粘接层 3) 20厚DS干拌砂浆找平层 4) 100厚C15混凝土 5) 素土夯实,压实系数0.90	办公室、档案室、接待室、会议室、走廊
	地面2	地12F 铺地砖防水地面	1) 5~10厚地砖,DTC擦缝 2) 5厚DTA砂浆粘接层 3) 20厚DS干拌砂浆找平层 4) 防水层 5) 最薄处35厚C15细石混凝土,从门口处向地漏找1%坡,随打随抹平,四周及管根部位用DS砂浆抹小八字角 6) 60厚C15混凝土 7) 素土夯实,压实系数≥0.90	卫生间
	地面3	地3B 水泥地面(有防潮)	1) 20厚DS干拌砂浆抹面压实赶光 2) 刷1.2厚水泥基防水涂料 3) 100厚C15混凝土 4) 素土夯实,压实系数0.90	库房、档案室、餐厅
	楼面1	楼11A 现浇水磨石楼面(无垫层)	1) 12~18厚1:2.5水泥彩色石子楼面,磨光打蜡 2) 20厚DS干拌砂浆找平层,干后卧铜分格条 3) 钢筋混凝土楼板	楼梯
	楼面2	楼12F-1 铺地砖防水楼面	1) 5~10厚地砖,DTC擦缝 2) 5厚DTA砂浆粘接层 3) 20厚DS干拌砂浆找平层 4) 防水层 5) 最薄处35厚C15细石混凝土,从门口处向地漏找1%坡,随打随抹平,四周及管根部位用DS砂浆抹小八字角 6) 现浇混凝土楼板	办公室、档案室、接待室、会议室、走廊、卫生间、库房、档案室、餐厅
顶棚	顶棚1	棚7B PVC板吊顶	1) 现浇混凝土板底预埋φ8钢筋吊环,中距横向500纵向≤900 2) U型轻钢龙骨CB50×20中距500,找平后用吊件直接吊挂预留钢筋吊环下 3) U型轻钢龙骨CB50×20,设于条板纵向接缝处 4) 9厚PVC条板面层,宽136,用自攻螺钉固定 5) 钉塑料脚线	卫生间

分类	编号	名 称	工 程 做 法	使用部位
顶棚	顶棚2	棚8B 铝条板吊顶	1) 现浇混凝土板底预埋φ10钢筋吊环,双向中距≤1500 2) φ6钢筋吊环,中距横向≤1500纵向≤1200 3) U形轻钢主龙骨CB38×12,中距≤1500与钢筋吊杆固定 4) U形轻钢次龙骨LB45×48,中距≤1500 5) 0.8~1.0厚铝合金条板,离缝安装零	办公室、档案室、接待室、会议室、走廊、库房、档案室、餐厅
内墙	内墙1	纸筋灰抹面	1) 刷内墙涂料 2) 2厚细纸筋灰光面 3) 18厚1:2.5粗纸筋灰砂分层抹平	办公室、档案室、走廊、接待室、会议室
	内墙2	釉面砖墙面	1) 5厚釉面砖白水泥擦缝 2) 6厚1:2.5水泥石灰膏砂浆结合层 3) 12厚1:3水泥砂浆打底	卫生间

审 定	审核	工种负责	校 对	设 计	工程名称	XXXX办公楼	比 例	图 别	图 号
					图 名	工程做法说明		建 施	02

门窗表

类别	序号	设计编号	洞口尺寸(宽)	洞口尺寸(高)	数量	参考图集
木门1	M1	1021M1	1000	2100	95	88J13-3
木门2	M2	1521M1	1500	2100	36	88J13-3
木门3	M3	0921M3	900	2100	52	88J13-3
玻璃钢门1	M4	2124TM1	2400	2100	4	88J13-2
防火门1	M5	GFMO-0921-a	900	2100	2	09BJ13-4
防火门2	M6	GFMO-1821	1800	2100	26	09BJ13-4
塑钢窗1	C1	1818TC2	1800	1800	172	88J13-1
塑钢窗2	C2	2118TC7	2100	1800	48	88J13-1
塑钢窗3	C3	0918TC	900	1800	20	88J13-1

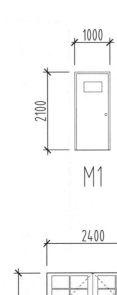

M1

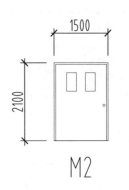

M2

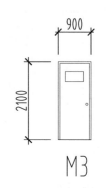

M3

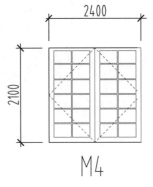

M4

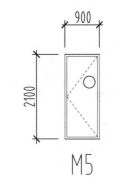

M5

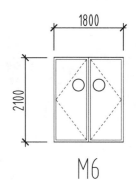

M6

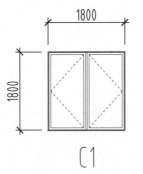

C1

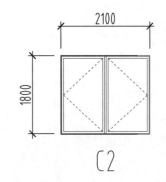

C2

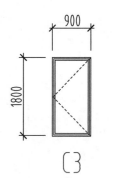

C3

审定	审核	工种负责	校对	设计	工程名称	XXXX办公楼	比例	图别	图号
					图名	门窗表		建施	03

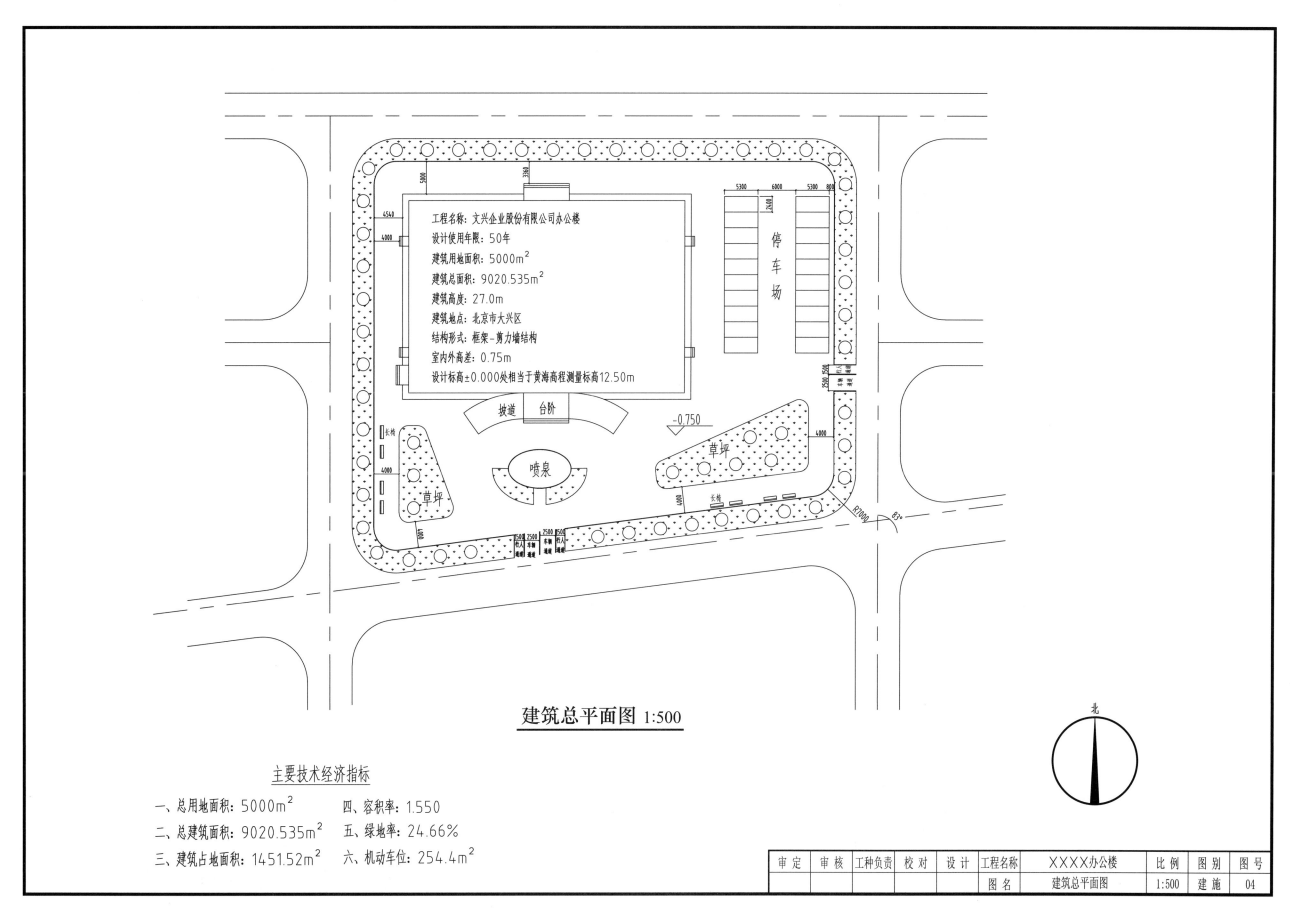

工程名称：文兴企业股份有限公司办公楼
设计使用年限：50年
建筑用地面积：5000m²
建筑总面积：9020.535m²
建筑高度：27.0m
建筑地点：北京市大兴区
结构形式：框架–剪力墙结构
室内外高差：0.75m
设计标高±0.000处相当于黄海高程测量标高12.50m

停车场

坡道　台阶

-0.750

草坪

喷泉

草坪

建筑总平面图 1:500

北

主要技术经济指标

一、总用地面积：5000m²　　四、容积率：1.550

二、总建筑面积：9020.535m²　　五、绿地率：24.66%

三、建筑占地面积：1451.52m²　　六、机动车位：254.4m²

审定	审核	工种负责	校对	设计	工程名称	XXXX办公楼	比例	图别	图号
					图名	建筑总平面图	1:500	建施	04

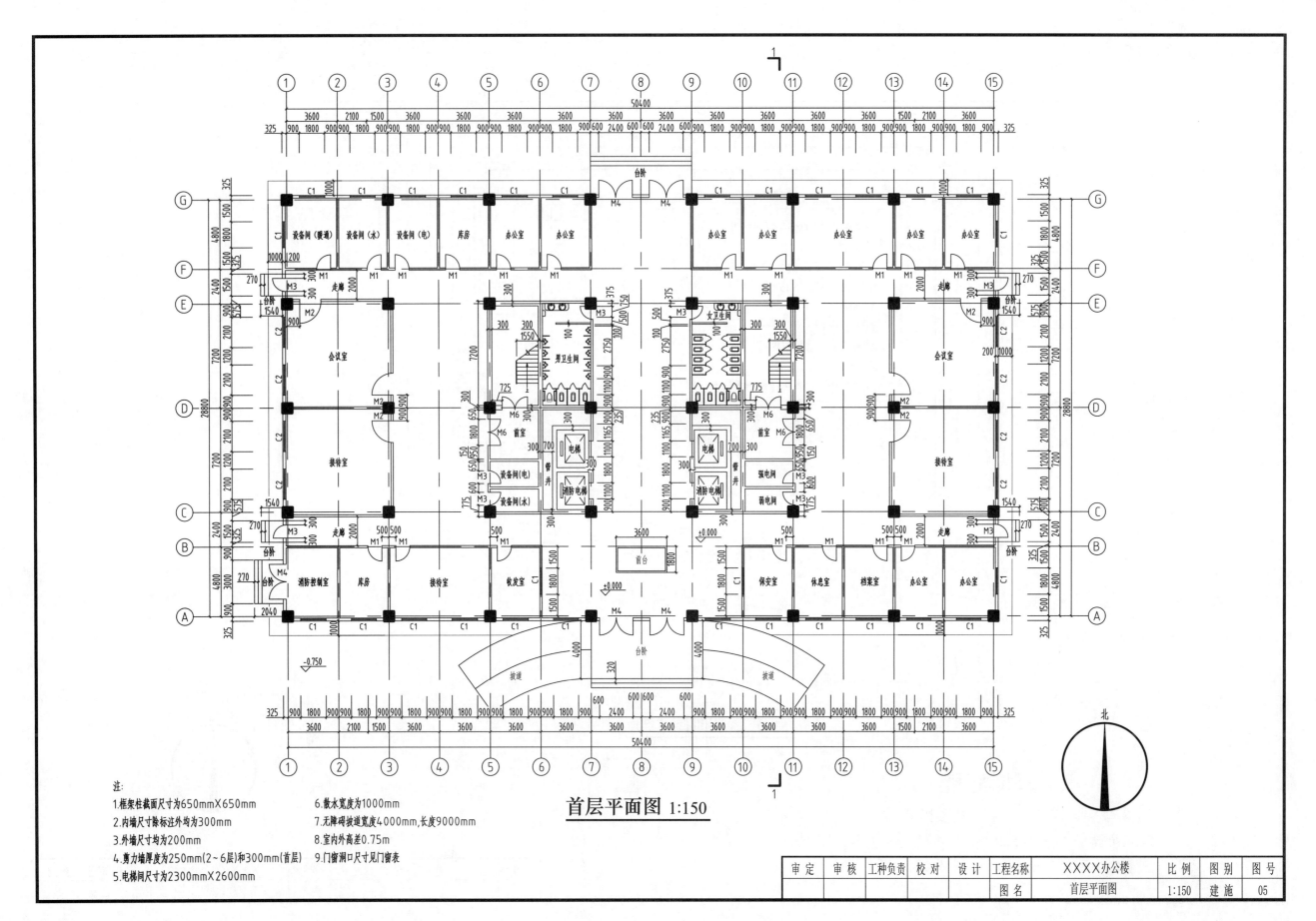

首层平面图 1:150

注:
1.框架柱截面尺寸为650mm×650mm
2.内墙尺寸除标注外均为300mm
3.外墙尺寸均为200mm
4.剪力墙厚度为250mm(2~6层)和300mm(首层)
5.电梯间尺寸为2300mm×2600mm

6.散水宽度为1000mm
7.无障碍坡道宽度为4000mm,长度9000mm
8.室内外高差0.75m
9.门窗洞口尺寸见门窗表

审 定	审 核	工种负责	校 对	设 计	工程名称	XXXX办公楼	比 例	图 别	图 号
					图 名	首层平面图	1:150	建 施	05

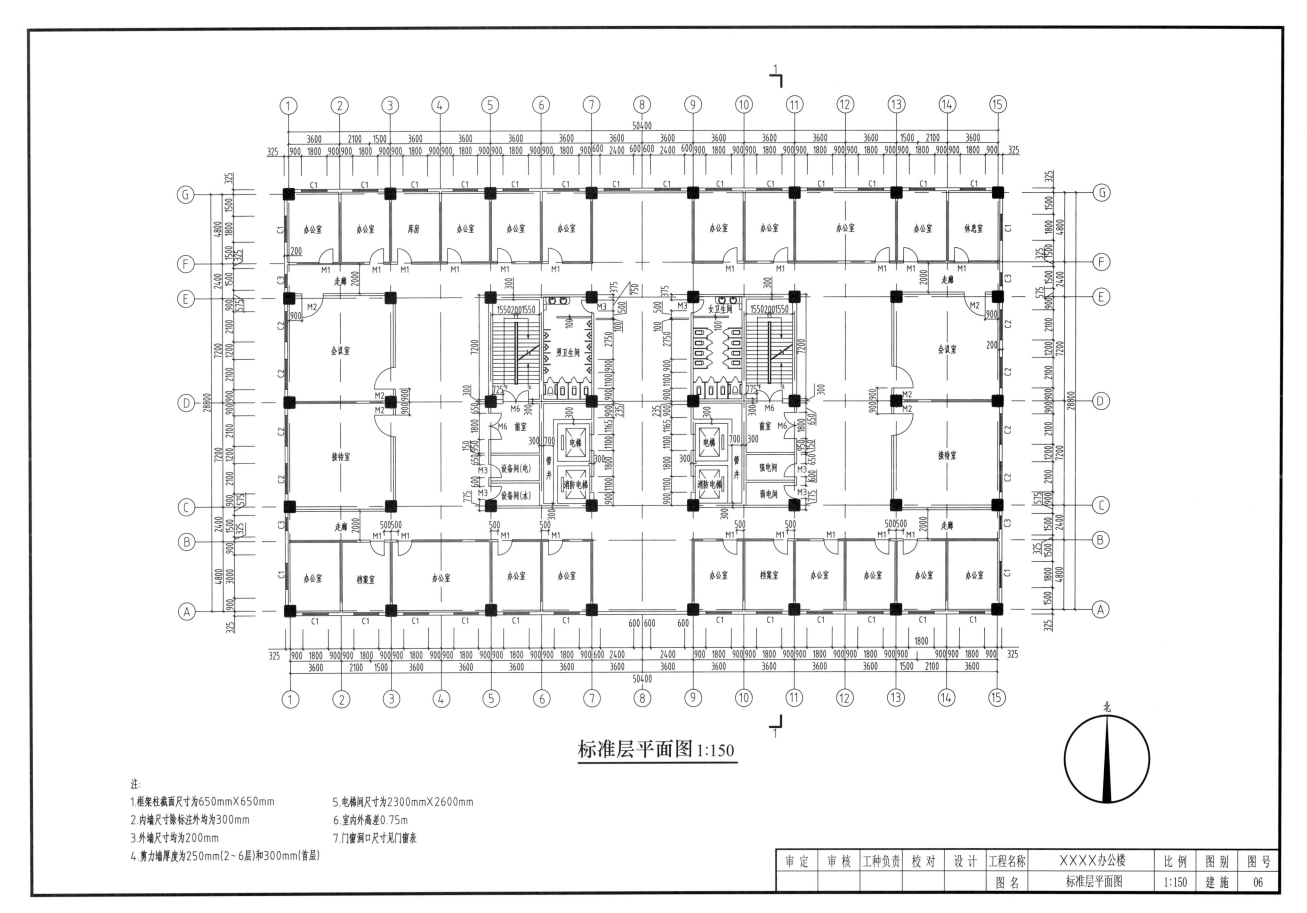

标准层平面图 1:150

注:
1. 框架柱截面尺寸为650mm×650mm
2. 内墙尺寸除标注外均为300mm
3. 外墙尺寸均为200mm
4. 剪力墙厚度为250mm(2～6层)和300mm(首层)
5. 电梯间尺寸为2300mm×2600mm
6. 室内外高差0.75m
7. 门窗洞口尺寸见门窗表

审 定	审 核	工种负责	校 对	设 计	工程名称	XXXX办公楼	比 例	图 别	图 号
					图 名	标准层平面图	1:150	建 施	06

北

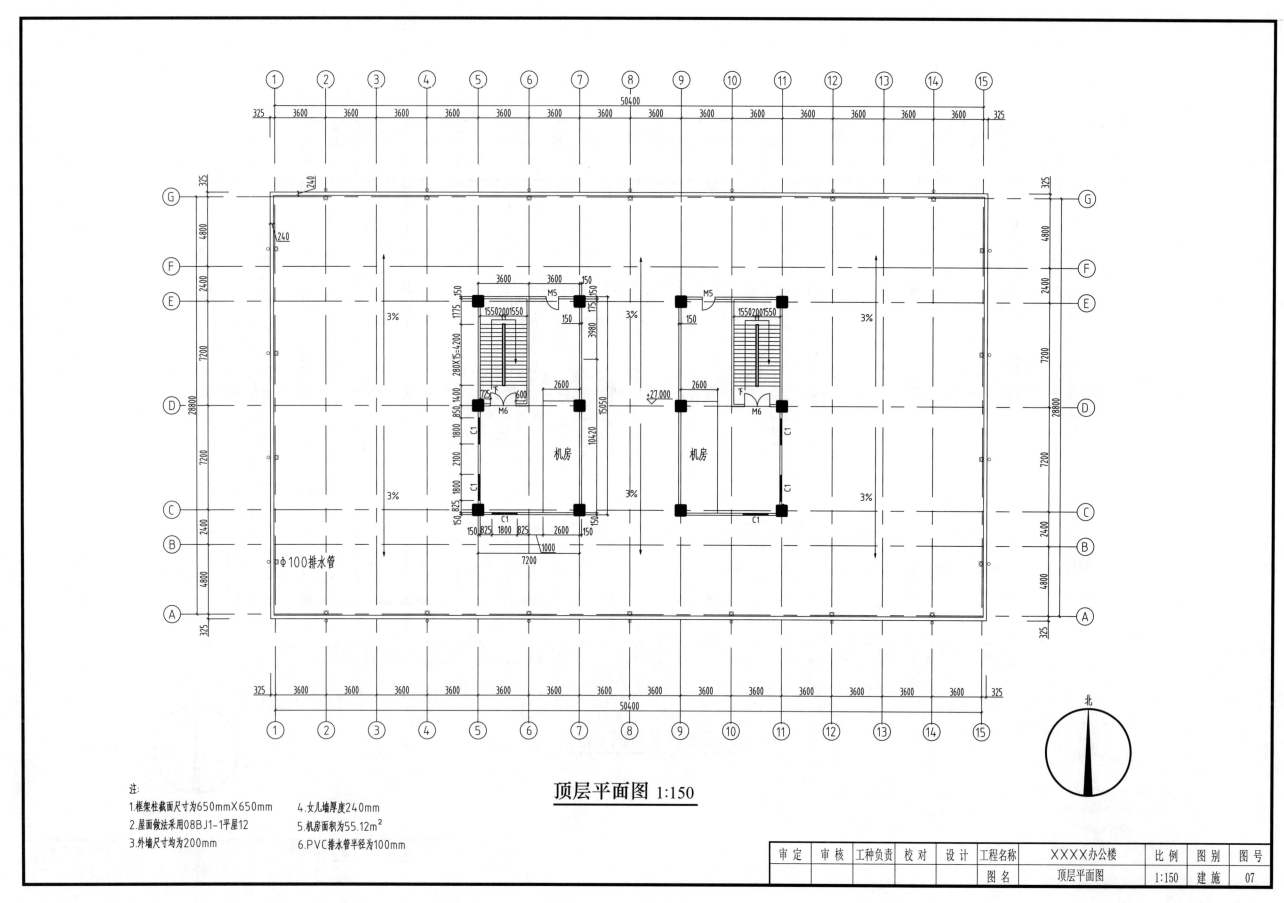

顶层平面图 1:150

注:
1.框架柱截面尺寸为650mm×650mm
2.屋面做法采用08BJ1-1平屋12
3.外墙尺寸均为200mm
4.女儿墙厚度240mm
5.机房面积为55.12m²
6.PVC排水管半径为100mm

φ100排水管

机房

北

审定	审核	工种负责	校对	设计	工程名称	XXXX办公楼	比例	图别	图号
					图名	顶层平面图	1:150	建施	07

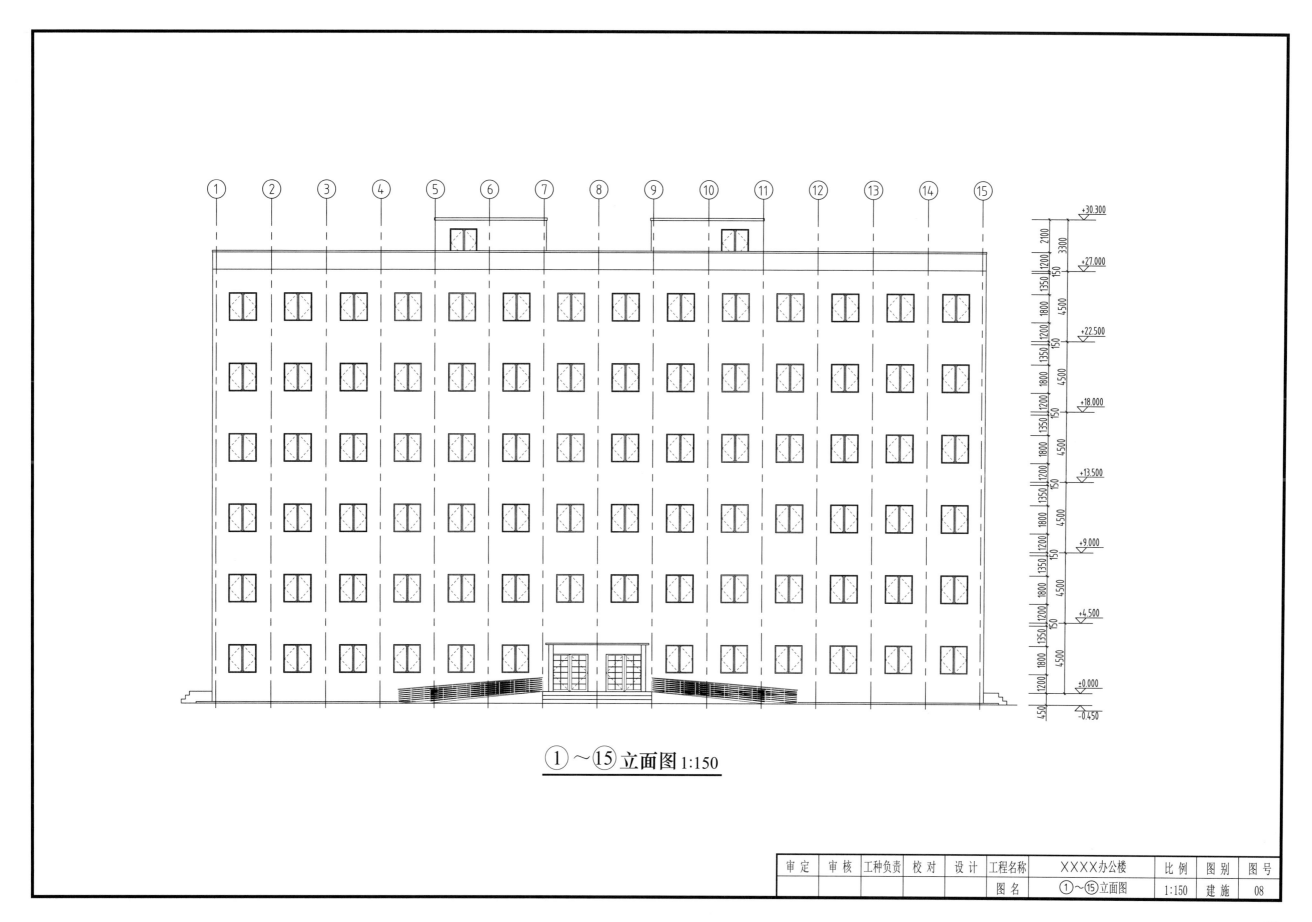

①～⑮立面图 1:150

审定	审核	工种负责	校对	设计	工程名称	XXXX办公楼	比例	图别	图号
					图名	①～⑮立面图	1:150	建施	08

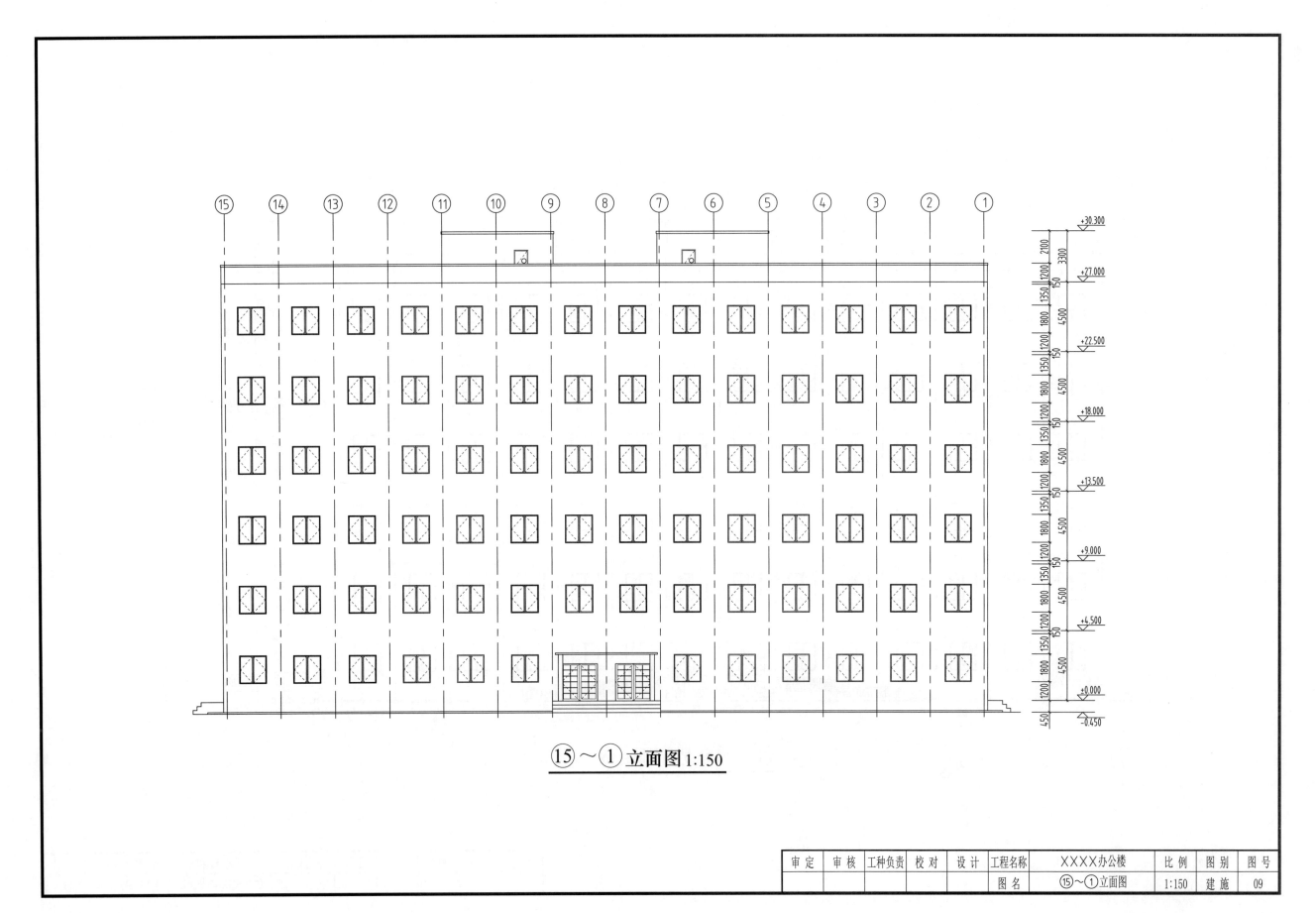

⑮～① 立面图 1:150

审 定	审 核	工种负责	校 对	设 计	工程名称	XXXX办公楼	比 例	图 别	图 号
					图 名	⑮～①立面图	1:150	建 施	09

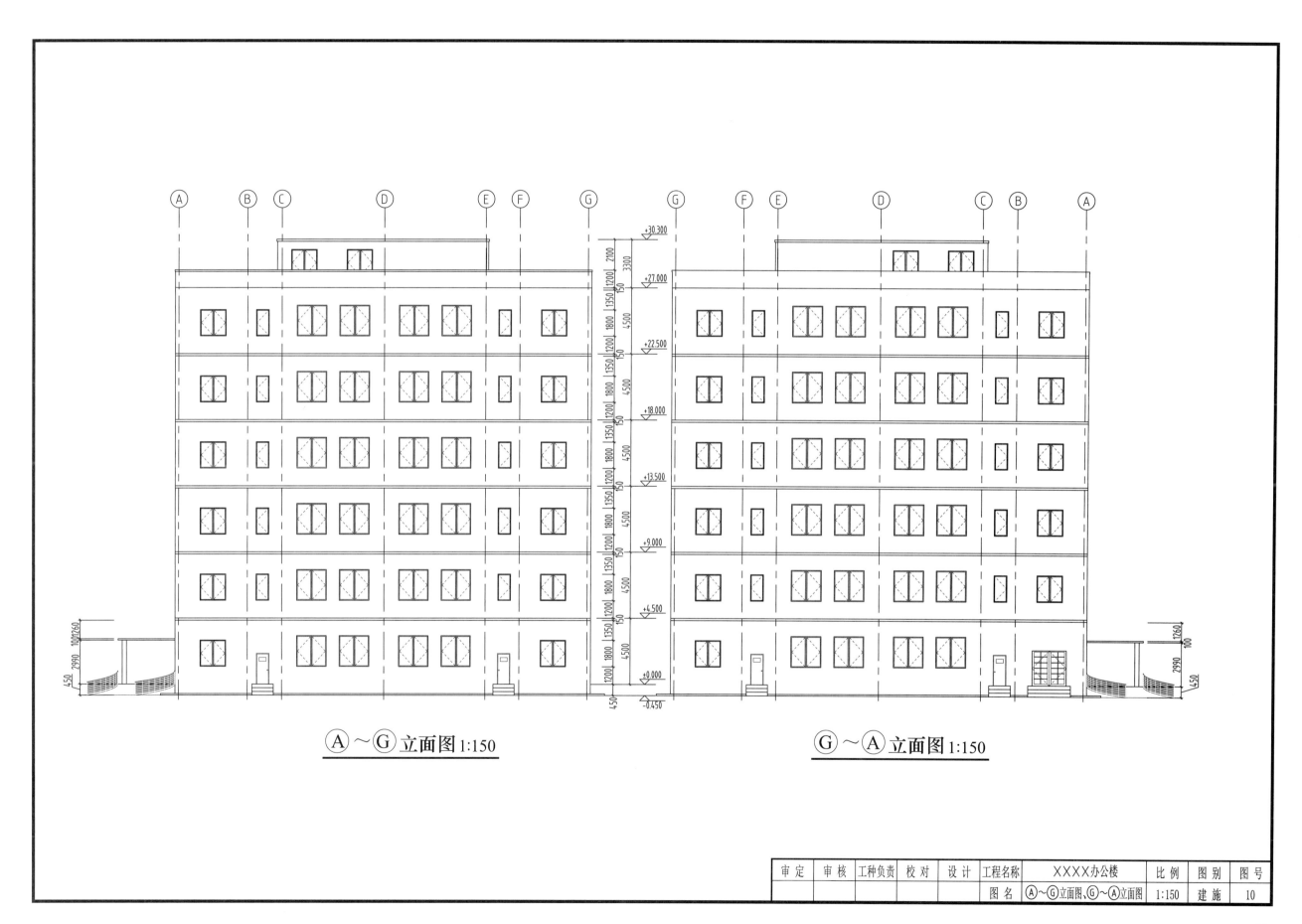

Ⓐ～Ⓖ立面图 1:150　　　　　　　　　　　　　　Ⓖ～Ⓐ立面图 1:150

审 定	审 核	工种负责	校 对	设 计	工程名称	XXXX办公楼		比 例	图 别	图 号
					图 名	Ⓐ～Ⓖ立面图、Ⓖ～Ⓐ立面图		1:150	建 施	10

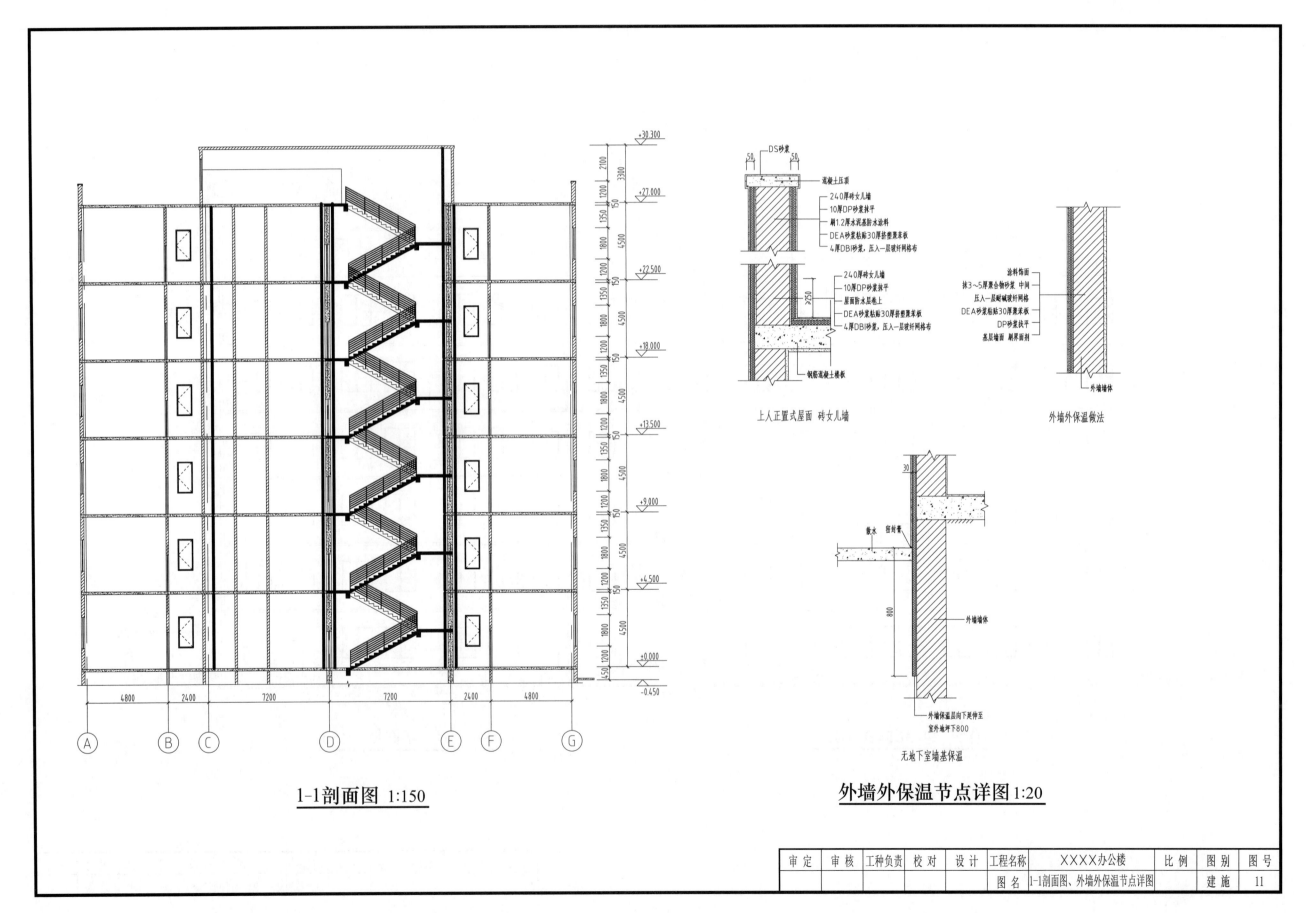

上人正置式屋面 砖女儿墙

外墙外保温做法

无地下室墙基保温

1-1剖面图 1:150

外墙外保温节点详图 1:20

审定	审核	工种负责	校对	设 计	工程名称	XXXX办公楼	比 例	图别	图号
					图 名	1-1剖面图、外墙外保温节点详图		建 施	11

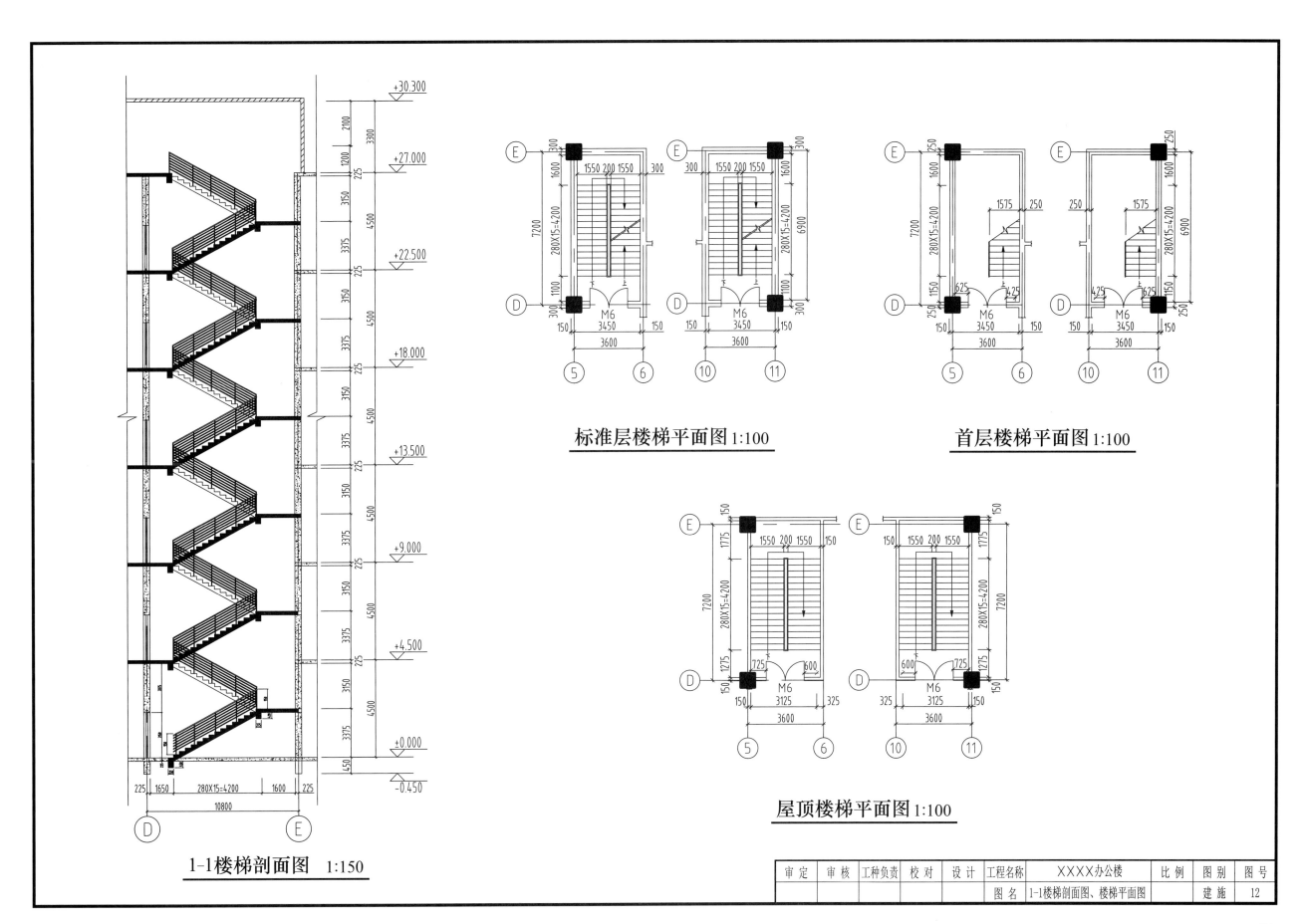

标准层楼梯平面图 1:100

首层楼梯平面图 1:100

屋顶楼梯平面图 1:100

1-1楼梯剖面图 1:150

审 定	审 核	工种负责	校 对	设 计	工程名称	XXXX办公楼	比 例	图 别	图 号
					图 名	1-1楼梯剖面图、楼梯平面图		建 施	12

2. 结构施工图

XXXX建筑设计有限公司 图纸目录	建设单位	XXXX有限公司		
	项目名称	XXXX办公楼	专业	结构
	项目编号		阶段	施工图
	编制人	孙可欣	日期	

序 号	图别 图号	图 纸 名 称	图幅	备 注
1	结施-01	结构设计总说明	A2	
2	结施-02	±0.000~4.500结构平面图	A2	
3	结施-03	4.500~27.000结构平面图	A2	
4	结施-04	27.000~30.300结构平面图	A2	
5	结施-05	±0.000~27.000柱平法施工图	A2	
6	结施-06	±0.000~27.000梁平法施工图	A2+1/4	
7	结施-07	±0.000~4.500剪力墙平法施工图	A2	
8	结施-08	4.500~27.000剪力墙平法施工图	A2	
9	结施-09	剪力墙边缘构件表、剪力墙身表、基础梁平法配筋图	A2	
10	结施-10	基础梁板平法施工图	A2	

结 构 设 计 总 说 明

一、工程概况

1. 本工程位于北京市大兴区，总建筑面积为9020.535m²，抗震设防烈度8度；
2. 结构形式：框架-剪力墙结构；
3. 建筑密度：0.258，容积率：1.550，绿化面积：1232.945m²，绿化率：24.66%；
4. 建筑高度：27.0m，层数：6层，层高：每层均为4.5m。
5. 室内外高差：0.75m，设计标高±0.000处相当于黄海高程测量标高12.50m。

项目用途	结构类型	层数	基础类型
办公	框架-剪力墙钢筋混凝土结构	6层	梁板式筏形基础

二、设计依据

1. 根据建筑物所在地的气象、地理、建设场地的工程概况等；
2. 建筑物所在场地的岩土工程勘察报告；
3. 场地地震安全性评价报告与风洞试验报告，必要时需提交；
4. 本工程设计使用年限为50年。
5. 基本风压：0.45kN/m²（50年重现期）；
6. 基本雪压：0.40kN/m²；
7. 抗震设防参数：本工程最大地震影响系数α_max=0.04（第一设防水准）；场地特征周期Tg=0.35s；场地为可进行建设的一般地段。
8. 抗震基本烈度为8度，场地土类别为Ⅱ类；
9. 初步设计的审查批复文件，对于超限高层建筑工程，应有超限高层建筑工程抗震设计设防专项审查意见；
10. 国家现行的有关规范、标准以及地方规程：
   (1)《建筑结构可靠度设计统一标准》GB 50068 — 2001 中国建筑工业出版社；
   (2)《建筑地基基础设计规范》GB 50007 — 2011 中国建筑工业出版社；
   (3)《建筑工程抗震设防分类标准》GB 50223 — 2008 中国建筑工业出版社；
   (4)《建筑结构荷载规范》，GB 50009 — 2012 中国建筑工业出版社；
   (5)《建筑施工图示例图集》中国建筑工业出版社；
   (6)混凝土结构设计规范（GB 50010 — 2010）（2015版），中国建筑工业出版社，2010；
   (7)高层建筑混凝土结构技术规程（JGJ 3 — 2010），中国建筑工业出版社，2010；
   (8)建筑结构荷载规范（GB 50009 — 2012），中国建筑工业出版社，2012；
   (9)建筑地基基础设计规范（GB 50007 — 2011），中国建筑工业出版社，2011；
   (10)建筑构造通用图集（工程做法）（88J1）华北地区建筑设计标准化办公室等；
   (11)简明建筑基础计算与设计手册，张季容，朱向荣，中国建筑工业出版社，1997；

三、图纸说明

1. 计量单位（除注明外）：长度：mm；角度：°；标高：m；强度：N/mm²；
2. 设计标高±0.000处相当于黄海高程测量标高12.50m。
3. 本工程在设计使用年限内未经技术鉴定或设计许可，不得改变结构的用途和使用环境。

四、建筑等级分类

1. 本工程建筑物耐火等级为一级，结构构件的耐火极限要求如下：一级：板：1.5h；梁：2.0h；墙、柱：3.0h；楼梯：1.5h；
2. 框架剪力墙结构的环境类别：地面以下构件、厨房、卫生间、阳台、雨蓬、屋面、车道、车库顶板等外露构件属二b类环境，其余部分属一类环境；

3. 腐蚀性：地下水对混凝土结构具有微腐蚀性，对钢筋混凝土结构中的钢筋具微腐蚀性；
4. 建筑耐火等级：一级；
5. 屋面防水等级：Ⅱ级，混凝土抗渗等级为P6；
6. 设计基本地震加速度为0.20g；设计地震分组为第一组；场地类型为Ⅱ类；地面粗糙度：D类。

五、主要荷载取值

1. 楼（屋）面面层荷载标准值如下：（kN/m²）
   办公室、会议室 7.26，卫生间 6.13，档案室、库房 5.21，楼梯 5.21，走廊 6.74；
2. 墙体材料、设备荷载标准值如下：（kN/m²）
   加气混凝土砌块容重6.5kN/m²，陶粒空心砖容重6.0kN/m²，普通砖容重18kN/m²，石膏板容重13kN/m²，水泥砂浆容重17kN/m²，电梯机房7.0kN/m²；
3. 楼（屋）面活载标准值如下：（kN/m²）
   办公室、会议室 2.0，卫生间 2.5，档案室、库房 5.0，楼梯 3.5，走廊 2.5；
4. 凡工程中所用内外装修材料，施工单位应在征得建设单位与设计单位同意之后，方可进行采购，所用材料以及产品应具有经国家有关部门鉴定的合格证，以保证施工质量。
5. 本图在施工时应该与其他专业工种密切配合，且在施工过程中应该严格按照国家和地方的有关施工以及验收规范、规定施工。

六、主要结构材料

1. 钢筋的强度标准值应具有不小于95%的保证率，钢筋种类：—— HPB335级钢筋，—HRB400级钢筋；
2. 本工程中的砌体墙体均为非承重墙，墙体材料详见本《材料强度表》；
3. 混凝土强度等级：垫层 C15；柱、梁、板混凝土强度详各层平面层高表；楼梯混凝土强度同本层梁板混凝土强度。

七、地基与基础

1. 工程地址及水文地质概况，各土层的压缩模量及地基承载力特征值，对不良地基的处理措施及技术要求，抗液化措施及要求等；
2. 地基基础的设计见基础配筋图，基础持力层为粘土，厚度为10m，本工程中基础类型采用双主肋梁筏式基础进行设计。
3. 基础大体积混凝土的施工要求及基坑回填土应符合规范要求。
4. 受力钢筋的混凝土保护层最小厚度见《材料强度表》，钢筋的锚固长度、搭接长度均应符合《混凝土结构设计规范》GB 50010 —2010，2015版本所要求，连接方式采用绑扎连接和机械连接两种连接方式。
5. 过梁：所有门窗洞口均设置现浇过梁，过梁见本页。

八、防火工程

1. 主要消防设计规范：《建筑设计防火规范》GB 50016— 2006；
2. 建筑耐久年限为50年；
3. 建筑物中最长的疏散距离为m，均满足疏散要求；
4. 消防控制中心位于一层西南角，疏散楼梯直接对外；
5. 每层设有两部消防电梯并通向屋顶。

材料强度表

构件	钢筋强度等级	钢筋保护层厚度
框架梁	HPB300、HPB335	35mm
框架柱	HPB300、HPB335	35mm
楼板	HPB300、HPB335	25mm
剪力墙	HPB300、HPB335	30mm
基础梁	HPB335、HRB400	40mm
基础底板	HPB335、HRB400	40mm

材料做法表

墙体	砂浆强度等级	砌块类型	砌块强度等级
外墙	MU10	加气混凝土砌块	A5.0
内墙	MU7.5	陶粒空心砖	MU10

层高表

层号	楼层标高(m)	层高(m)	柱混凝土强度等级	墙混凝土强度等级	梁混凝土强度等级	板混凝土强度等级
6	+22.500	4.5	C30	C30	C30	C30
5	+18.000	4.5	C30	C30	C30	C30
4	+13.500	4.5	C30	C30	C30	C30
3	+9.000	4.5	C40	C40	C30	C30
2	+4.500	4.5	C40	C40	C30	C30
1	±0.000	4.5	C40	C40	C30	C30

审定	审核	工种负责	校对	设计	工程名称	XXXX办公楼	比例	图别	图号
					图名	结构设计总说明		结施	01

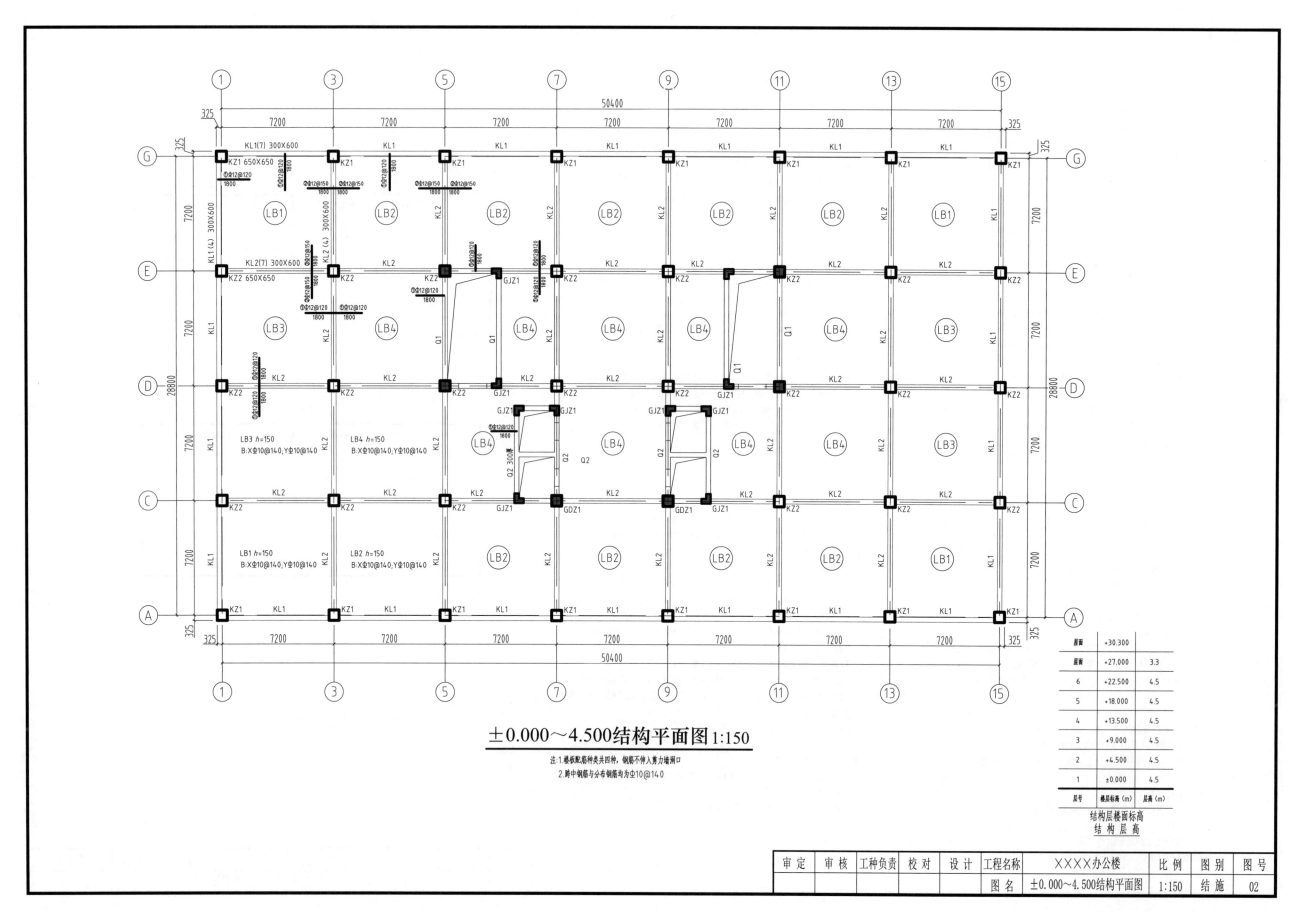

±0.000～4.500结构平面图 1:150

注:1.楼板配筋种类共四种,钢筋不伸入剪力墙洞口
2.跨中钢筋与分布钢筋均为φ10@140

层号	结构层楼面标高(m)	层高(m)
屋面	+30.300	
屋面	+27.000	3.3
6	+22.500	4.5
5	+18.000	4.5
4	+13.500	4.5
3	+9.000	4.5
2	+4.500	4.5
1	±0.000	4.5

结构层楼面标高
结 构 层 高

审 定		审 核		工种负责		校 对		设 计		工程名称	XXXX办公楼		比 例		图 别	图 号
										图 名	±0.000～4.500结构平面图		1:150	结 施	02

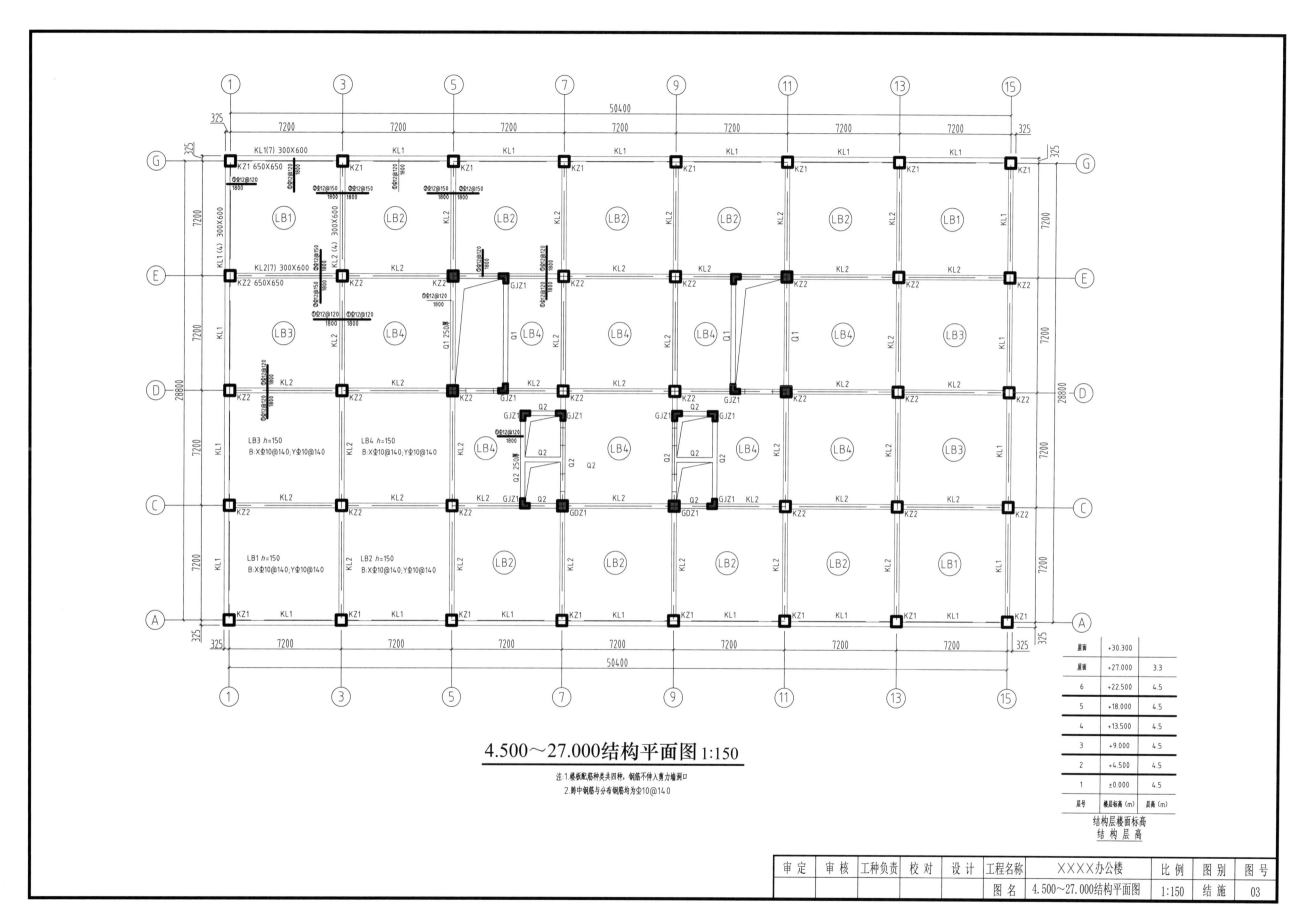

4.500～27.000结构平面图 1:150

注：1.楼板配筋种类共四种，钢筋不伸入剪力墙洞口
2.跨中钢筋与分布钢筋均为Φ10@140

屋面	+30.300	
屋面	+27.000	3.3
6	+22.500	4.5
5	+18.000	4.5
4	+13.500	4.5
3	+9.000	4.5
2	+4.500	4.5
1	±0.000	4.5
层号	楼层标高(m)	层高(m)

结构层楼面标高
结构层高

审定	审核	工种负责	校对	设计	工程名称	XXXX办公楼		比例	图别	图号
					图名	4.500～27.000结构平面图		1:150	结施	03

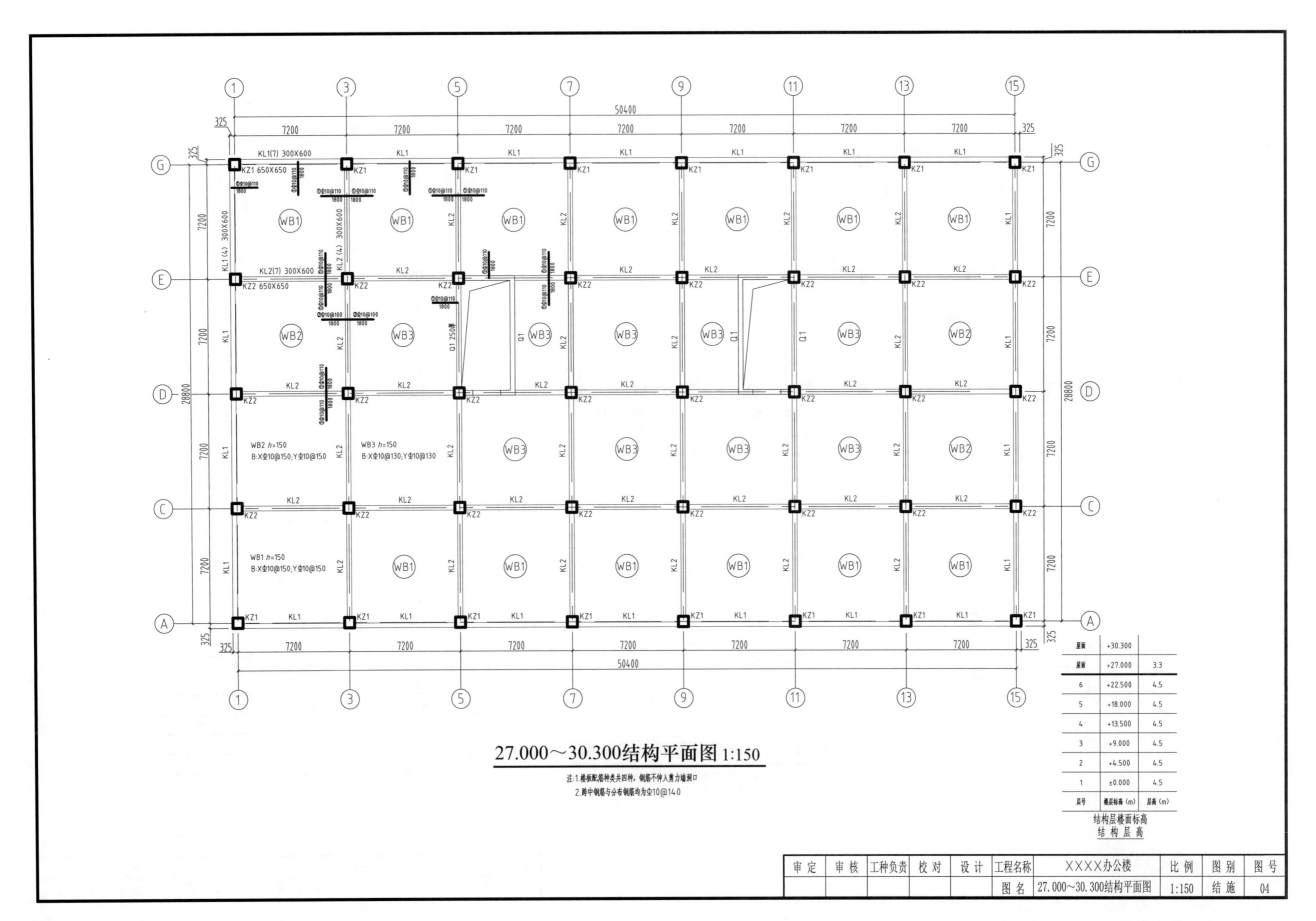

27.000～30.300结构平面图 1:150

注:1.楼板配筋种类共四种,钢筋不伸入剪力墙洞口
2.跨中钢筋与分布钢筋均为Φ10@140

屋面	+30.300	
屋面	+27.000	3.3
6	+22.500	4.5
5	+18.000	4.5
4	+13.500	4.5
3	+9.000	4.5
2	+4.500	4.5
1	±0.000	4.5
层号	楼层标高(m)	层高(m)

结构层楼面标高
结构层高

审定	审核	工种负责	校对	设计	工程名称	XXXX办公楼	比例	图别	图号
					图名	27.000～30.300结构平面图	1:150	结施	04

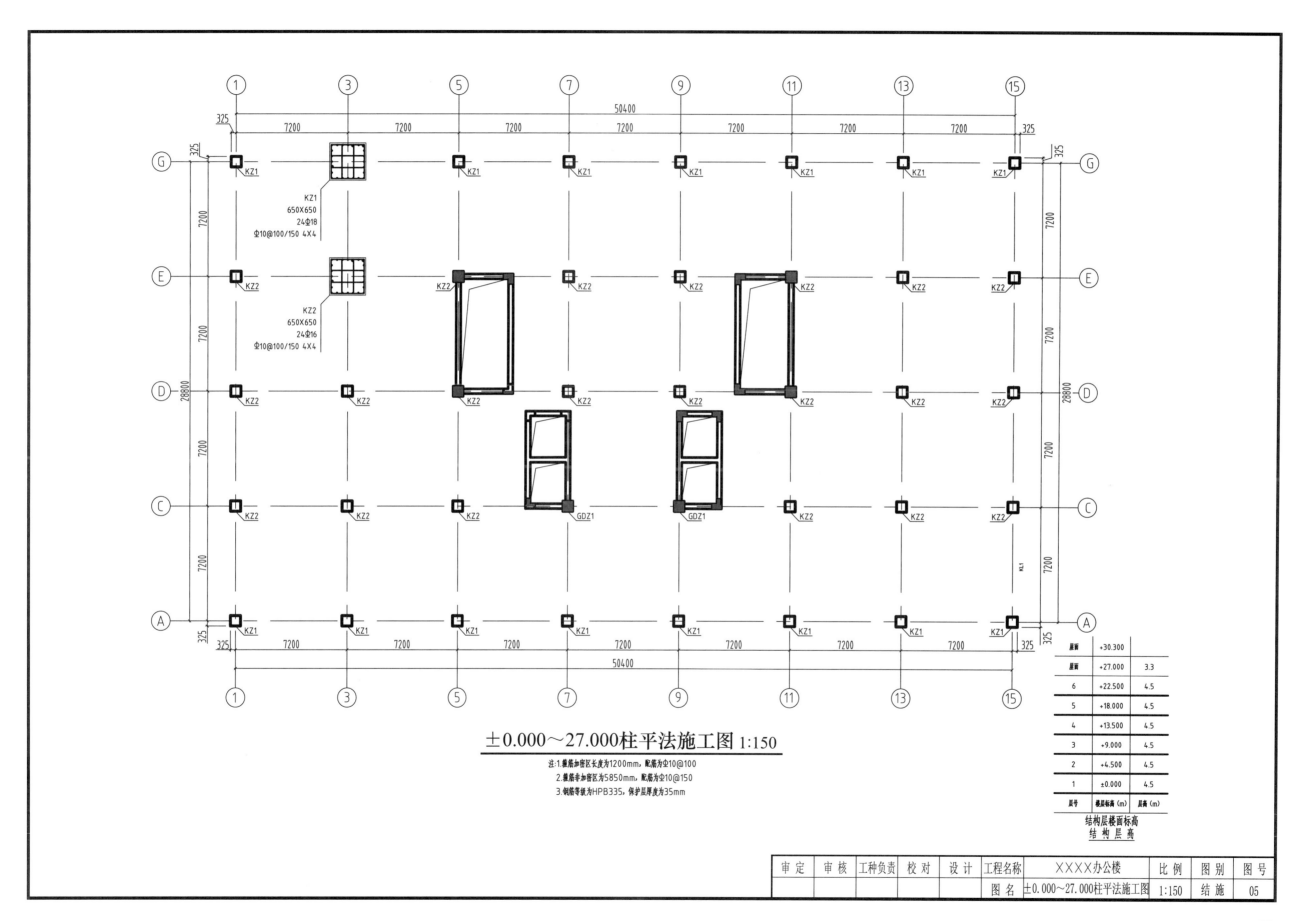

±0.000～27.000柱平法施工图 1:150

注:1.箍筋加密区长度为1200mm,配箍为Φ10@100
  2.箍筋非加密区为5850mm,配箍为Φ10@150
  3.钢筋等级为HPB335,保护层厚度为35mm

KZ1
650×650
24Φ18
Φ10@100/150 4×4

KZ2
650×650
24Φ16
Φ10@100/150 4×4

屋面	+30.300	
屋面	+27.000	3.3
6	+22.500	4.5
5	+18.000	4.5
4	+13.500	4.5
3	+9.000	4.5
2	+4.500	4.5
1	±0.000	4.5
层号	楼层标高(m)	层高(m)

结构层楼面标高
结 构 层 高

审 定	审 核	工种负责	校 对	设 计	工程名称	XXXX办公楼	比 例	图 别	图 号
					图 名	±0.000～27.000柱平法施工图	1:150	结 施	05

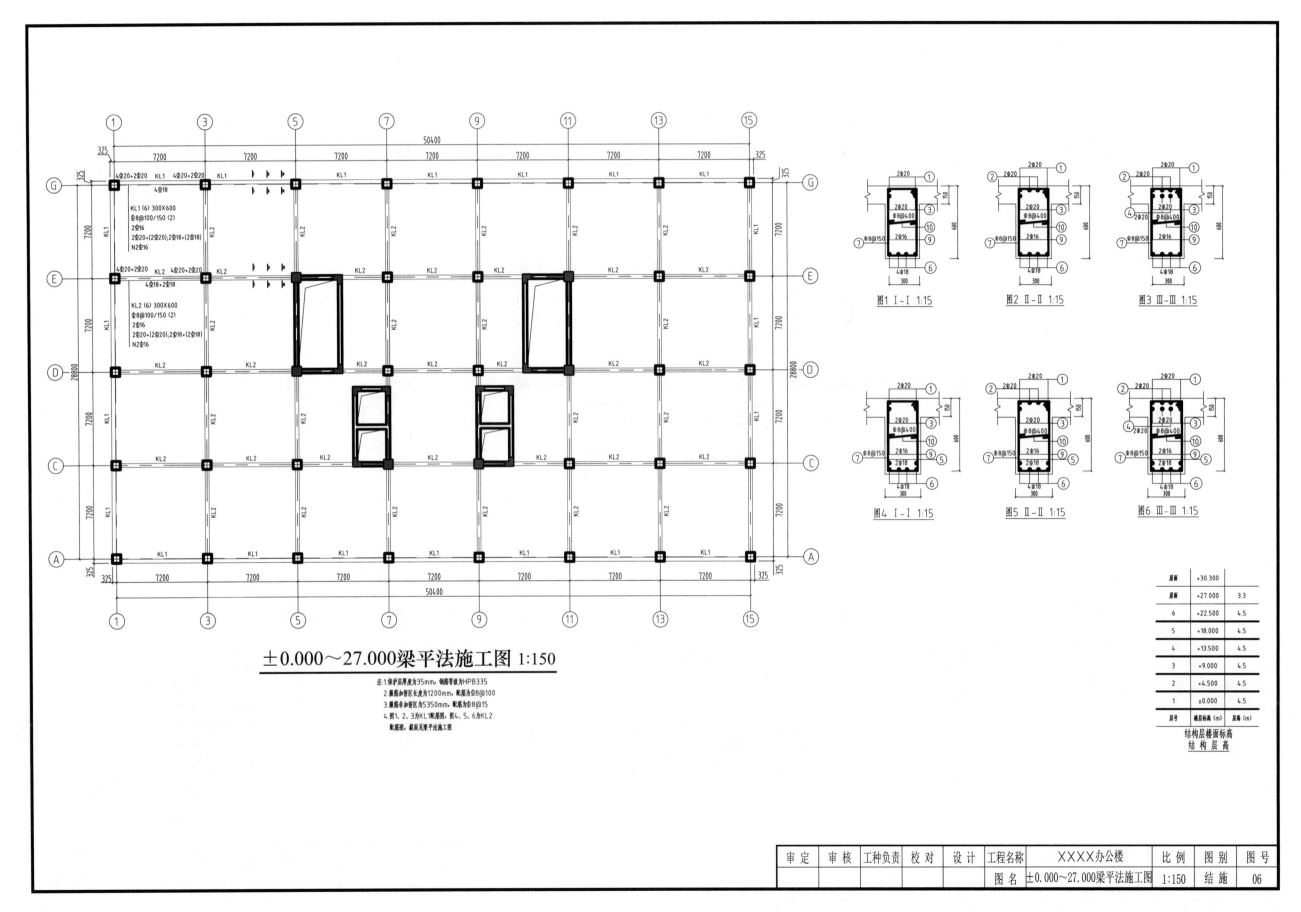

±0.000~27.000梁平法施工图 1:150

图1 I-I 1:15   图2 II-II 1:15   图3 III-III 1:15

图4 I-I 1:15   图5 II-II 1:15   图6 III-III 1:15

注:1.保护层厚度为35mm,钢筋等级为HPB335
2.梁箍加密区长度为1200mm,配箍为Φ8@100
3.梁端非加密区长度为5350mm,配箍为Φ8@15
4.图1、2、3为KL1配箍图,图4、5、6为KL2
配箍图,截面见梁平法施工图

屋面	+30.300	
屋面	+27.000	3.3
6	+22.500	4.5
5	+18.000	4.5
4	+13.500	4.5
3	+9.000	4.5
2	+4.500	4.5
1	±0.000	4.5
层号	楼层标高(m)	层高(m)

结构层楼面标高
结 构 层 层 高

审 定	审 核	工种负责	校 对	设 计	工程名称	XXXX办公楼	比 例	图 别	图 号
					图 名	±0.000~27.000梁平法施工图	1:150	结 施	06

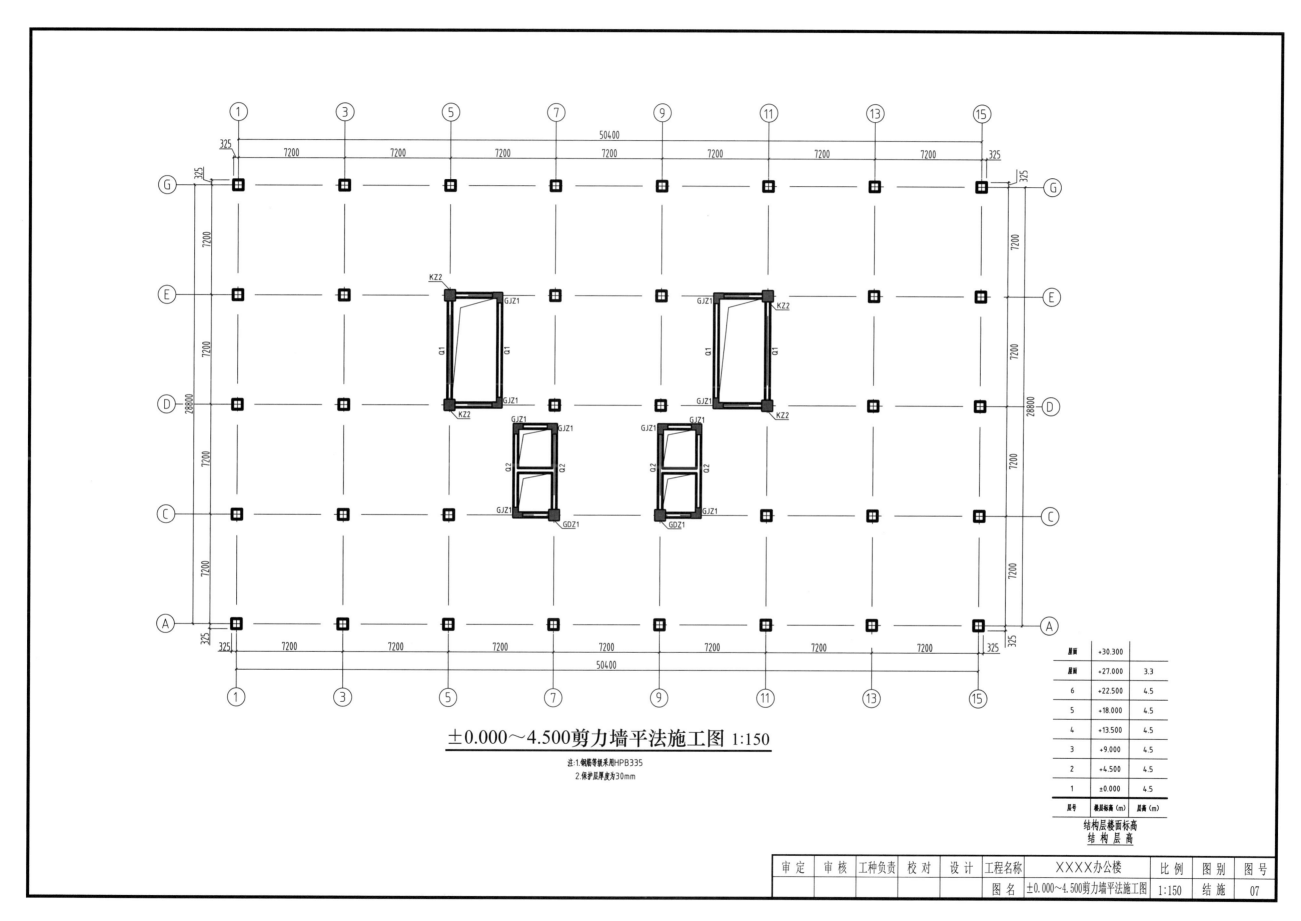

±0.000～4.500剪力墙平法施工图 1:150

注:1.钢筋等级采用HPB335
2.保护层厚度为30mm

层号	顶层标高(m)	层高(m)
屋面	+30.300	
屋面	+27.000	3.3
6	+22.500	4.5
5	+18.000	4.5
4	+13.500	4.5
3	+9.000	4.5
2	+4.500	4.5
1	±0.000	4.5
层号	楼层标高(m)	层高(m)

结构层楼面标高
结 构 层 高

审定	审核	工种负责	校对	设计	工程名称	XXXX办公楼	比例	图别	图号
					图名	±0.000～4.500剪力墙平法施工图	1:150	结施	07

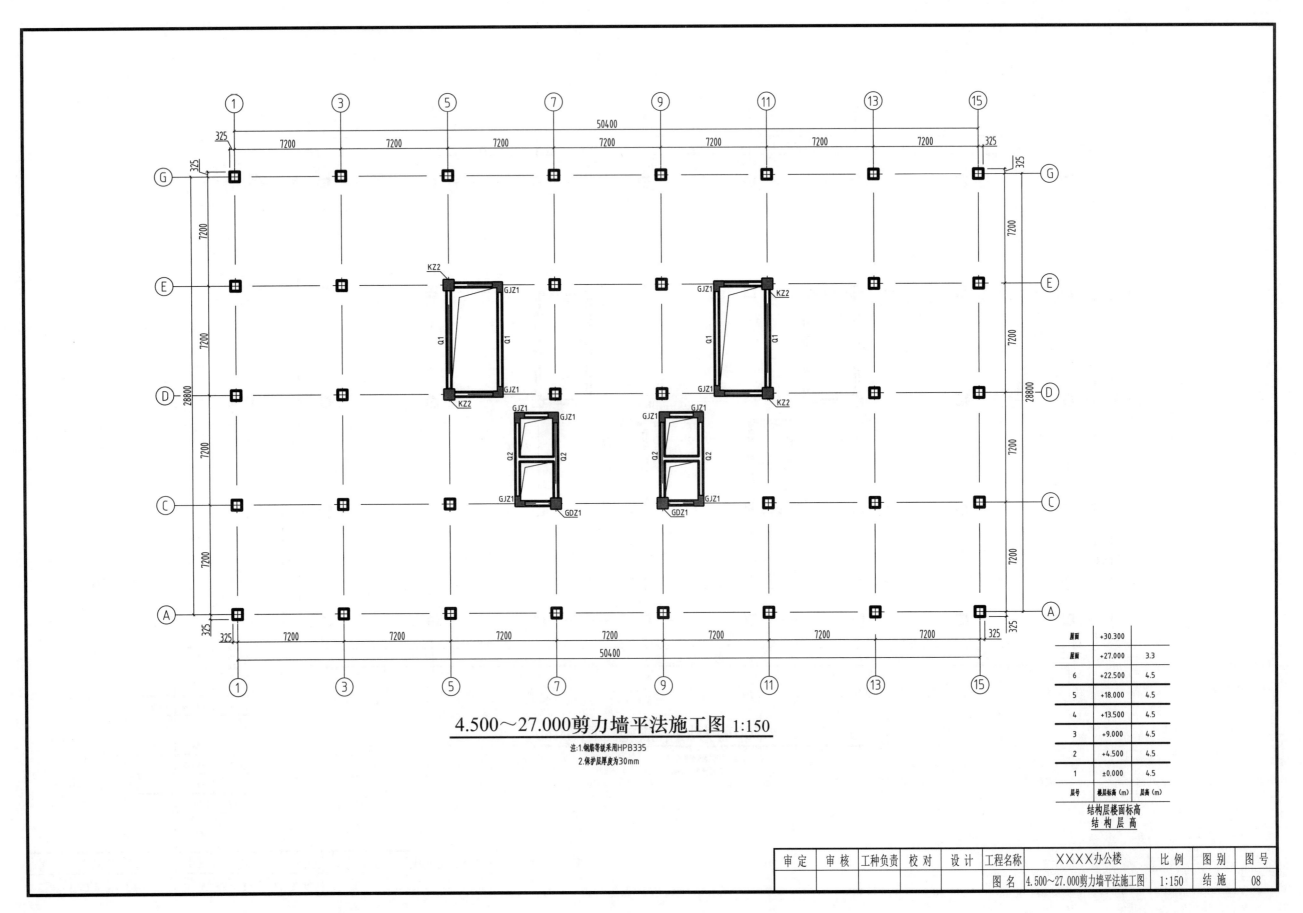

4.500~27.000剪力墙平法施工图 1:150

注:1.钢筋等级采用HPB335
2.保护层厚度为30mm

屋面	+30.300	
屋面	+27.000	3.3
6	+22.500	4.5
5	+18.000	4.5
4	+13.500	4.5
3	+9.000	4.5
2	+4.500	4.5
1	±0.000	4.5
层号	楼层标高(m)	层高(m)

结构层楼面标高
结 构 层 高

审定	审核	工种负责	校对	设计	工程名称	XXXX办公楼	比例	图别	图号
					图名	4.500~27.000剪力墙平法施工图	1:150	结施	08

剪力墙构造边缘构件表

截面	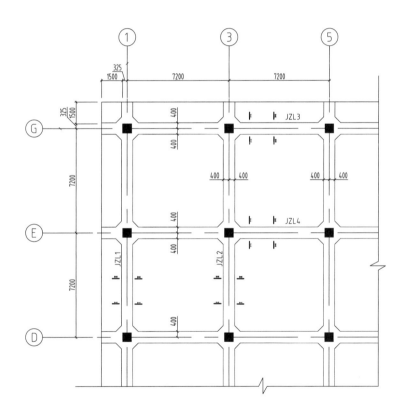			
编号	构造边缘端柱 GDZ1		构造边缘角柱 GJZ1	
标高	±0.000~4.500	4.500~27.000	±0.000~4.500	4.500~27.000
纵筋	12Φ16	12Φ16	12Φ16	12Φ16
箍筋	Φ10@150	Φ10@150	Φ10@150	Φ10@150

剪力墙墙身表

编号	标高	墙厚	水平分布筋	竖向分布筋	拉筋
Q1(两排)	0.00~4.50	300mm	Φ12@200	Φ12@200	Φ8@400
Q2(两排)	0.00~4.50	300mm	Φ12@200	Φ12@200	Φ8@400
Q1(两排)	4.50~22.5	250mm	Φ12@200	Φ12@200	Φ8@400
Q2(两排)	4.50~22.5	250mm	Φ12@200	Φ12@200	Φ8@400

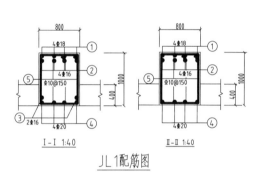

JL1配筋图

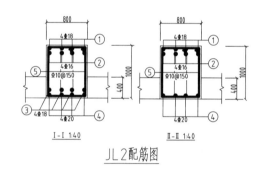

JL2配筋图

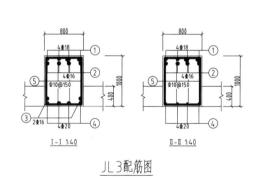

JL3配筋图

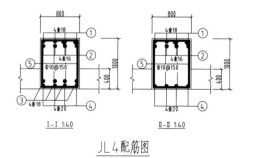

JL4配筋图

基础梁平法配筋图

审定	审核	工种负责	校对	设计	工程名称	××××办公楼	比例	图别	图号
					图名	剪力墙边缘构件表、剪力墙墙身表、基础梁平法配筋图	1:150	结施	09

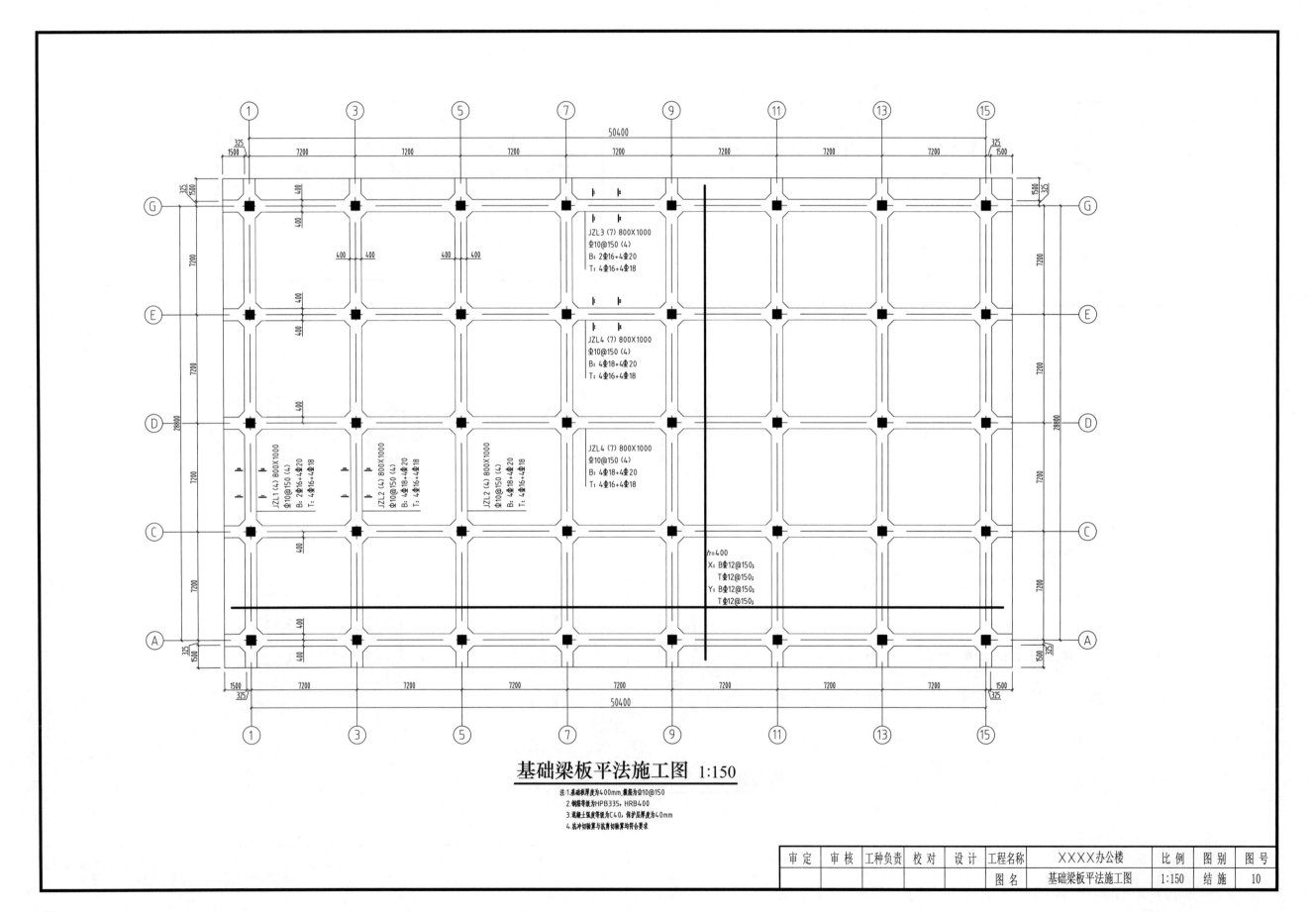

基础梁板平法施工图 1:150

注：1.基础板厚度为400mm,底筋为φ10@150
2.钢筋等级为HPB335,HRB400
3.混凝土强度等级为C40,保护层厚度为40mm
4.抗冲切验算与抗剪切验算均符合要求

审 定	审 核	工种负责	校 对	设 计	工程名称	XXXX办公楼	比 例	图 别	图 号
					图 名	基础梁板平法施工图	1:150	结 施	10

附图 3 某医院住院楼

1. 建筑施工图

<table>
<tr><td rowspan="3" colspan="2">××××建筑设计有限公司

图纸目录</td><td>建设单位</td><td colspan="4">××××有限公司</td></tr>
<tr><td>项目名称</td><td colspan="2">××××住院楼</td><td>专业</td><td>建筑</td></tr>
<tr><td>项目编号</td><td colspan="2"></td><td>阶段</td><td>施工图</td></tr>
<tr><td colspan="2">编 制 人</td><td colspan="2"></td><td>日期</td><td></td></tr>
<tr><td>序号</td><td>图别 图号</td><td colspan="3">图 纸 名 称</td><td>图幅</td><td>备 注</td></tr>
<tr><td>1</td><td>建施-01</td><td colspan="3">建筑设计总说明</td><td>A2</td><td></td></tr>
<tr><td>2</td><td>建施-02</td><td colspan="3">工程做法说明</td><td>A2</td><td></td></tr>
<tr><td>3</td><td>建施-03</td><td colspan="3">门窗表</td><td>A2</td><td></td></tr>
<tr><td>4</td><td>建施-04</td><td colspan="3">总平面图</td><td>A1</td><td></td></tr>
<tr><td>5</td><td>建施-05</td><td colspan="3">地下一层平面图</td><td>A1</td><td></td></tr>
<tr><td>6</td><td>建施-06</td><td colspan="3">首层平面图</td><td>A1</td><td></td></tr>
<tr><td>7</td><td>建施-07</td><td colspan="3">二层平面图</td><td>A1</td><td></td></tr>
<tr><td>8</td><td>建施-08</td><td colspan="3">标准层平面图</td><td>A1</td><td></td></tr>
<tr><td>9</td><td>建施-09</td><td colspan="3">屋顶平面图</td><td>A1</td><td></td></tr>
<tr><td>10</td><td>建施-10</td><td colspan="3">南立面图</td><td>A1</td><td></td></tr>
<tr><td>11</td><td>建施-11</td><td colspan="3">北立面图</td><td>A1</td><td></td></tr>
<tr><td>12</td><td>建施-12</td><td colspan="3">东立面图</td><td>A2</td><td></td></tr>
<tr><td>13</td><td>建施-13</td><td colspan="3">西立面图</td><td>A2</td><td></td></tr>
<tr><td>14</td><td>建施-14</td><td colspan="3">1-1 剖面图</td><td>A2</td><td></td></tr>
<tr><td>15</td><td>建施-15</td><td colspan="3">大样图</td><td>A1</td><td></td></tr>
</table>

建筑设计总说明

建筑设计说明

一、设计依据
(1) 工程设计任务书
(2) 规划主管部门提供的红线图及控规
(3) 国家相关设计标准和规范
《建筑设计防火规范》GB-50016—2014
《房屋建筑制图统一标准》GB/T 50001—2010
《民用建筑设计统一标准》GB 50352—2019
《综合医院建筑设计规范》GB 51039—2014
《建筑制图标准》GB/T 50104—2010

二、项目概况
北京XXXX住院楼，位于北京市XX区化工路北侧，紧邻7号线XX地铁站，南侧为XXXX小区。项目基地北侧为城市绿地与商业用地，东侧为商业用地。建设用地面积为100mX60m的一块矩形规整场地，建筑总面积为16808m²，(其中地上建筑面积为14 007.2m²，地下建筑面积为2801.4m²) 住院楼的外观以现代风格为主。轻盈通透与厚重沉稳形成视觉上的对比，兼顾现代医疗综合体和有华北地域文化的建筑风格。外围护墙采用轻钢龙骨墙板以及玻璃幕墙，内墙采用轻钢龙骨石膏板隔墙。

三、设计标高
本工程±0.00相当于绝对标高48.30m，室内外高差0.45m。
各层标注标高为建筑完成高面，屋面标高为结构面标高。
工程以m为单位，总平面尺寸以"m"为单位，其他尺寸以"mm"为单位。

四、交通组织设计
在地块南侧设置一个车行和人行主出入口，场地内部形成消防回路。主要机动车道宽4m。绿化带主要集中在住院楼的四周，并布置硬化路面满足休闲要求。设有地面停车位，满足交通需求。

五、墙体工程
外墙采用轻钢龙骨复合隔墙板。
内墙采用轻钢龙骨石膏板。
墙身在室内地坪下60mm处做20mm厚1:2水泥砂浆加3%~5%防水剂的墙身防潮层，室内地坪标高变化处防潮层应重叠搭接，在有高低差埋土侧的墙身做20mm厚1:2聚合物水泥砂浆防潮层。

六、防水工程
地下室防水工程执行《地下工程防水技术规范》GB 50108—017和地方有关规定。穿墙管道预留洞，转角，坑槽，后浇带等部位和变形缝等地下工程薄弱环节建筑构造做法应该《地下防水工程质量验收规范》GB 50208—2011处理。
凡设有地漏洞间应做防水层，图中未标注该个房间做坡度者，均在地漏周围1m范围内做1%~2%坡度披向地漏方向地漏，设防水的房间门门洞处楼地面应低于相邻房间同标高20mm或做挡水门槛，有大量排水的房间应设排水沟和集水坑，整个房间做1%拔坡。
屋面防水等级为三级，防水层合理使用年限为10年，一道防水设防。防水层使用材料为高聚物改性沥青防水卷材。屋面排水组织见屋顶平面图，采用女儿墙内天沟，水落管的公称直径均为DN200。

七、外墙装饰和室内工程
外装饰设计和做法索引见立面图。
承包商进行二次设计的钢结构，装饰物等，经确认后，应向建筑设计单位提供预埋件的设置要求。
外装修选用的各项材料其材质，规格，颜色等，均有施工单位提供样板，经确认后封样，并据此验收。外挑檐，雨蓬，室外台阶，散水，排水明沟等工程做法见《建筑构造通用图集（工程做法）》12BJ1-1。

八、室内装修工程
内装修工程执行各专业规范对内装修的具体要求。楼地面部分执行《建筑地面设计规范》GB 50037—2013。
楼地面构造交界处和地坪高度变化处，除图中另有注明外，均位于齐平开门开启处。
内装修选用的各项材料，均有施工单位制作样板和选样，经确认后封样，并据此进行验收。

九、防火设计说明
本工程属于高层公共建筑，建筑高度40.5m，执行《建筑设计防火规范》GB 50016—2014。
防火建筑构造：
(1) 防火墙，内隔墙，楼板，幕墙，电梯井，管道井，楼板留待设备管线安装完毕后，用C20细石混凝土封堵密实，管道井每三层进行封堵。
(2) 防火门，窗，防火卷帘。
(3) 屋顶金属承重构件和变形缝。
(4) 室内建筑装修材料应符合《建筑内部装修设计防火规范》GB 50222—2017的规定。
总平面消防车道借用基地通路，形成环形消防车道，消防车道及消防通道宽度不应小于4m，并且净高4m范围内都没有遮挡物，以保证消防车的进入，转弯半径不小于9m。

十、设计理念
建筑总平面的设计始终遵循着建筑布局紧凑，交通便捷，停车位充裕的理念；充分考虑到住院、功能检查和教学科研等用房对环境的要求。病房能够获得良好空间朝向，并且整栋建筑四周设置有完整的绿化带以及相应的休闲场所。与此同时在建筑的东北侧设置了消防登高面，能够满足整栋建筑对防火功能的需求。
ICU层中，明确家属，非相关人员与医护人员的功能区的划分，做到避免无关人员进入ICU看护区域，并设置视频探察区，满足家属的相关需求。在ICU看护区设置两个护士站，能够更加有效的对重症患者进行照看。
住院标准层中，设置了一个护理单元（每层最多容纳39名患者），并设置有三人间，双人间以及单人间，能够满足不同患者的使用需求。在整层的设计中，"医患分流"的理念贯穿始终，通过设置专用的医生电梯及专用的污物电梯，做到了医生，患者，以及相关污物的分流，满足了住院楼的相关要求。

类型	设计编号	洞口尺寸(mm)	数量								
			-1	1	2	3	4	5	6	塔楼	合计
普通门	M-1	400X2100				7	7	7	7		28
	M-2	700X2100				3	3	3	3		12
	M-3	800X2100	1	4	10	22	22	22	22		103
	M-4	900X2100		10	10	7	7	7	7	6	54
	M-5	1000X2100		7		19	19	19	19		83
	M-6	1200X2100				14	14	14	14		56
	M-7	1500X2100	16	6	12	8	8	8	8	4	70
	M-8	1500X2400		5							5
	M-9	1500X2400		1							1
普通窗	C-1	1800X2100			8	19	19	19	19		84
	C-2	1800X2100		8	6	6	6	6	6		40
	C-3	1500X2100			4	4	4	4	4		20
	C-4	2200X2100			2	2	2	2	2		10
	C-5	3600X2100			2						2
	C-6	7900X2700			1						1

| 审定 | 审核 | 工种负责 | 校对 | 设计 | 工程名称 | XXXX医院住院楼 | 比例 | 图别 | 图号 |
| | | | | | 图名 | 建筑设计总说明 | 1:100 | 建施 | 01 |

工 程 做 法 说 明

分类	编号	名称	工程做法	使用部位
屋面	屋面1	上人保温屋面	1.50厚刚性防水混凝土随打随抹平(F2做法) 2.0.4厚塑料膜 3.防水卷材一道 4.15厚DS砂浆找平层 5.最薄80厚憎水膨珠保温砂浆找2%坡(找坡兼保温) 6.钢筋混凝土屋面板	住院楼顶层屋面
	屋面2	非上人保温屋面	1.3厚粘接料保护层 2.0.7厚聚乙烯并论防水卷材用1.3厚配套粘结料粘贴 3.15厚DS砂浆找平层 4.60厚钢网岩棉板用4厚DEA砂浆粘贴 5.钢筋混凝土屋面板	楼梯间屋面、电梯机房屋面
楼地面	地面1	水泥地面 (有防潮)	1.20厚1:2.5水泥砂浆抹面压实赶光 2.素水泥浆一道(内掺建筑胶) 3.刷1.2厚水泥基防水涂料 4.100厚C15混凝土 5.素土夯实，压实系数0.9	办公室等房间
	地面2	花岗岩地面	1.20厚磨光花岗岩石板，灌稀水泥浆 2.30厚1:3水泥砂浆粘接层 3.素水泥浆一道(内掺建筑胶) 4.100厚C15混凝土 5.素土夯实，压实系数0.9	楼梯间、走廊
	楼面1	花岗岩楼面	1.20厚磨光花岗岩石板，撒素水泥面 2.撒素水泥面 3.30厚1:3干硬性水泥砂浆粘接层 4.40厚干拌复合轻集料混凝土垫层 5.钢筋混凝土楼板	楼梯间、走廊
	楼面2	塑片防滑地砖楼	1.3厚塑防滑地砖，建筑胶粘剂料铺 2.20厚1:3水泥砂浆压实抹平(要求平整) 3.1:6水泥粗砂焦渣垫层 4.钢筋混凝土楼板	卫生间
	楼面3	水泥楼面	1.20厚1:2.5水泥砂浆压实赶光 2.素水泥浆一道(内掺建筑胶) 3.现浇混凝土楼板	办公室等房间

分类	编号	名称	工程做法	使用部位
顶棚	顶棚1	铝条板吊顶	1.L40×40×4角钢，长40用膨胀螺钉固定在楼板上，双向中距≤1200 2.φ4吊杆下部固定于吊件上，上部焊于短角钢上 3.特质U型轻钢龙骨LB50×26中距≤1200，特制吊件LB50-1P吊挂 4.0.8厚铝条板	卫生间
	顶棚2	板底抹灰平顶	1.刷平顶涂料 2.3厚细纸筋石灰粉面 3.8厚1:0.3:3水泥石灰膏砂浆 4.素水泥浆一道 5.现浇混凝土楼板	办公室等房间
内墙	内墙1	石膏板墙面	1.9.5厚石膏板层面，用自攻螺钉固定在钢龙骨上，间距300 2.用胀管螺钉安装固定轻钢龙骨骨架，厚度50 3.9厚1:3水泥砂浆压实抹平	办公室等房间
	内墙2	釉面砖墙面	1.5厚釉面砖白水泥擦缝 2.6厚1:2.5水泥石灰膏砂浆结合层 3.12厚1:3水泥砂浆打底	卫生间
外墙	外墙1	涂料墙面	1.刷面涂料 2.喷仿石底涂料 3.着色剂 4.刷封底涂料增强粘接力 5.6厚1:2.5水泥砂浆找平 6.12厚1:3水泥砂浆打底扫毛	外围护墙
踢脚	踢脚1	水泥踢脚	1.6厚1:2.5水泥砂浆罩面压实赶光 2.素水泥浆一道 3.6厚1:3水泥砂浆打底扫毛	办公室等房间
	踢脚2	花岗岩踢脚	1.稀水泥浆擦缝 2.8厚石材面层 3.6厚1:2.5水泥浆压实抹平 4.9厚1:3水泥砂浆打底扫毛	楼梯间、走廊、电梯间

审定	审核	工种负责	校对	设计	工程名称	XXXX医院住院楼	比例	图别	图号
					图名	工程做法说明	1:100	建施	02

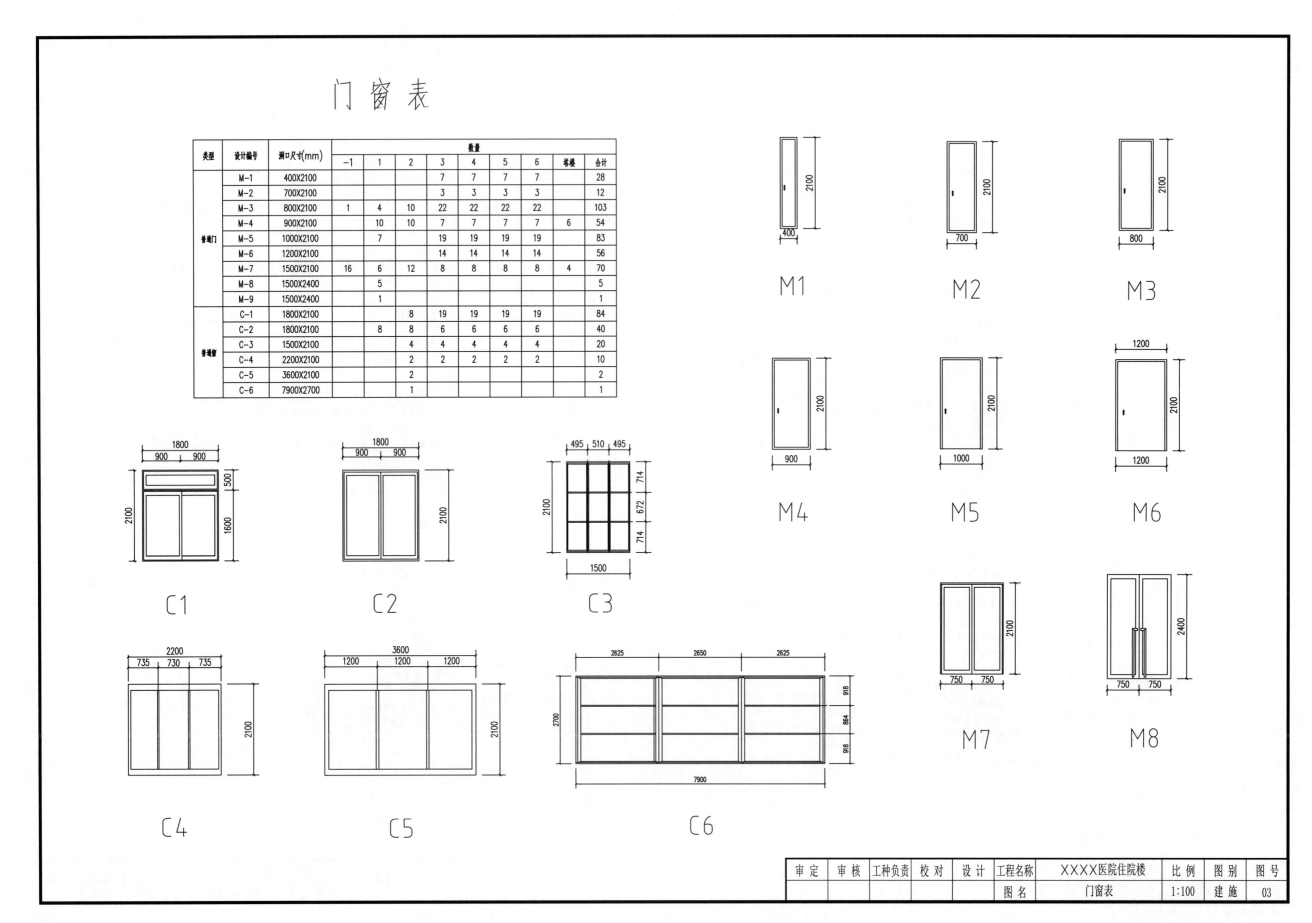

门 窗 表

类型	设计编号	洞口尺寸(mm)	数量								
			-1	1	2	3	4	5	6	塔楼	合计
普通门	M-1	400X2100				7	7	7	7		28
	M-2	700X2100				3	3	3	3		12
	M-3	800X2100	1	4	10	22	22	22	22		103
	M-4	900X2100		10	10	7	7	7	7	6	54
	M-5	1000X2100		7		19	19	19	19		83
	M-6	1200X2100				14	14	14	14		56
	M-7	1500X2100	16	6	12	8	8	8	8	4	70
	M-8	1500X2400		5							5
	M-9	1500X2400		1							1
普通窗	C-1	1800X2100			8	19	19	19	19		84
	C-2	1800X2100			8	8	6	6	6	6	40
	C-3	1500X2100				4	4	4	4	4	20
	C-4	2200X2100				2	2	2	2	2	10
	C-5	3600X2100				2					2
	C-6	7900X2700				1					1

C1 C2 C3

C4 C5 C6

M1 M2 M3

M4 M5 M6

M7 M8

审定	审核	工种负责	校对	设计	工程名称	XXXX医院住院楼	比例	图别	图号
					图名	门窗表	1:100	建施	03

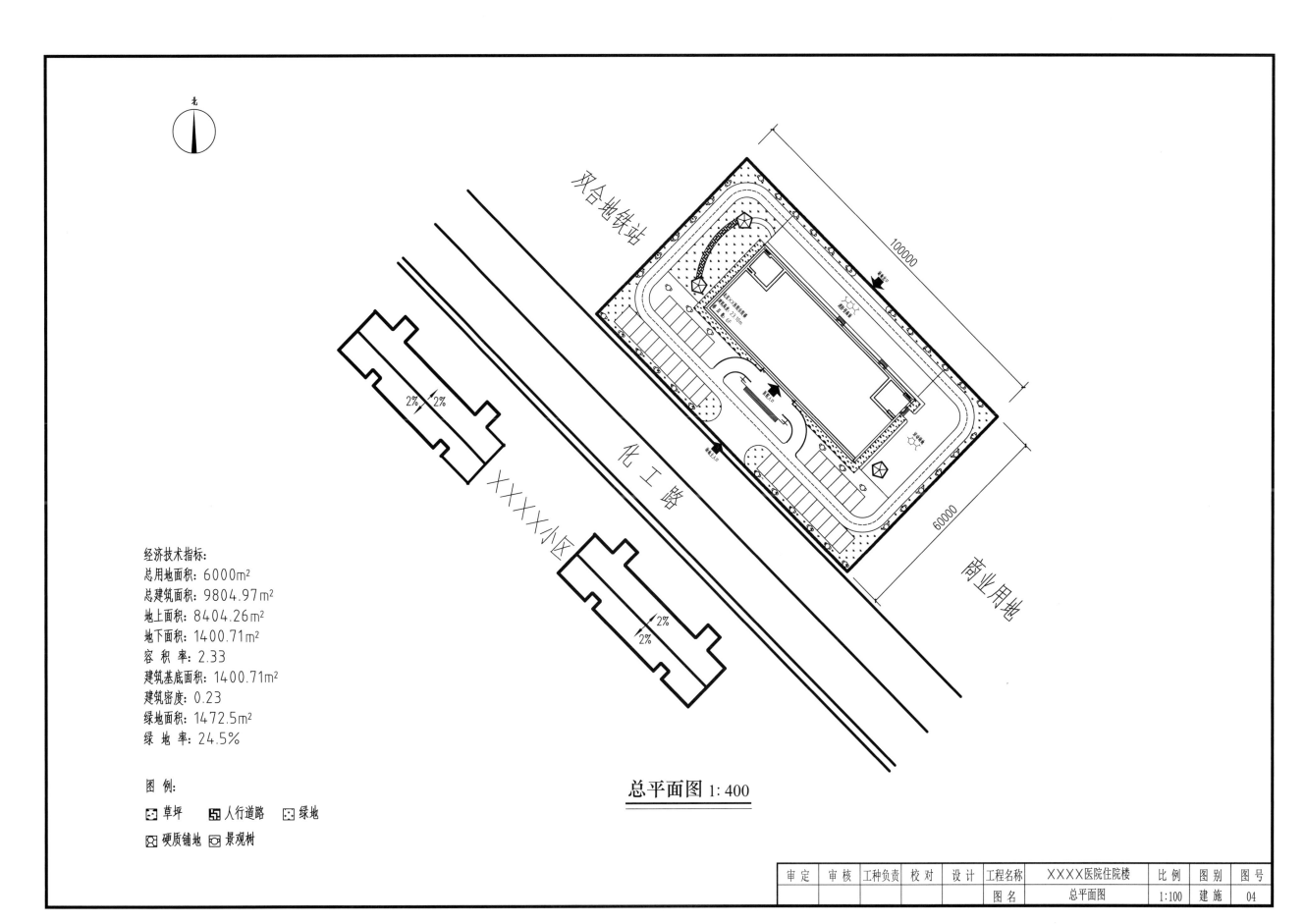

经济技术指标:
总用地面积: 6000m²
总建筑面积: 9804.97m²
地上面积: 8404.26m²
地下面积: 1400.71m²
容 积 率: 2.33
建筑基底面积: 1400.71m²
建筑密度: 0.23
绿地面积: 1472.5m²
绿 地 率: 24.5%

图 例:
草坪　　人行道路　　绿地
硬质铺地　　景观树

总平面图 1:400

双合地铁站

化工路

XXXX小区

商业用地

100000

60000

2%　2%

2%

2%

审 定	审 核	工种负责	校 对	设 计	工程名称	XXXX医院住院楼	比 例	图 别	图 号
					图 名	总平面图	1:100	建 施	04

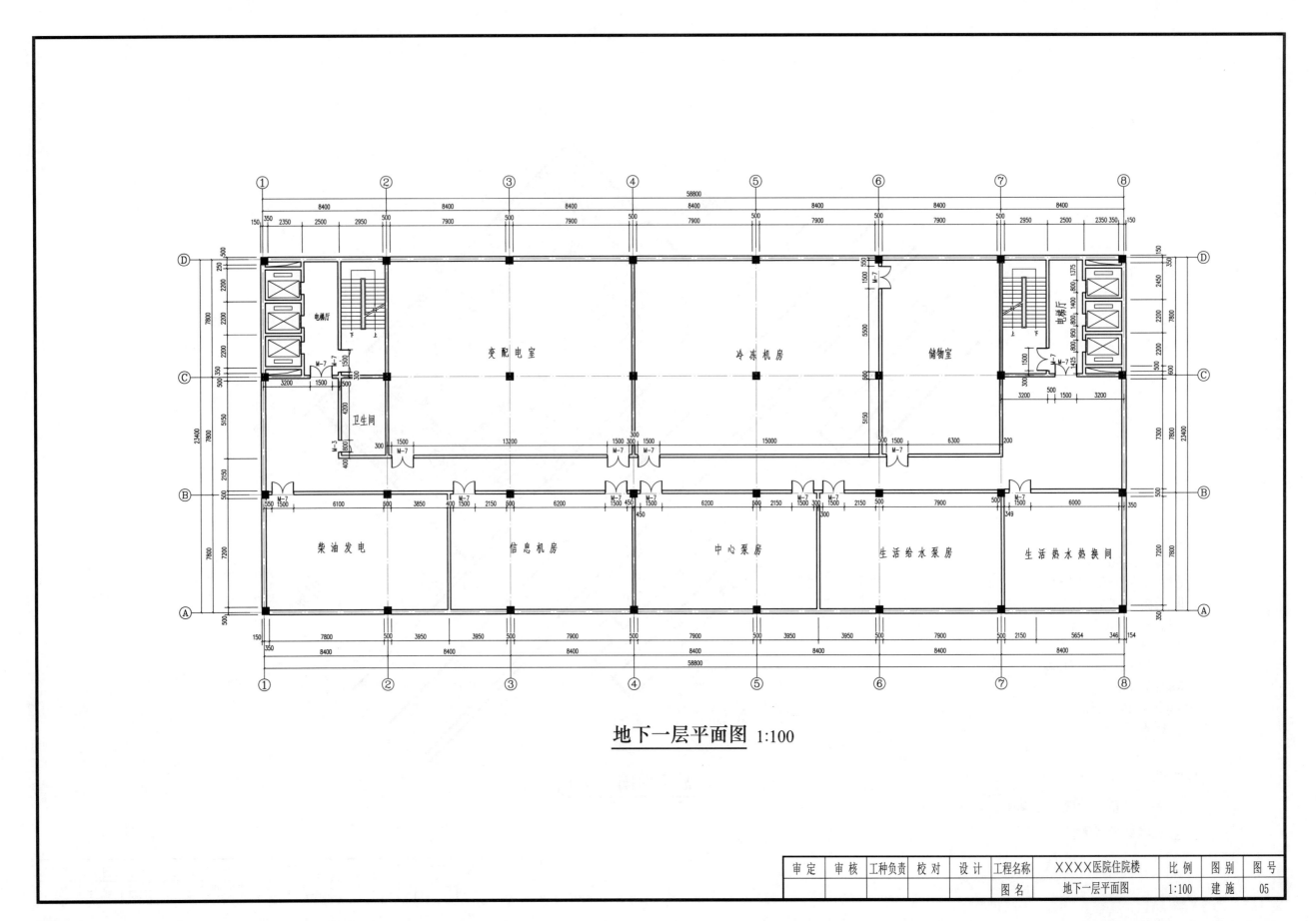

地下一层平面图 1:100

审 定	审 核	工种负责	校 对	设 计	工程名称	XXXX医院住院楼	比 例	图 别	图 号
					图 名	地下一层平面图	1:100	建 施	05

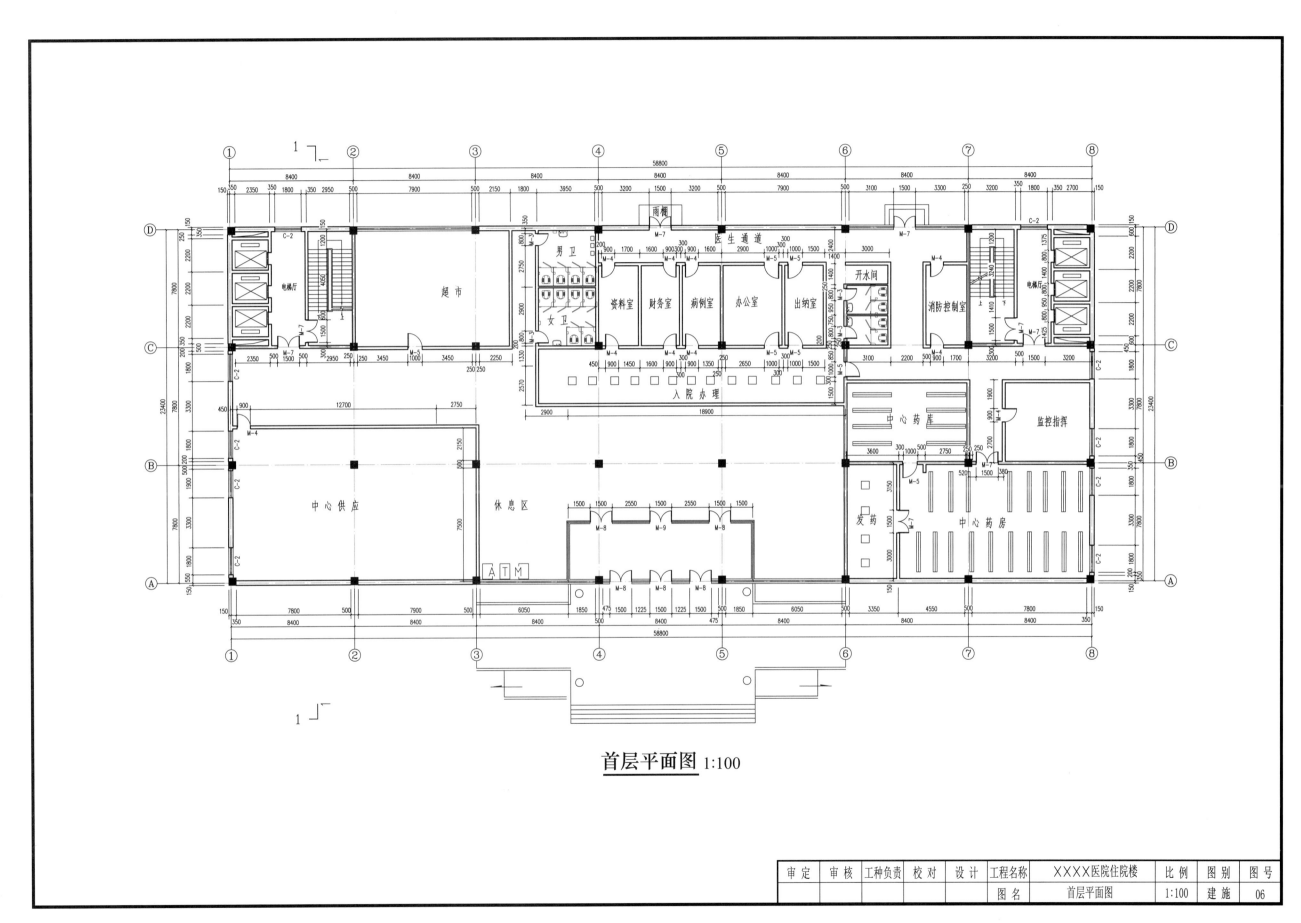

首层平面图 1:100

审 定	审 核	工种负责	校 对	设 计	工程名称	XXXX医院住院楼	比 例	图 别	图 号
					图 名	首层平面图	1:100	建 施	06

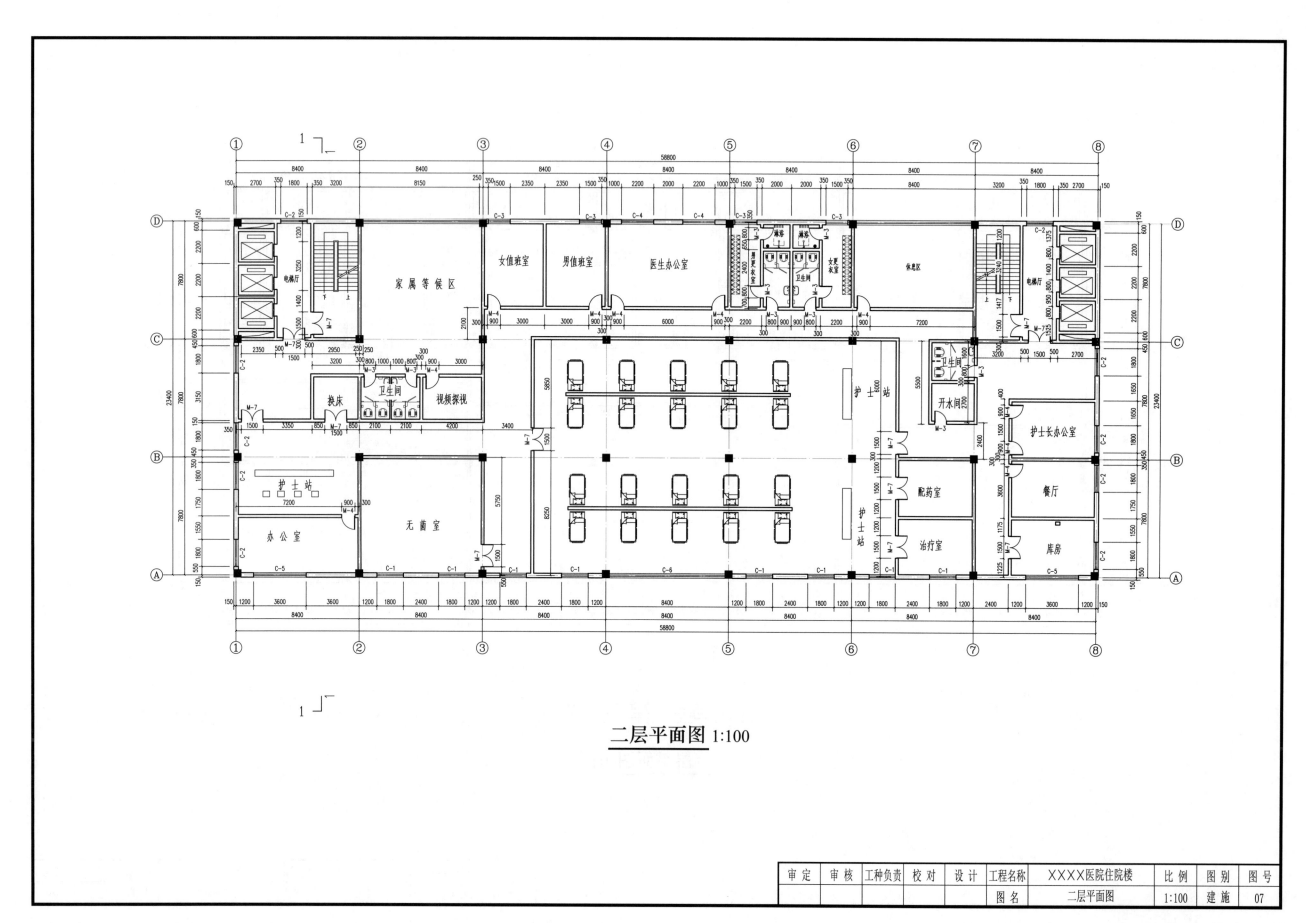

二层平面图 1:100

审定	审核	工种负责	校对	设计	工程名称	XXXX医院住院楼	比例	图别	图号
					图名	二层平面图	1:100	建施	07

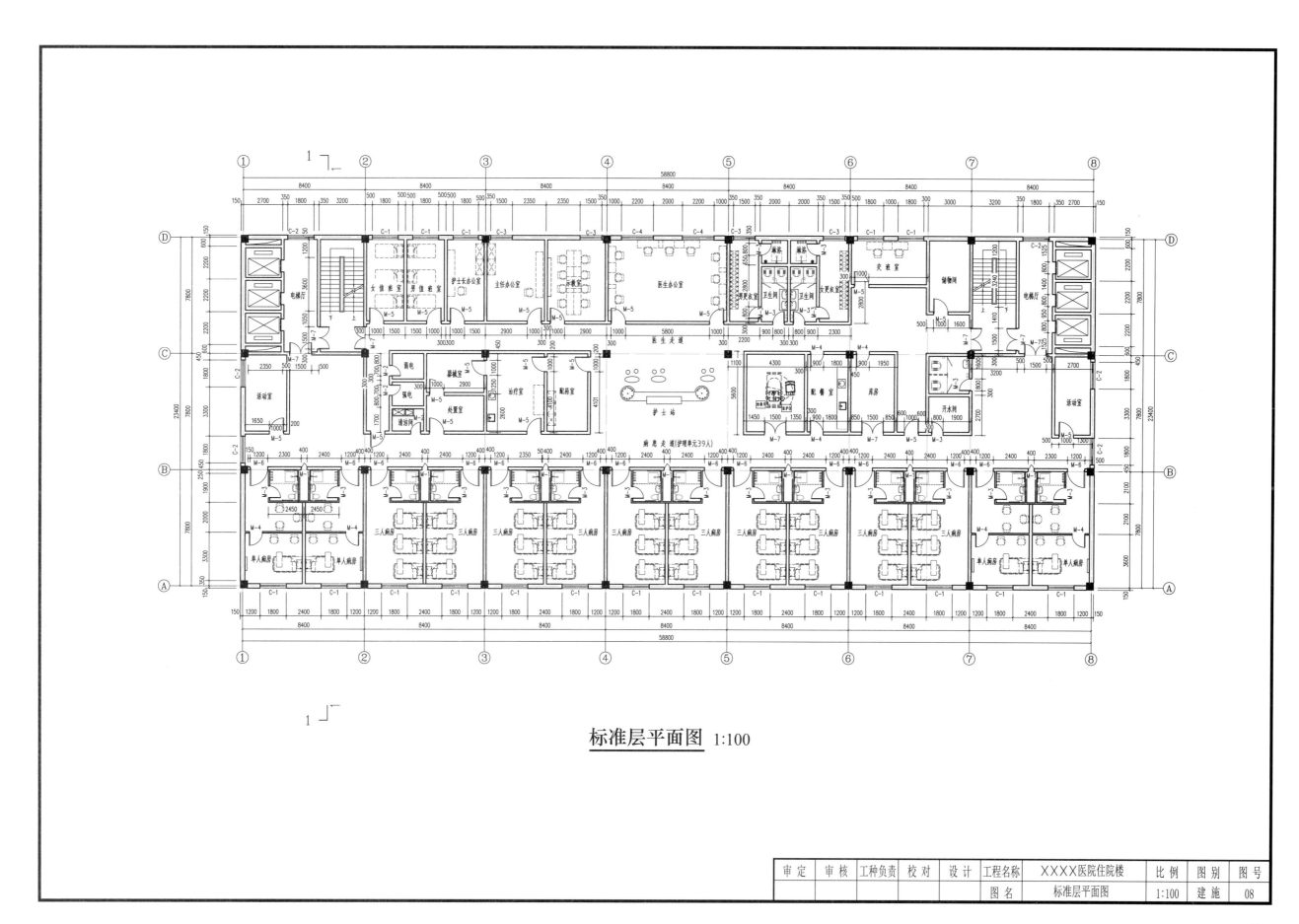

标准层平面图 1:100

审 定	审核	工种负责	校 对	设 计	工程名称	XXXX医院住院楼	比 例	图 别	图 号
					图 名	标准层平面图	1:100	建 施	08

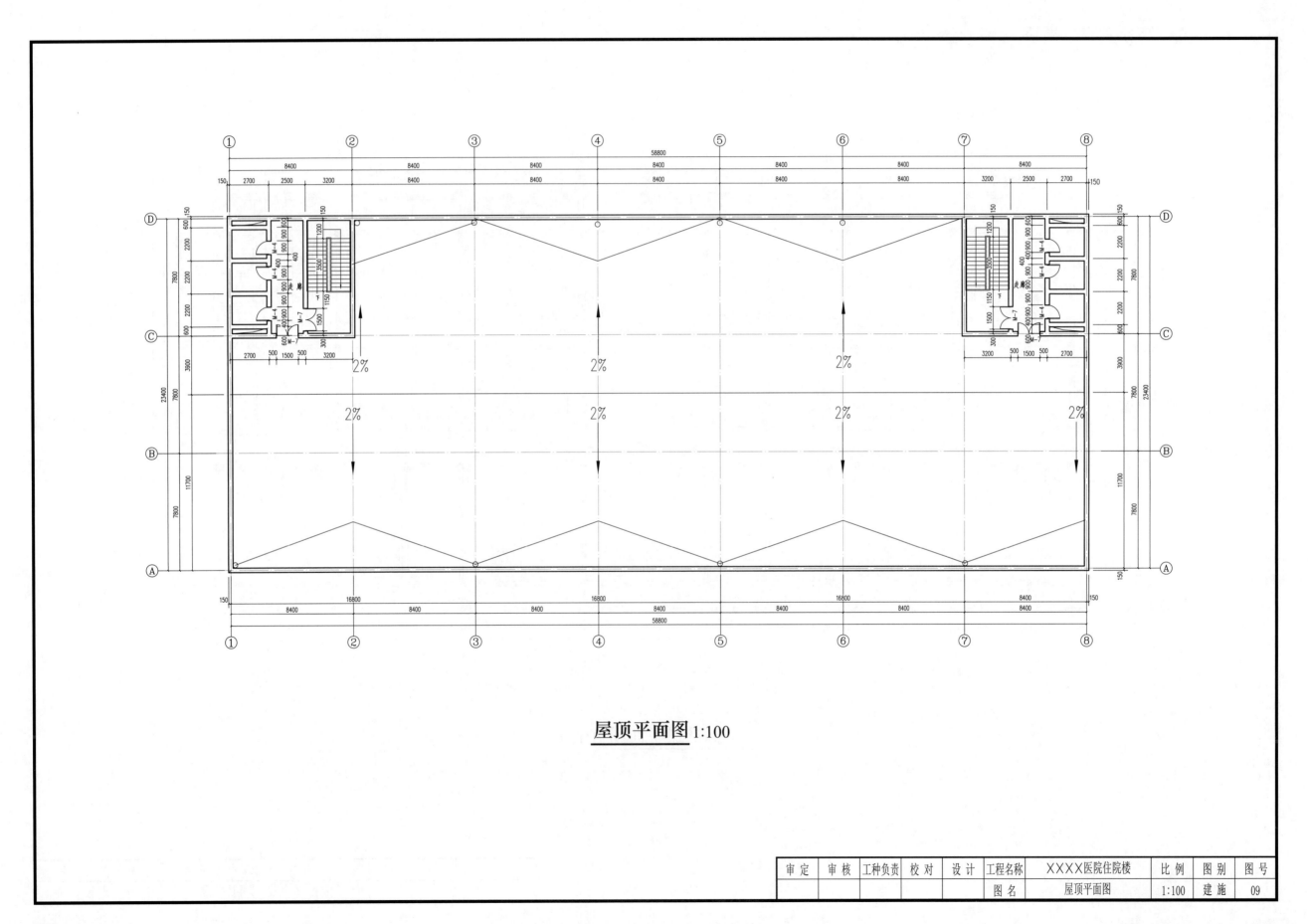

屋顶平面图 1:100

审 定	审 核	工种负责	校 对	设 计	工程名称	XXXX医院住院楼	比 例	图 别	图 号
					图 名	屋顶平面图	1:100	建 施	09

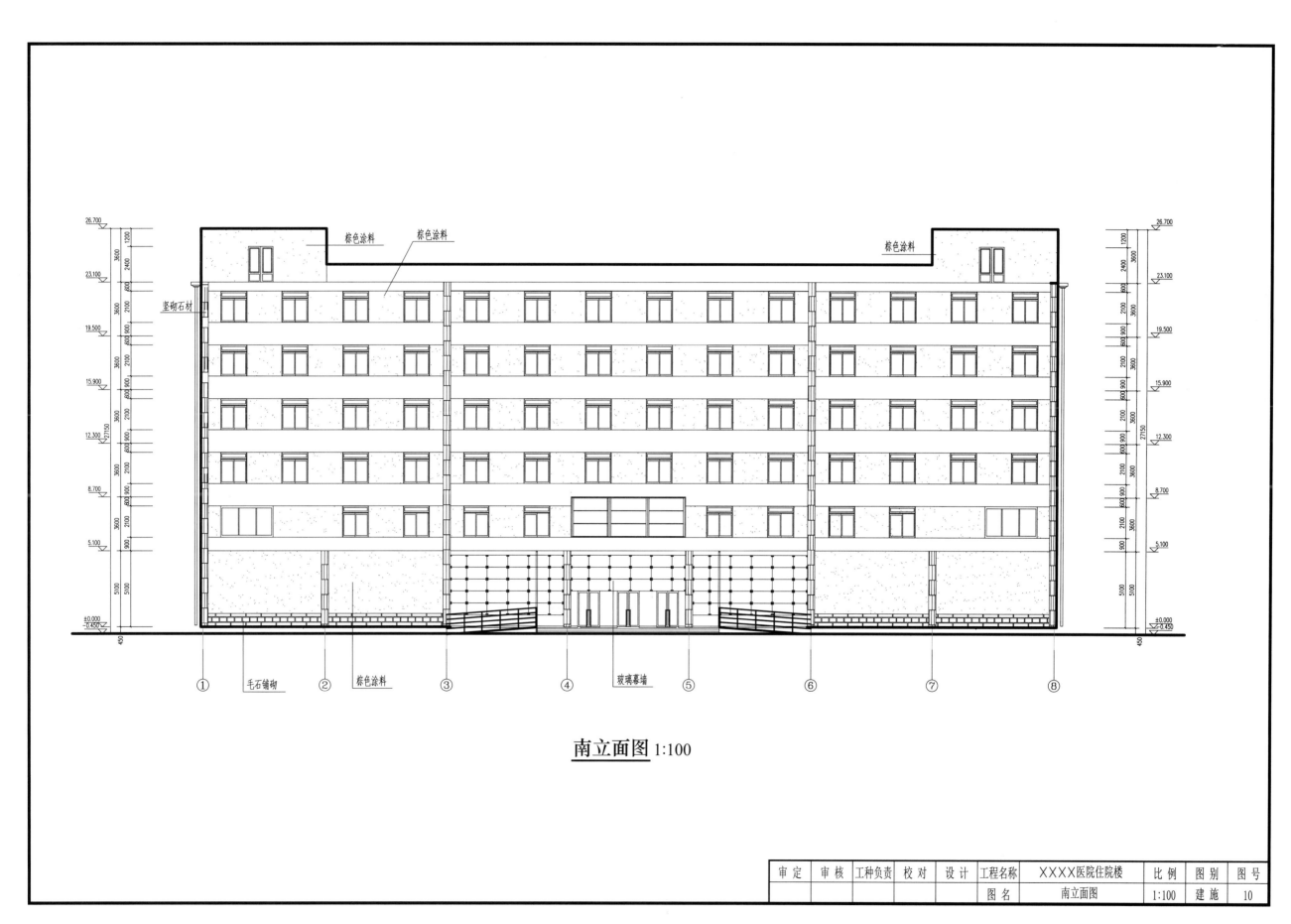

南立面图 1:100

26.700	26.700

棕色涂料　棕色涂料

棕色涂料

竖砌石材

毛石铺砌　棕色涂料　玻璃幕墙

① ② ③ ④ ⑤ ⑥ ⑦ ⑧

审 定	审 核	工种负责	校 对	设 计	工程名称	XXXX医院住院楼	比 例	图 别	图 号
					图 名	南立面图	1:100	建 施	10

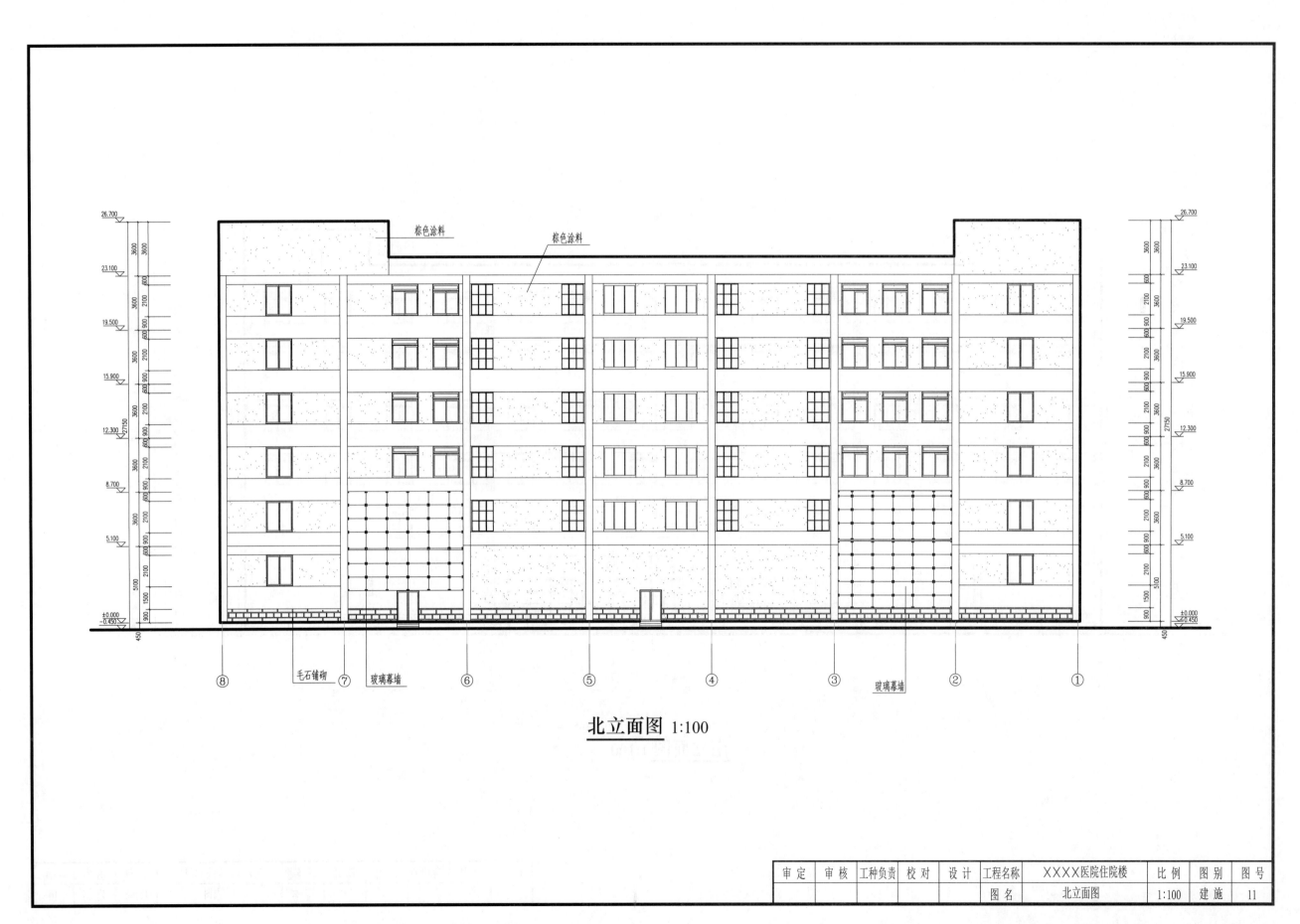

棕色涂料　　棕色涂料

毛石铺砌　玻璃幕墙　　　　　　　　玻璃幕墙

⑧　⑦　⑥　⑤　④　③　②　①

<u>北立面图</u> 1:100

审 定	审 核	工种负责	校 对	设 计	工程名称	XXXX医院住院楼	比 例	图 别	图 号
					图 名	北立面图	1:100	建 施	11

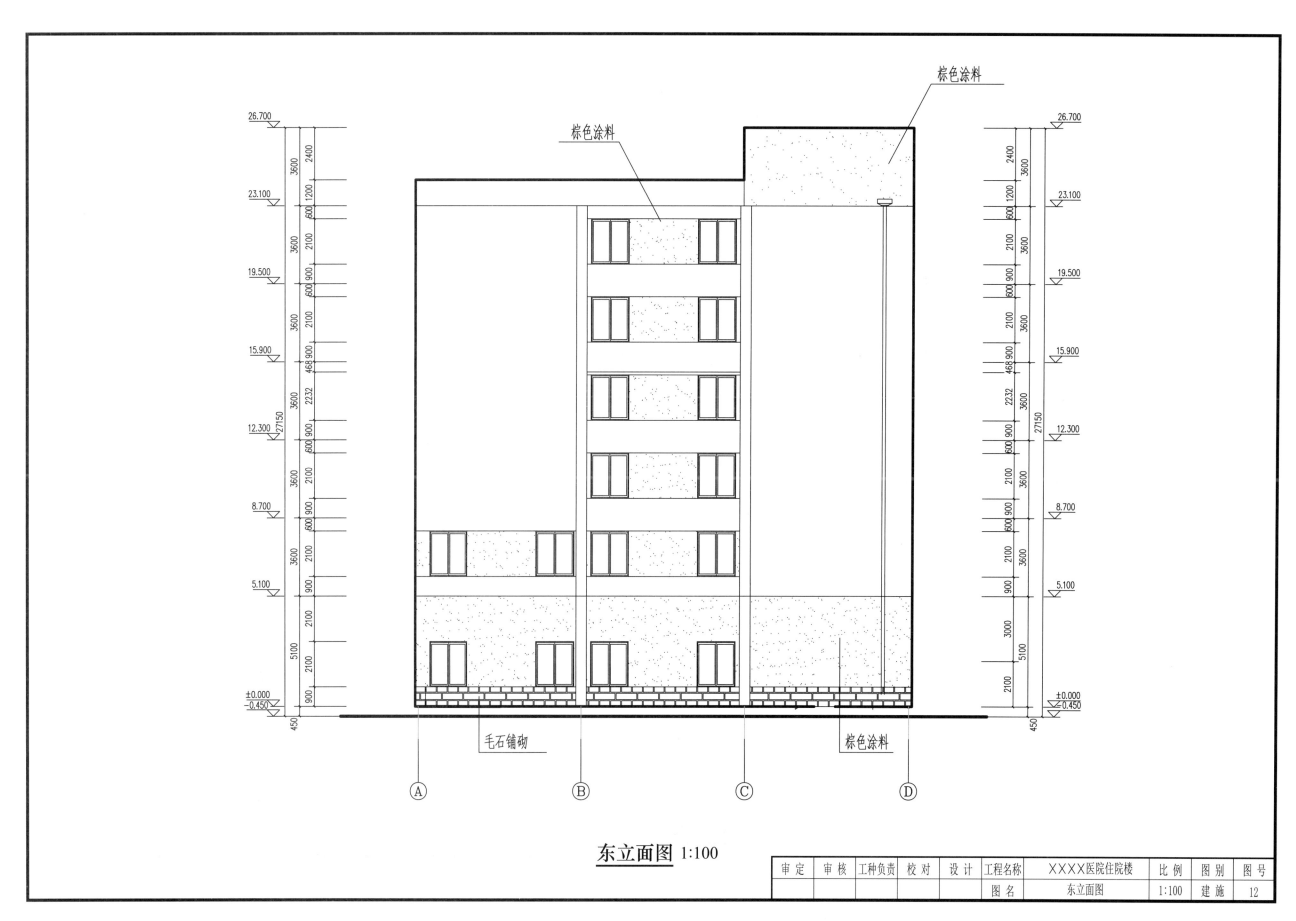

棕色涂料

棕色涂料

26.700

23.100

19.500

15.900

12.300

8.700

5.100

±0.000
-0.450

毛石铺砌

棕色涂料

Ⓐ   Ⓑ   Ⓒ   Ⓓ

东立面图 1:100

审 定	审 核	工种负责	校 对	设 计	工程名称	XXXX医院住院楼	比 例	图 别	图 号
					图 名	东立面图	1:100	建 施	12

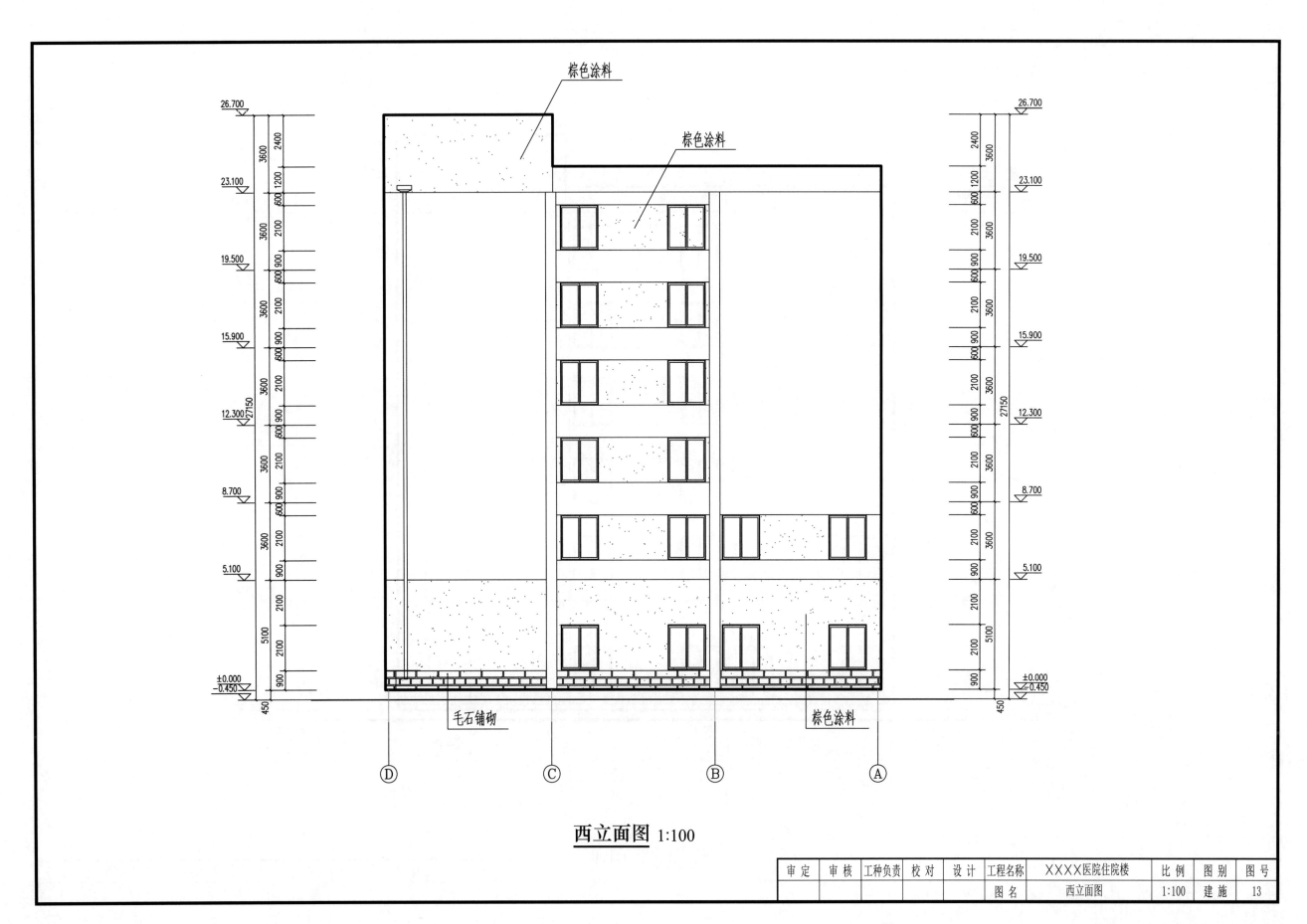

西立面图 1:100

审定	审核	工种负责	校对	设计	工程名称	XXXX医院住院楼	比例	图别	图号
					图名	西立面图	1:100	建施	13

棕色涂料

棕色涂料

毛石铺砌

棕色涂料

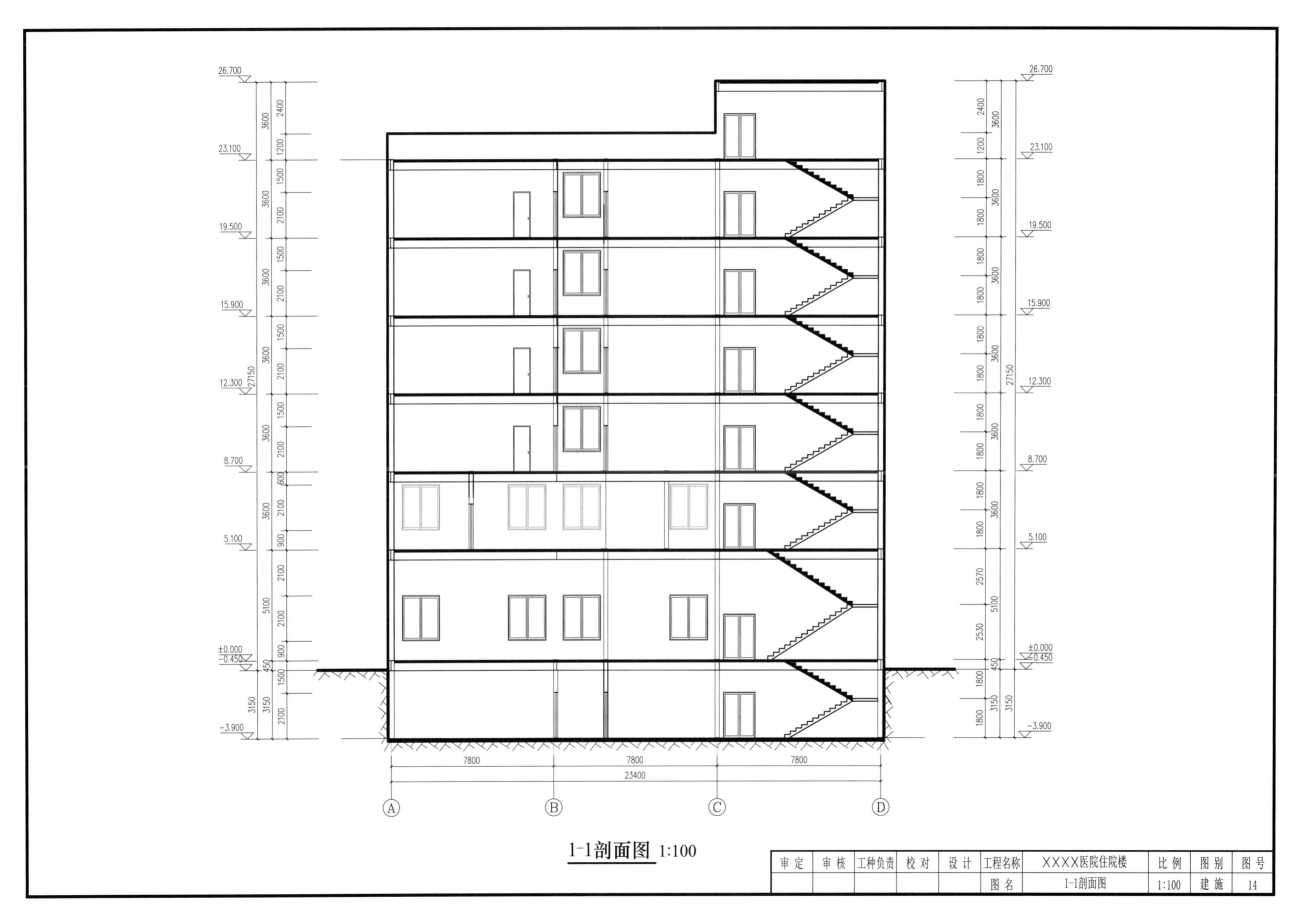

<u>1-1剖面图</u> 1:100

审 定	审 核	工种负责	校 对	设 计	工程名称	XXXX医院住院楼	比 例	图 别	图 号
					图 名	1-1剖面图	1:100	建 施	14

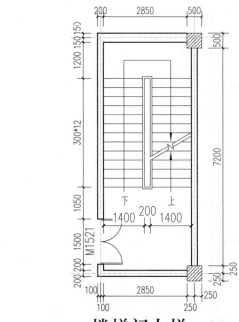

楼梯间大样 1:50

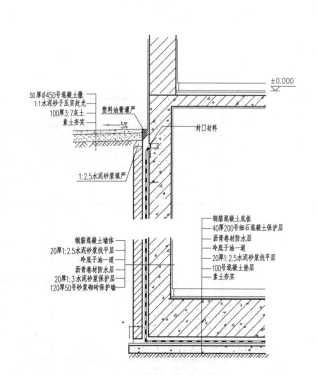

墙身大样 1:20

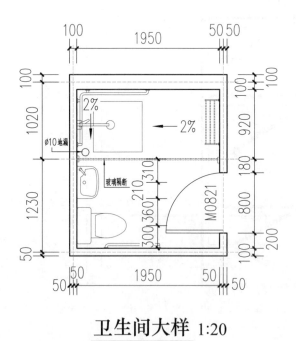

卫生间大样 1:20

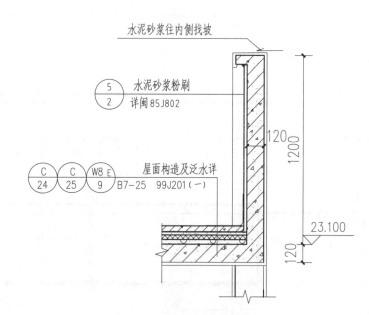

女儿墙大样 1:10

审定	审核	工种负责	校对	设计	工程名称	XXXX医院住院楼	比例	图别	图号
					图名	大样图	1:100	建施	15

2. 结构施工图

	××××建筑设计有限公司 图纸目录				
		建设单位	××××有限公司		
		项目名称	××××住院楼	专业	结构
		项目编号		阶段	施工图
		编 制 人		日期	

序号	图别 图号	图 纸 名 称	图幅	备 注
1	结施-01	结构设计总说明	A1	
2	结施-02	基础板配筋图	A1	
3	结施-03	基础梁配筋图	A1	
4	结施-04	锚栓布置图	A1	
5	结施-05	1层结构平面布置图	A1	
6	结施-06	2~3层结构平面布置图	A1	
7	结施-07	4~5层结构平面布置图	A1	
8	结施-08	6层结构平面布置图	A1	
9	结施-09	压板布置图	A1	
10	结施-10	首层楼板配筋图	A1	
11	结施-11	标准层楼板配筋图	A1	
12	结施-12	立面布置图	A1	
13	结施-13	构件图	A1	
14	结施-14	节点设计图（一）	A1	
15	结施-15	节点设计图（二）	A1	

钢结构设计总说明

一、工程概况
1. 工程地点：本工程位于项目位于北京市朝阳区
2. 结构体系：钢框架—偏心支撑形式
3. 建筑物安全等级：二级
4. 结构重要性系数为1.1
5. 建筑抗震设防分类：乙类
6. 设计使用年限：50年

二、自然条件
1. 风荷载
   基本风压：$W_0=0.45kN/(m×m)$
   地面粗糙度类别：C类
2. 雪荷载
   基本雪压：$S_0=0.4kN/(m×m)$
3. 抗震设计有关参数
   抗震设防烈度：8度
   设计基本地震加速度：0.16g
   设计地震分组：第二组
4. 场地标准冻深：掘察最深钻孔（标高34.63m）未见地下水

三、本工程设计所遵循的标准、规范、规程
1. 《建筑结构可靠度设计统一标准》GB 50068—2018
2. 《建筑结构荷载规范》GB 50009—2012
3. 《钢结构设计标准》GB 50017—2017
4. 《建筑抗震设防分类标准》GB 50223—2008
5. 《建筑抗震设计规范》GB 50011—2010
6. 《钢结构工程施工质量验收规范》GB 50205—2001
7. 《钢结构设计规范》JGB 50661—2011
8. 《钢结构高强度螺栓连接的设计、施工及验收规程》JGJ 82—2011
9. 《建筑地基基础设计规范》GB 50007—2011
10. 《建筑地基设计规范》GB 50010—2010
11. 《混凝土结构工程施工质量验收规范》GB 50204—2002

四、尺寸单位
本工程图纸中的相关尺寸除以米（m）为单位外，其他尺寸均以毫米（mm）为单位。
所有尺寸均以标注为准，不得以比例取图中尺寸。

五、设计采用的活荷载标准值

房间部位	活荷载（标准值）	组合值系数C	准永久值系数Q
屋面	上人屋面 2.0	0.7	0.4
楼面	楼面 2.0	0.7	0.4

六、结构材料
1. 本工程钢结构材料应满足下列材料规范：
   《碳素结构钢》 GB/T 700—2006
   《低合金高强度结构钢》 GB/T 1591—2008
   《钢结构用扭剪型高强螺栓连接副技术条件》 GB/T 3632—2008
   《融化焊用钢丝》 GB/T 14957—1994
   《低合金钢型埋弧焊用焊剂》 GB/T 12470—2003
   《碳钢焊条》 GB/T 5117—95
   《低合金钢焊条》 GB/T 5118—95
   《钢结构防火涂料应用技术规范》 CECS24:90

2. 钢材：
   全部钢材应按现行国家标准和规范保证抗拉强度、伸长率、屈服强度、冷弯实验和碳、硫、磷含量的限值。钢材的抗拉强度实测值与屈服强度实测值的比值不应小于1.2；应有明显的屈服台阶，且伸长率应大于20%；钢材应有良好的可焊性和合格的冲击韧性。
   a. 钢柱：采用Q345B
   b. 主梁：钢号为：Q345B
   c. 次梁：钢号为：Q345B
   d. 钢支撑：钢号为Q345B
   e. 柱脚螺栓：Q345B

3. 螺栓
a. 高强螺栓性能等级为10.9级，扭剪型螺杆及螺母、垫圈应符合《钢结构用扭剪型高强度螺栓连接的技术条件》（GB/T 3632~3633）的规定；大六角型及配套的螺母、垫圈，应符合《钢结构用高强度大六角头螺栓、大六角头螺母、垫圈及技术条件》GB/T 1228~1231的规定。高强度螺栓的设计预拉力值按《钢结构设计标准》GB 50017—2017的规定采用。高强螺栓连接钢材的摩擦面应为喷砂处理，抗滑移系数应为为μ≥.45并应符合《钢结构高强度螺栓连接的设计施工及验收规程》JGJ 82的规定。
b. 普通螺栓采用C级及配套的螺母、垫圈，C级螺栓孔。

4. 锚栓：采用符合现行国家规范标准《低合金高强度结构钢》GB 1591—2018规定的钢材制成。

5. 焊接材料
a. 手工焊采用焊条：
   Q235钢用的焊条型号为E4315、E4316，应符合现行国家标准《碳钢焊条》GB/T 5117的规定；
   Q345钢采用的焊条型号为E5015、E5016，应符合现行国家标准《低合金钢焊条》GB/T 5118的规定。
b. 自动焊或半自动焊接采用的焊丝和焊剂，应与主体金属强度相适应，且其熔敷金属的抗拉强度不应小于相应手工焊的抗拉强度。Q235钢、Q345钢采用的焊丝、焊剂应分别符合《熔化焊用钢丝》GB/T 14957、《气体保护焊用碳钢、低合金钢焊丝》、焊剂应符合《埋弧焊用碳钢焊丝和焊剂》GB/T 5293及《低合金钢埋弧焊用焊剂》GB/T 12470，及《碳钢药芯焊丝》GB/T 10045、《低合金钢药芯焊》GB/T 17493的规定。

c. 焊接质量等级
全熔透焊缝的质量等级均为二级，并应符合与母材等级的要求。全熔透焊缝的端部应设置引弧板，引弧板的材质应与构件相同。手工焊引弧板厚度8mm，焊缝引出长度大于或等于25mm。

6. 防锈漆：底漆拟采用环氧富锌底漆；中间漆根据防火涂料的特性要求确定；面漆用于外露构件，并结合建筑要求确定。

7. 耐火极限与防火涂料：
钢柱采用的防火涂料，耐火极限不应小于3.0h钢梁和钢支撑采用的防火涂料，耐火极限不应小于2.0h和3.0h主要采用厚涂型防火材料。薄型防火材料的采用根据建筑具体要求确定，满型耐火极限的防火涂料厚度应能满足建筑装修厚度要求。采用的防火涂料应通过检验并对消防部门认可。

七、钢结构的加工制作要求
1. 本设计图纸的技术要求系钢结构制作并安装完毕后的最终要求，不包括工艺余量及加工安装偏差。制作安装时应采取必要的措施，使之符合《钢结构工程施工质量验收标准》GB50205。
2. 所用钢材及连接材料必须具有材料力学(机械)性能化学成分合格证明。
3. 工地安装焊接焊缝两侧30~50mm范围暂不涂刷油漆，施焊完毕后应进行质量检查，经合格认可并填写隐蔽验收记录后，方可进行涂装。
4. 钢结构出厂时，厂方应提交产品合格证明，包含：a)变更施工图的文件，b)钢材、连接材料及涂装材料质量证明书和试验报告；c)梁柱制作质量检查验收记录；d)预拼装记录；e)构件及零配件发运清单等。

八、钢结构安装要求：
1. 钢结构的安装必须按施工组织设计进行，先安装柱和梁，并使之保持稳定，在逐次组装其他构件，再最终固定并对处保证结构的稳定稳定，不得在安装时将结构构件做成永久性塑性变形。
2. 钢结构单元及逐次安装过程中，应及时调整消除累计偏差，使安装偏差最小以符合设计要求。任何安装孔不得随意割扩，不得更改螺栓位置。
3. 钢柱安装前，应对全部柱基位置、标高、轴线、地脚锚栓位置，伸出长度等进行检查并验收合格。
4. 凡未注明定位的柱、梁均在轴线中。
5. 柱子在安装完毕后处须将锚栓垫板与柱底板焊牢，锚栓垫板与螺母处处进行点焊，点焊不得损伤锚栓母材。

九、基础：
1. 采用平板式筏板基础，地层从上至下为表层0.6m厚的人工土壤土，以下为粘性土层，标高36.7m以下为卵石层，地基承载力特征值$f_{ak}=280kN/m^2$。
2. 基础筏板厚度700mm，采用C30混凝土，抗渗等级为P8，板下做100mm厚C15素混凝土垫层，伸出底板外100mm。
3. 基础机械开挖至基底标高以300mm，采用人工开挖至基础标高并达到持力层，在各分单位共同验槽后方可进行下一步施工。
4. 基坑开挖时应注意保护地下管网和做好基坑支护，防止塌墙。
5. 具体筏板构造详见图集11G101-3。

十、墙体施工：
墙体采用轻钢龙骨石膏板隔墙，相关节点造如下，具体详见图集07CJ03-1《轻钢龙骨石膏板隔墙、吊顶》以及《防火建筑造图集》07J905-1。

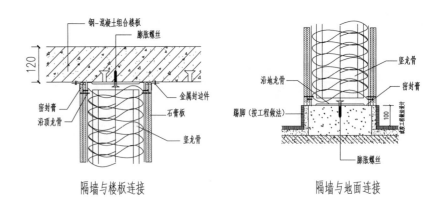

隔墙与楼板连接   隔墙与地面连接

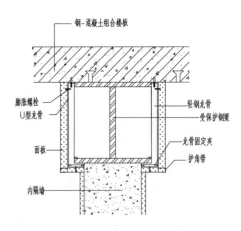

隔墙与钢梁连接

审定	审核	工种负责	校对	设计	工程名称	XXXX医院住院楼	比例	图别	图号
					图名	结构设计总说明	1:100	结施	01

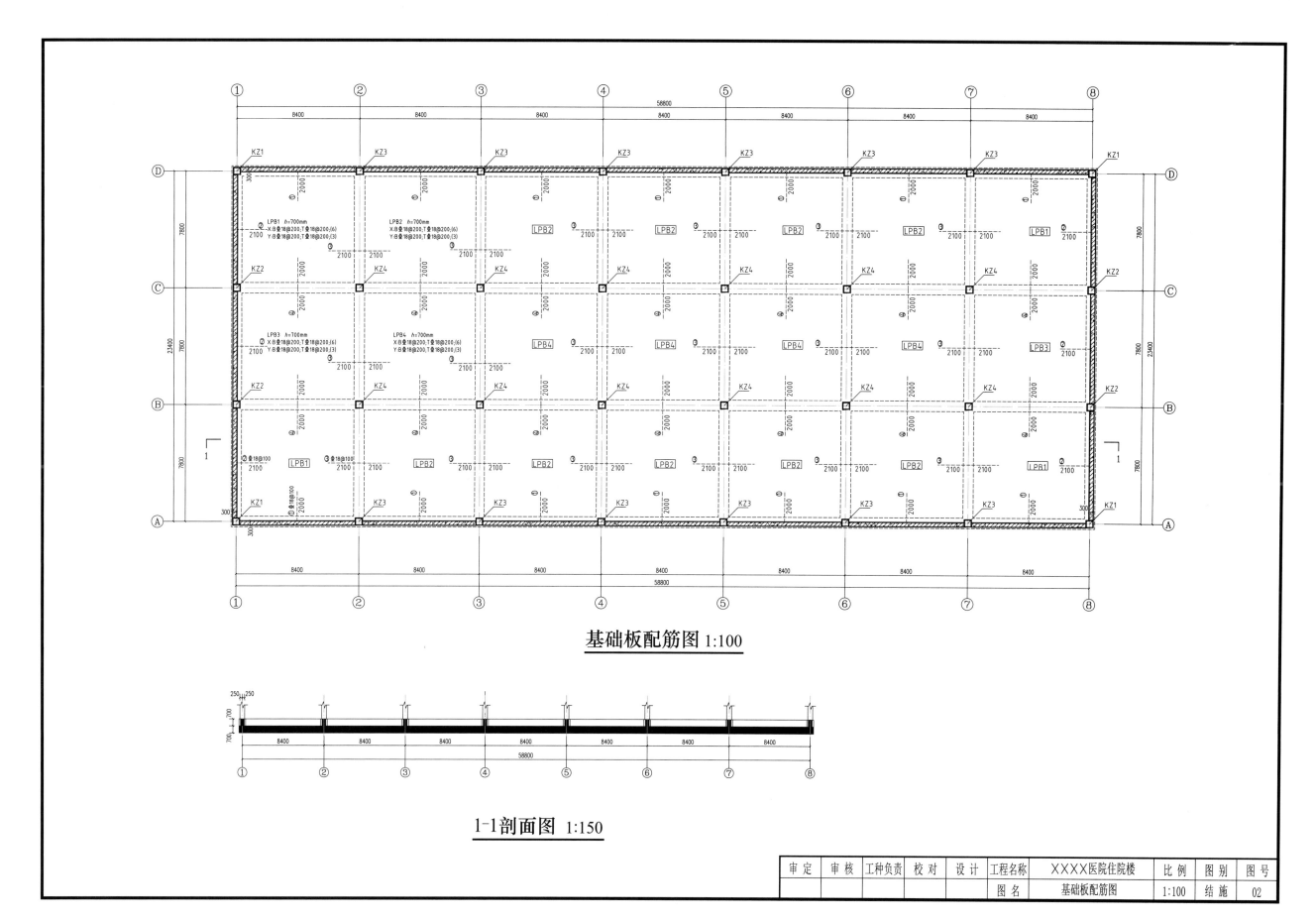

基础板配筋图 1:100

1-1剖面图 1:150

审定	审核	工种负责	校对	设计	工程名称	XXXX医院住院楼	比例	图别	图号
					图名	基础板配筋图	1:100	结施	02

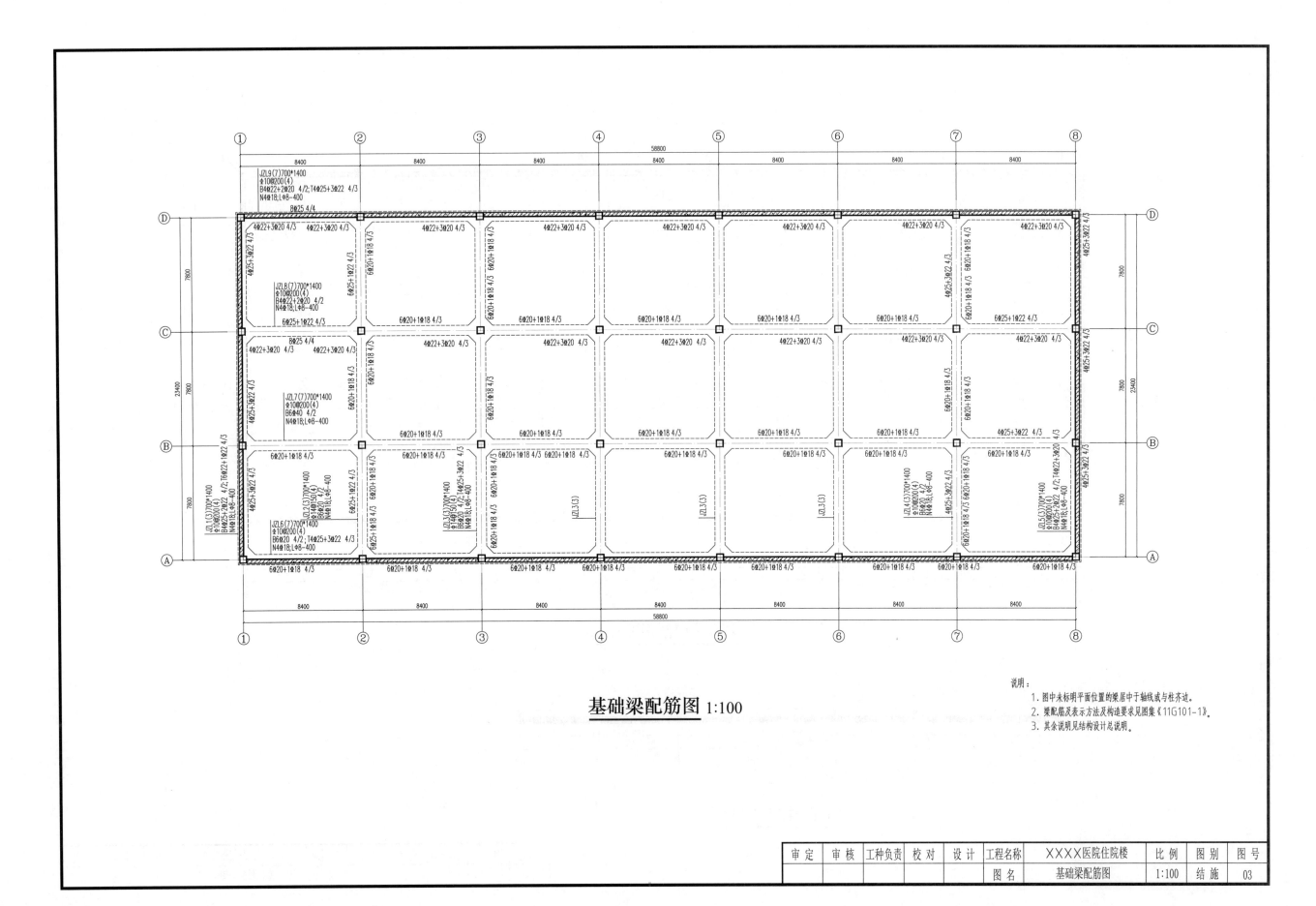

基础梁配筋图 1:100

说明:
1. 图中未标明平面位置的梁居中于轴线或与柱齐边。
2. 梁配筋及表示方法及构造要求见图集《11G101-1》。
3. 其余说明见结构设计总说明。

审定	审核	工种负责	校对	设计	工程名称	XXXX医院住院楼	比例	图别	图号
					图名	基础梁配筋图	1:100	结施	03

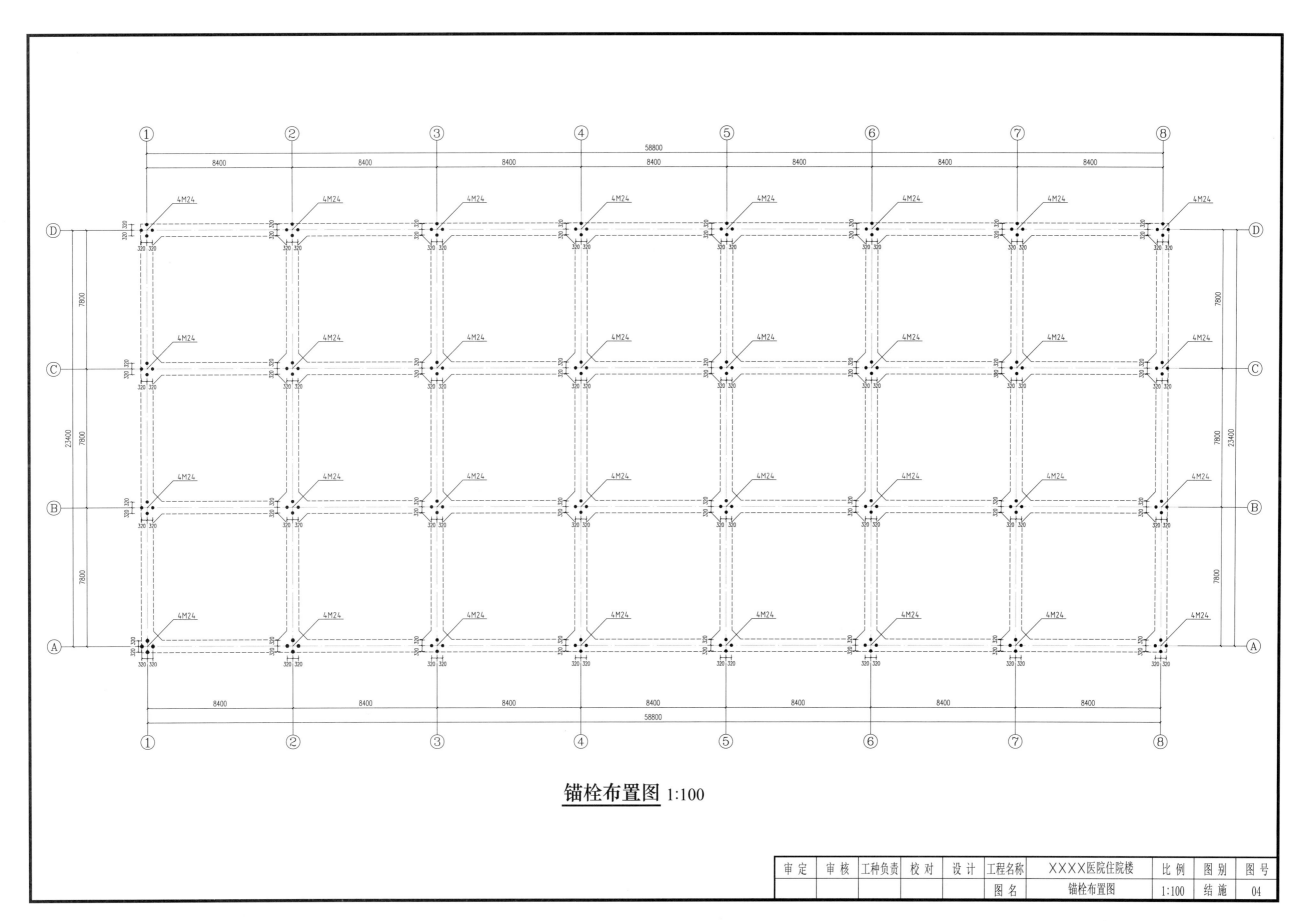

锚栓布置图 1:100

审 定	审核	工种负责	校 对	设 计	工程名称	XXXX医院住院楼	比 例	图 别	图 号
					图 名	锚栓布置图	1:100	结 施	04

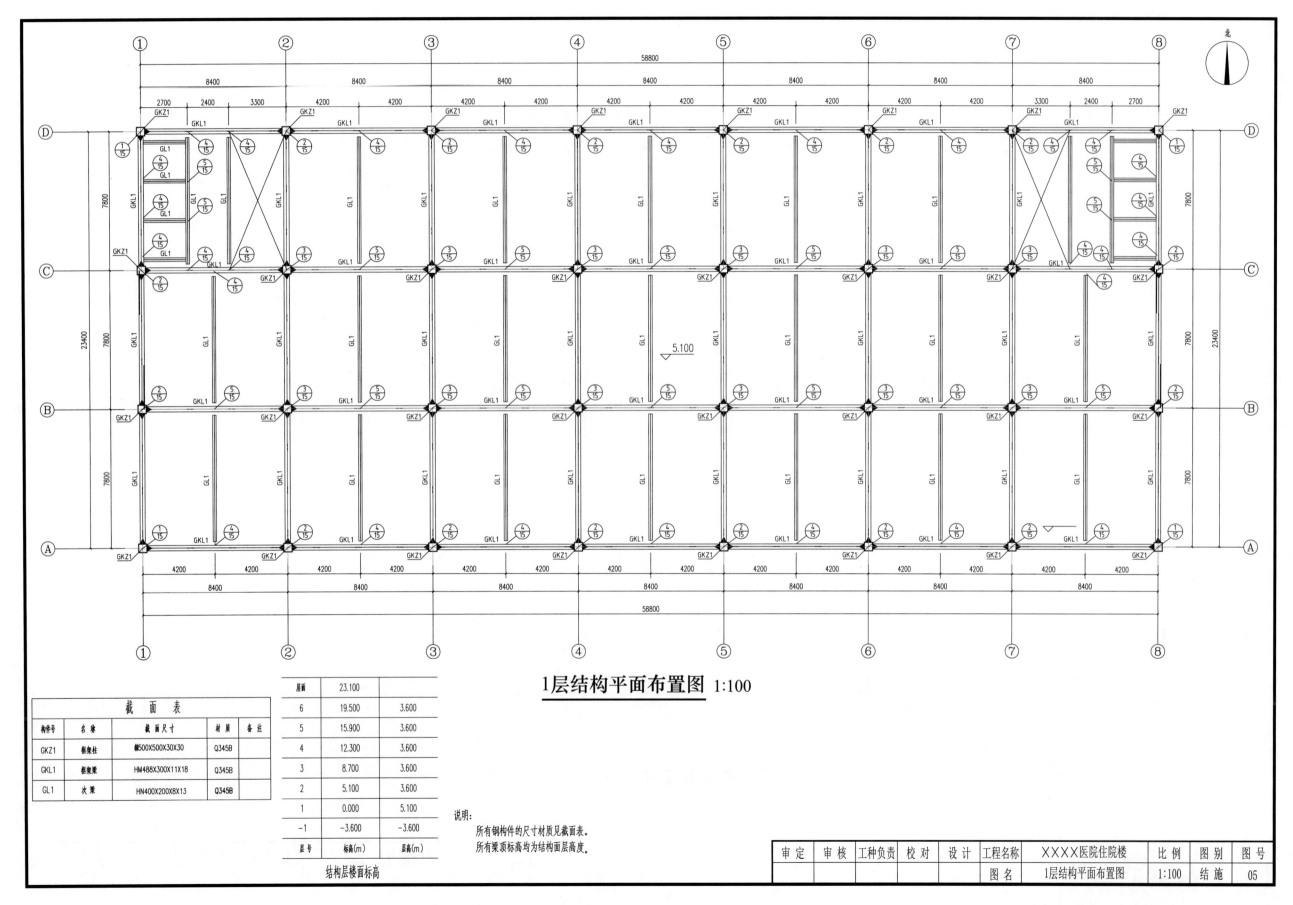

1层结构平面布置图 1:100

截 面 表				
构件号	名 称	截 面 尺 寸	材 质	备 注
GKZ1	框架柱	箱500X500X30X30	Q345B	
GKL1	框架梁	HM488X300X11X18	Q345B	
GL1	次梁	HN400X200X8X13	Q345B	

层号	标高(m)	层高(m)
屋面	23.100	
6	19.500	3.600
5	15.900	3.600
4	12.300	3.600
3	8.700	3.600
2	5.100	3.600
1	0.000	5.100
-1	-3.600	-3.600

结构层楼面标高

说明:
所有钢构件的尺寸材质见截面表。
所有梁顶标高均为结构面层高度。

审定	审核	工种负责	校对	设计	工程名称	XXXX医院住院楼	比例	图别	图号
					图名	1层结构平面布置图	1:100	结施	05

· 114 ·

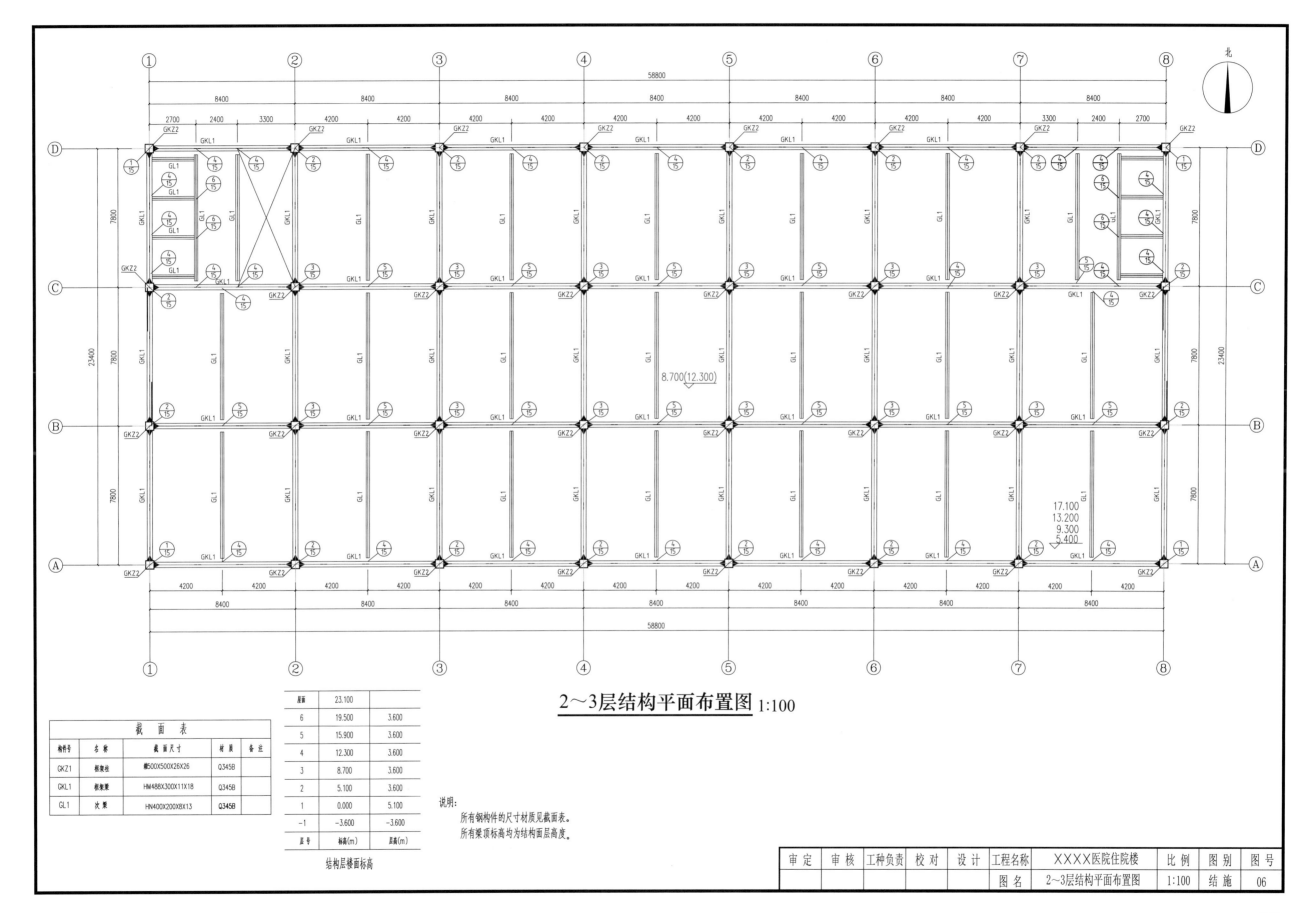

2～3层结构平面布置图 1:100

截面表

构件号	名 称	截面尺寸	材 质	备 注
GKZ1	框架柱	箱500X500X26X26	Q345B	
GKL1	框架梁	HM488X300X11X18	Q345B	
GL1	次 梁	HN400X200X8X13	Q345B	

层号	标高(m)	层高(m)
屋面	23.100	
6	19.500	3.600
5	15.900	3.600
4	12.300	3.600
3	8.700	3.600
2	5.100	3.600
1	0.000	5.100
-1	-3.600	-3.600

结构层楼面标高

说明：
所有钢构件的尺寸材质见截面表。
所有梁顶标高均为结构面层高度。

审定	审核	工种负责	校对	设计	工程名称	XXXX医院住院楼	比例	图别	图号
					图名	2～3层结构平面布置图	1:100	结施	06

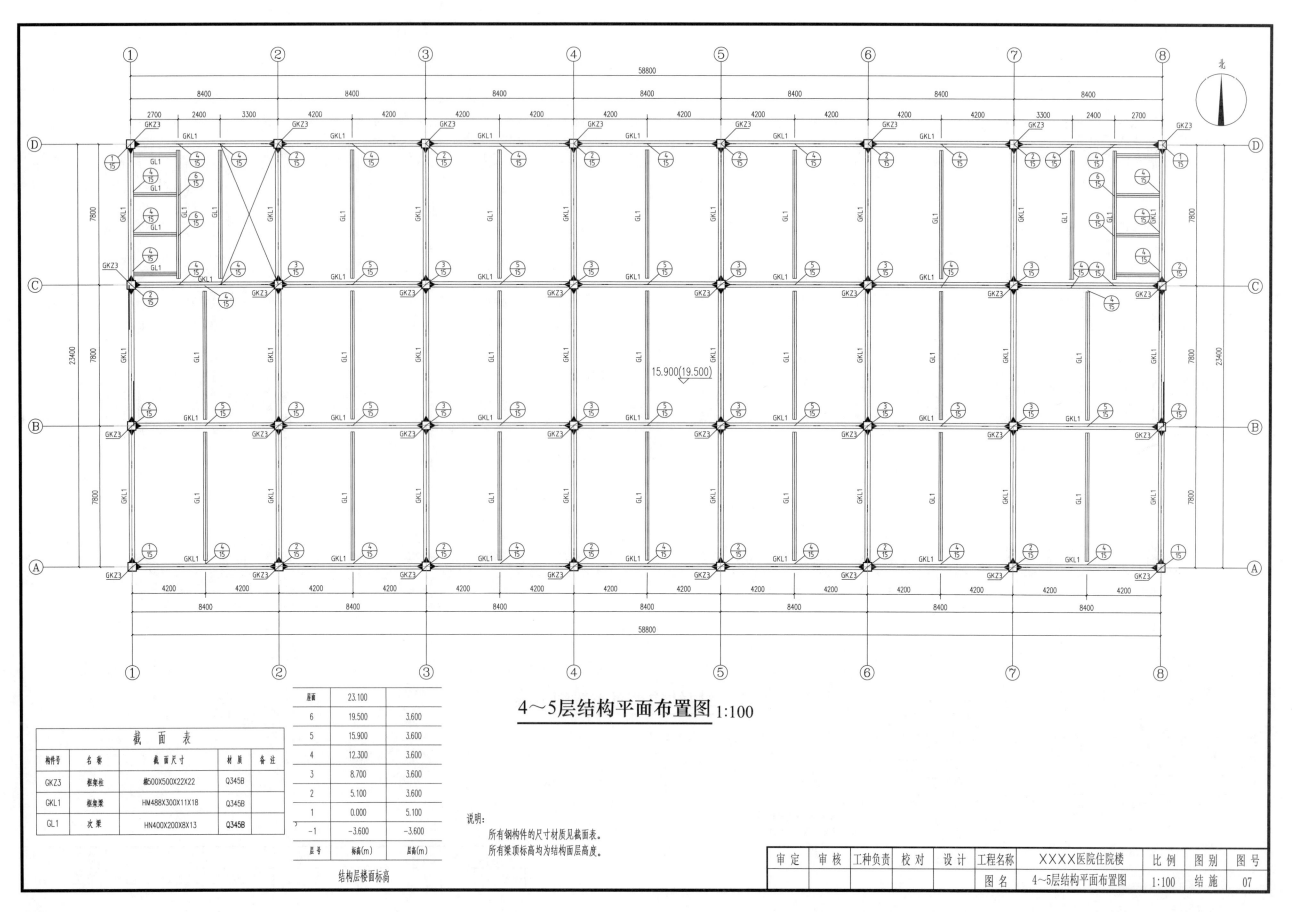

4～5层结构平面布置图 1:100

截 面 表				
构件号	名 称	截 面 尺 寸	材质	备注
GKZ3	框架柱	箱500X500X22X22	Q345B	
GKL1	框架梁	HM488X300X11X18	Q345B	
GL1	次梁	HN400X200X8X13	Q345B	

屋面	23.100	
6	19.500	3.600
5	15.900	3.600
4	12.300	3.600
3	8.700	3.600
2	5.100	3.600
1	0.000	5.100
-1	-3.600	-3.600
层 号	标高(m)	层高(m)

结构层楼面标高

说明:
所有钢构件的尺寸材质见截面表。
所有梁顶标高均为结构面层高度。

审 定	审 核	工种负责	校 对	设 计	工程名称	XXXX医院住院楼	比 例	图别	图号
					图 名	4～5层结构平面布置图	1:100	结施	07

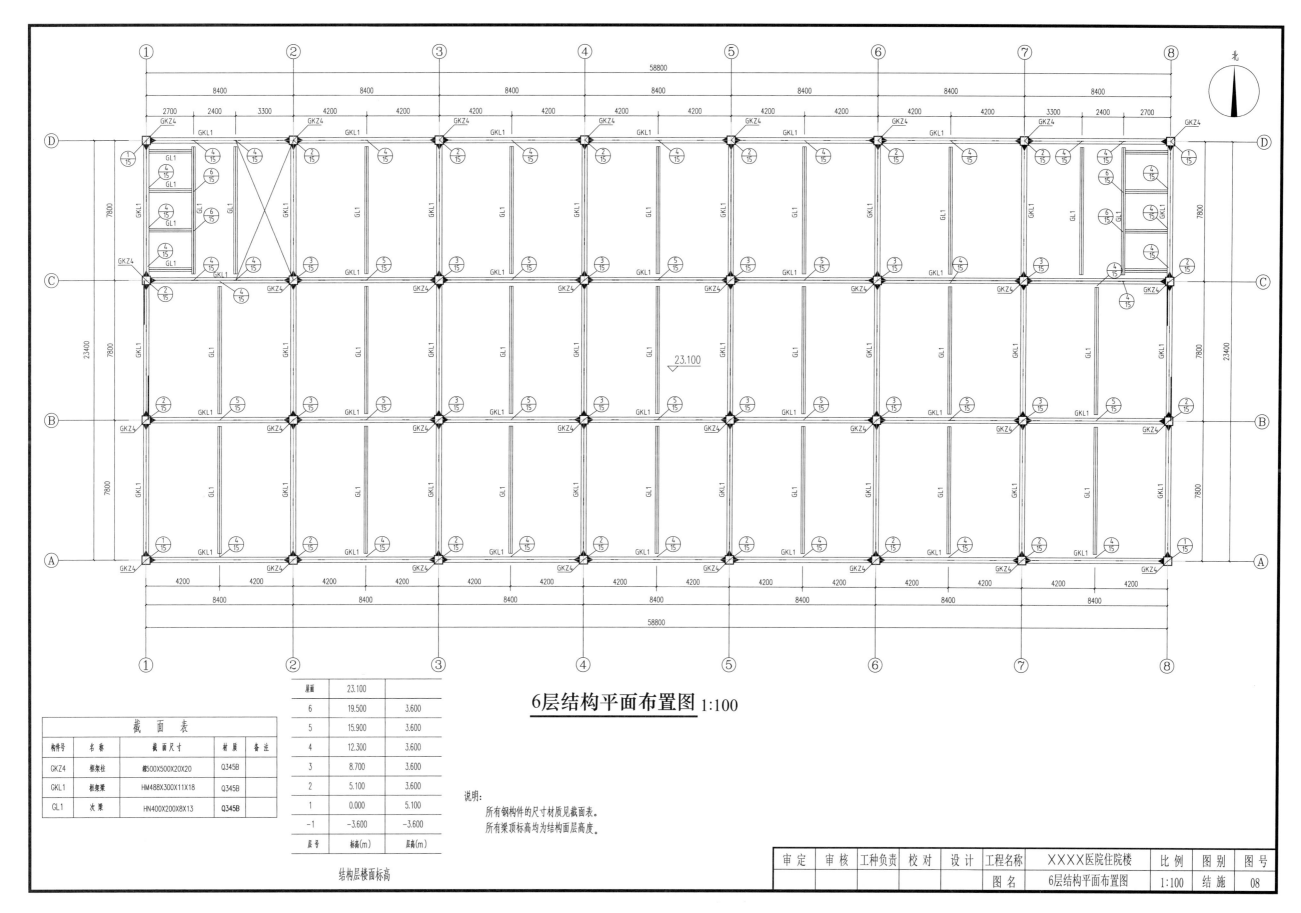

6层结构平面布置图 1:100

截 面 表				
构件号	名 称	截 面 尺 寸	材 质	备 注
GKZ4	框架柱	箱500X500X20X20	Q345B	
GKL1	框架梁	HM488X300X11X18	Q345B	
GL1	次梁	HN400X200X8X13	Q345B	

层号	标高(m)	层高(m)
屋面	23.100	
6	19.500	3.600
5	15.900	3.600
4	12.300	3.600
3	8.700	3.600
2	5.100	3.600
1	0.000	5.100
-1	-3.600	-3.600

结构层楼面标高

说明:
所有钢构件的尺寸材质见截面表。
所有梁顶标高均为结构面层高度。

审 定	审 核	工种负责	校 对	设 计	工程名称	XXXX医院住院楼	比 例	图 别	图 号
					图 名	6层结构平面布置图	1:100	结 施	08

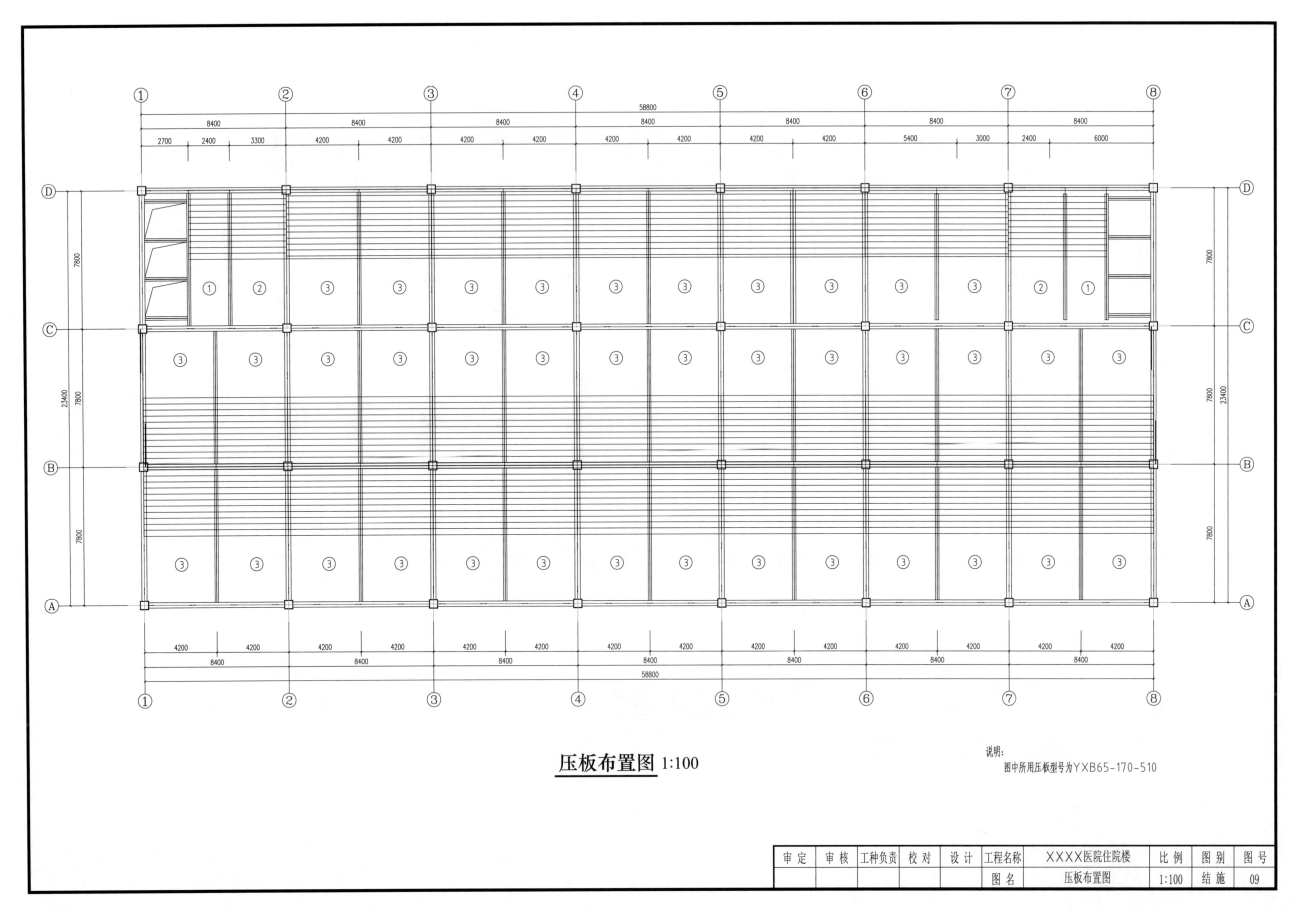

压板布置图 1:100

说明:
图中所用压板型号为YXB65-170-510

审 定	审 核	工种负责	校 对	设 计	工程名称	XXXX医院住院楼	比 例	图 别	图 号
					图 名	压板布置图	1:100	结 施	09

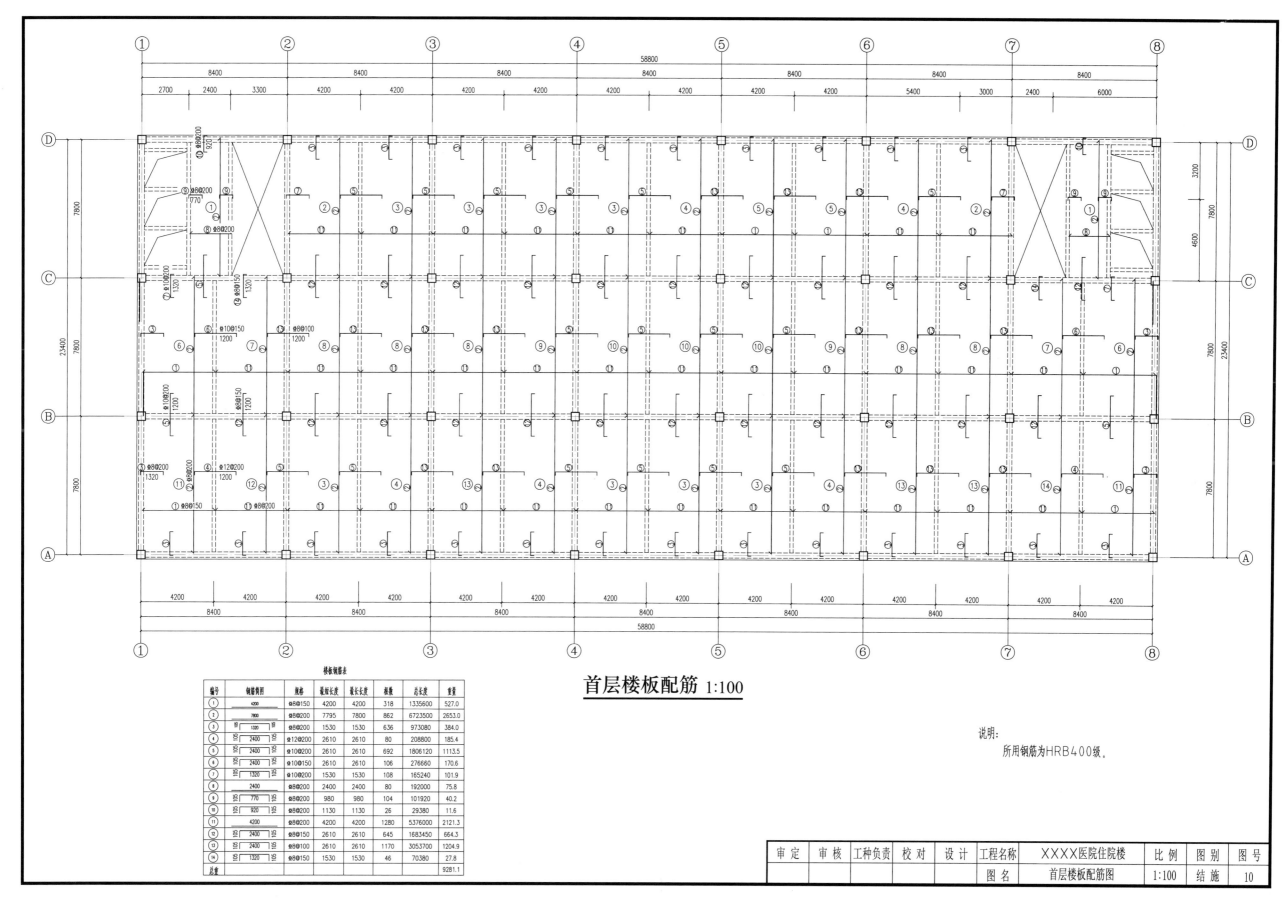

首层楼板配筋 1:100

说明:
所用钢筋为HRB400级。

楼板钢筋表

编号	钢筋简图	规格	最短长度	最长长度	根数	总长度	重量
①	4200	φ8@150	4200	4200	318	1335600	527.0
②	7800	φ8@200	7795	7800	862	6723500	2653.0
③	1320	φ8@200	1530	1530	636	973080	384.0
④	2400	φ12@200	2610	2610	80	208800	185.4
⑤	2400	φ10@200	2610	2610	692	1806120	1113.5
⑥	2400	φ10@150	2610	2610	106	276660	170.6
⑦	1320	φ10@200	1530	1530	108	165240	101.9
⑧	2400	φ8@200	2400	2400	80	192000	75.8
⑨	770	φ8@200	980	980	104	101920	40.2
⑩	920	φ8@200	1130	1130	26	29380	11.6
⑪	4200	φ8@200	4200	4200	1280	5376000	2121.3
⑫	2400	φ8@150	2610	2610	645	1683450	664.3
⑬	2400	φ8@100	2610	2610	1170	3053700	1204.9
⑭	1320	φ8@150	1530	1530	46	70380	27.8
总重							9281.1

审定	审核	工种负责	校对	设计	工程名称	XXXX医院住院楼	比例	图别	图号
					图名	首层楼板配筋图	1:100	结施	10

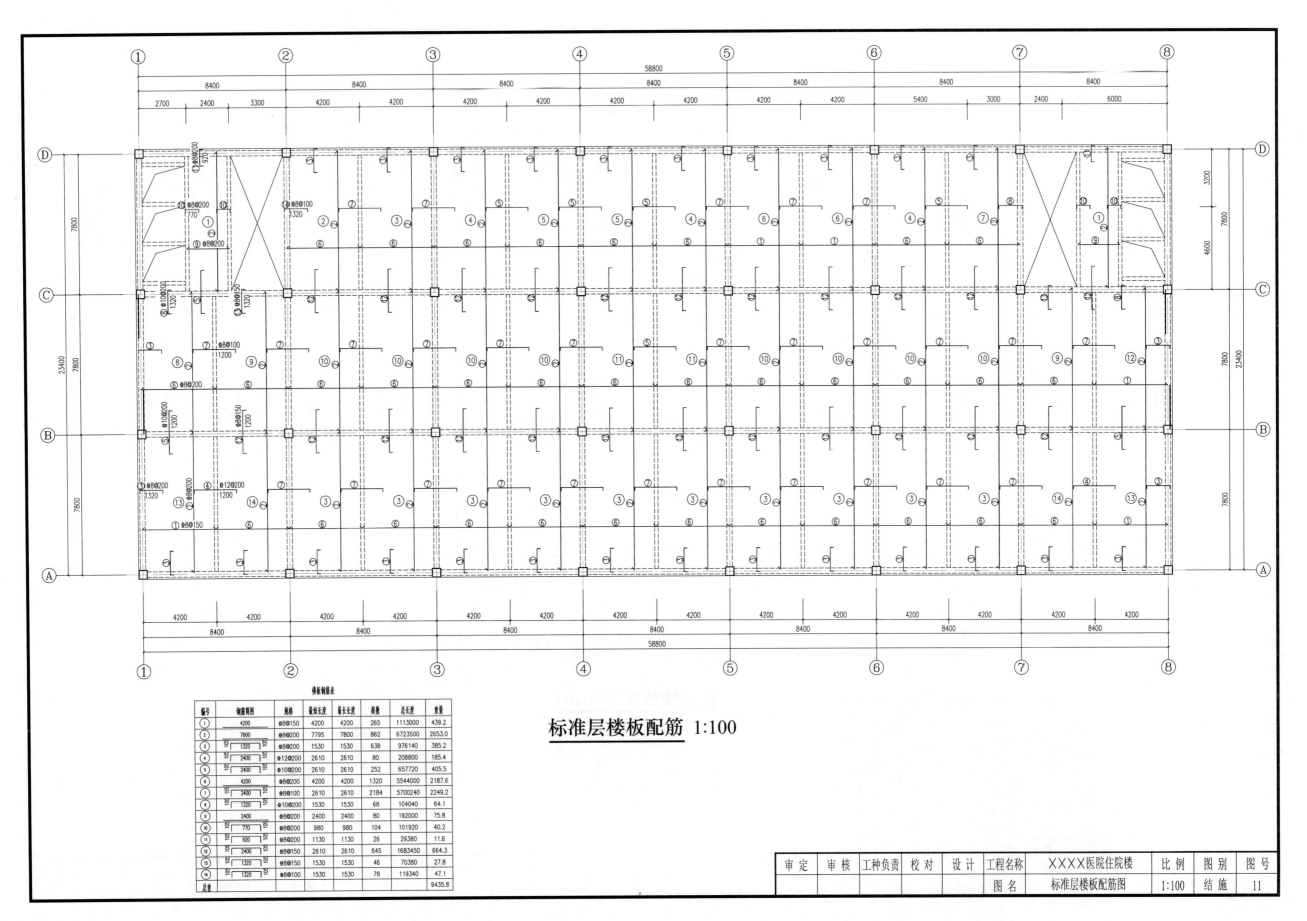

标准层楼板配筋 1:100

楼板钢筋表

编号	钢筋简图	规格	最短长度	最长长度	根数	总长度	重量
①	4200	Φ8@150	4200	4200	265	1113000	439.2
②	7800	Φ8@200	7795	7800	862	6723500	2653.0
③	1320	Φ8@200	1530	1530	638	976140	385.2
④	2400	Φ12@200	2610	2610	80	208800	185.4
⑤	2400	Φ10@200	2610	2610	252	657720	405.5
⑥	4200	Φ8@200	4200	4200	1320	5544000	2187.6
⑦	2400	Φ8@100	2610	2610	2184	5700240	2249.2
⑧	1320	Φ10@200	1530	1530	68	104040	64.1
⑨	2400	Φ8@200	2400	2400	80	192000	75.8
⑩	770	Φ8@200	980	980	104	101920	40.2
⑪	920	Φ8@200	1130	1130	26	29380	11.6
⑫	2400	Φ8@150	2610	2610	645	1683450	664.3
⑬	1320	Φ8@150	1530	1530	46	70380	27.8
⑭	1320	Φ8@100	1530	1530	78	119340	47.1
总重							9435.8

审定	审核	工种负责	校对	设计	工程名称	XXXX医院住院楼	比例	图别	图号
					图名	标准层楼板配筋图	1:100	结施	11

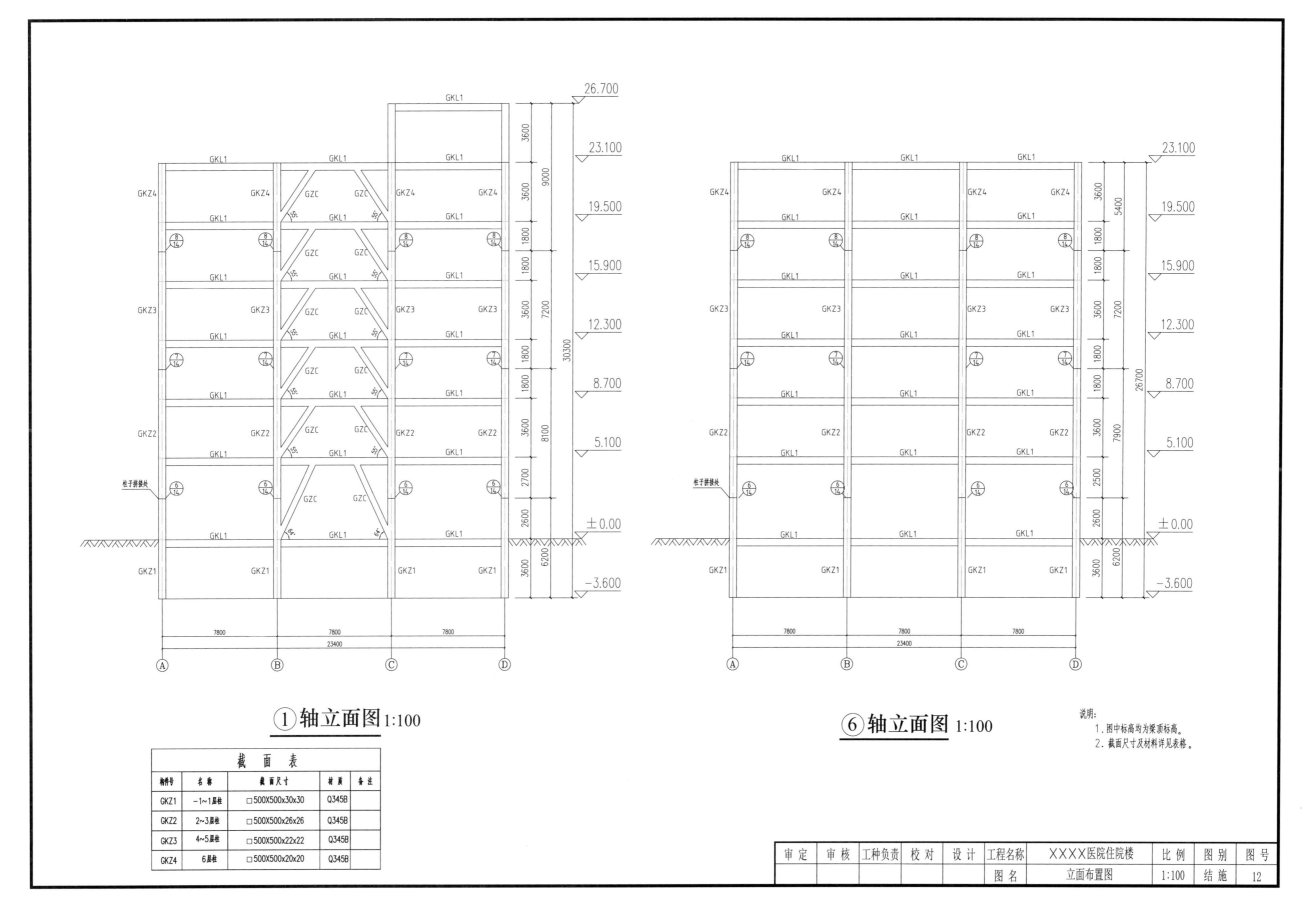

① 轴立面图 1:100

⑥ 轴立面图 1:100

截 面 表				
构件号	名 称	截面尺寸	材 质	备注
GKZ1	-1~1层柱	□500X500x30x30	Q345B	
GKZ2	2~3层柱	□500X500x26x26	Q345B	
GKZ3	4~5层柱	□500X500x22x22	Q345B	
GKZ4	6层柱	□500X500x20x20	Q345B	

说明:
1. 图中标高均为梁顶标高。
2. 截面尺寸及材料详见表格。

审 定	审 核	工种负责	校 对	设 计	工程名称	XXXX医院住院楼	比 例	图 别	图 号
					图 名	立面布置图	1:100	结 施	12

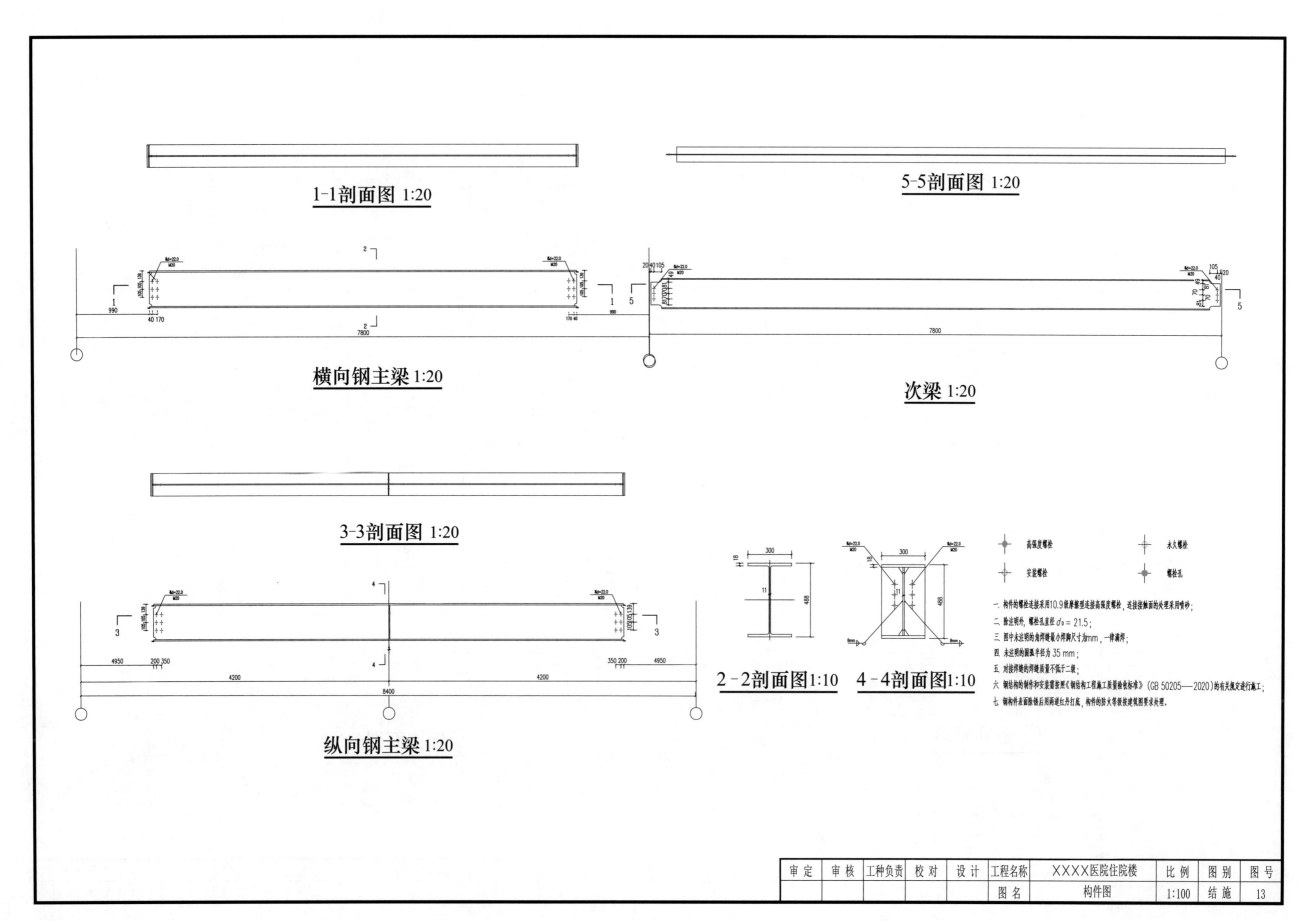

1-1剖面图 1:20

5-5剖面图 1:20

横向钢主梁 1:20

次梁 1:20

3-3剖面图 1:20

纵向钢主梁 1:20

2-2剖面图 1:10

4-4剖面图 1:10

一、构件的螺栓连接采用10.9级摩擦型连接高强度螺栓，连接接触面的处理采用喷砂；
二、除注明外，螺栓孔直径 d_0 = 21.5；
三、图中未注明的角焊缝最小焊脚尺寸为mm，一律满焊；
四、未注明的圆弧半径为 35 mm；
五、对接焊缝的焊缝质量不低于二级；
六、钢结构的制作和安装按照《钢结构工程施工质量验收标准》(GB 50205—2020)的有关规定进行施工；
七、钢构件表面除锈后两遍红丹打底，构件的防火等级按建筑要求处理。

审 定	审 核	工种负责	校 对	设 计	工程名称	XXXX医院住院楼	比 例	图 别	图 号
					图 名	构件图	1:100	结 施	13

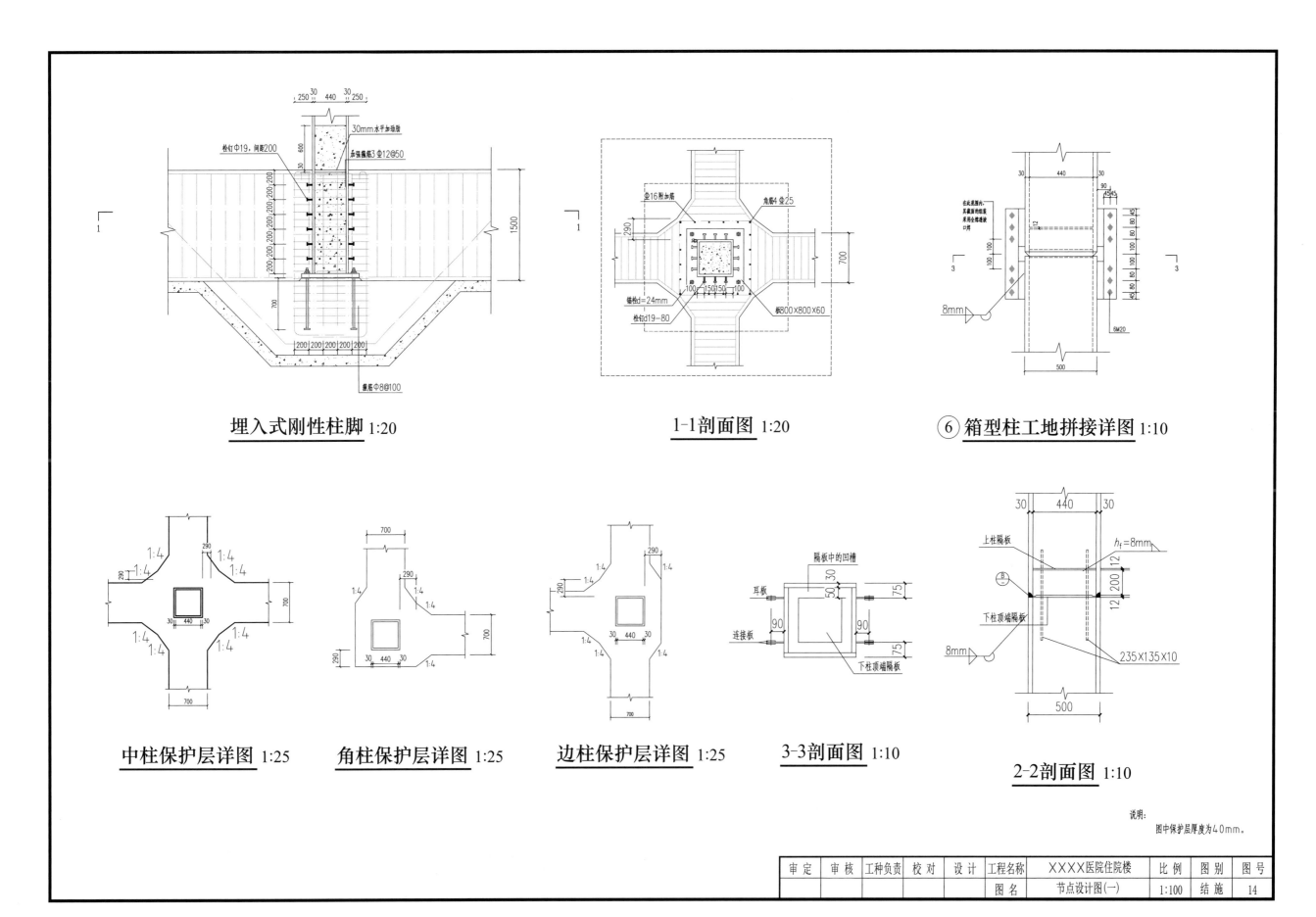

埋入式刚性柱脚 1:20

250 30 440 30 250
30mm水平加劲板
栓钉Φ19，间距200
加强箍筋3Φ12@50
200 200 200 200 200 200 200
200 200 200 200 200
箍筋Φ8@100
1500
700
600
30

1-1剖面图 1:20

Φ16附加筋
角筋4Φ25
290
100 150 150 100
锚栓d=24mm
栓钉d19-80
板800×800×60
700

⑥ 箱型柱工地拼接详图 1:10

30 440 30
90
45 45
12
100 100
8mm
6M20
500
在此范围内，
其余截面的柱题
采用全熔透接
口焊

中柱保护层详图 1:25

700
290
1:4 1:4
290
1:4 1:4
1:4 1:4
1:4 1:4
30 440 30
700
700

角柱保护层详图 1:25

700
290
1:4
1:4
290
1:4
30 440 30 1:4
700
700

边柱保护层详图 1:25

290
1:4 1:4
290
1:4
30 440 30
1:4

3-3剖面图 1:10

隔板中的凹槽
耳板
连接板
下柱顶端隔板
50 30
75
90 90
75

2-2剖面图 1:10

30 440 30
上柱隔板
h_t=8mm
12
12 200
下柱顶端隔板
8mm
235×135×10
500

说明：
图中保护层厚度为40mm。

审定	审核	工种负责	校对	设计	工程名称	XXXX医院住院楼	比例	图别	图号
					图名	节点设计图(一)	1:100	结施	14

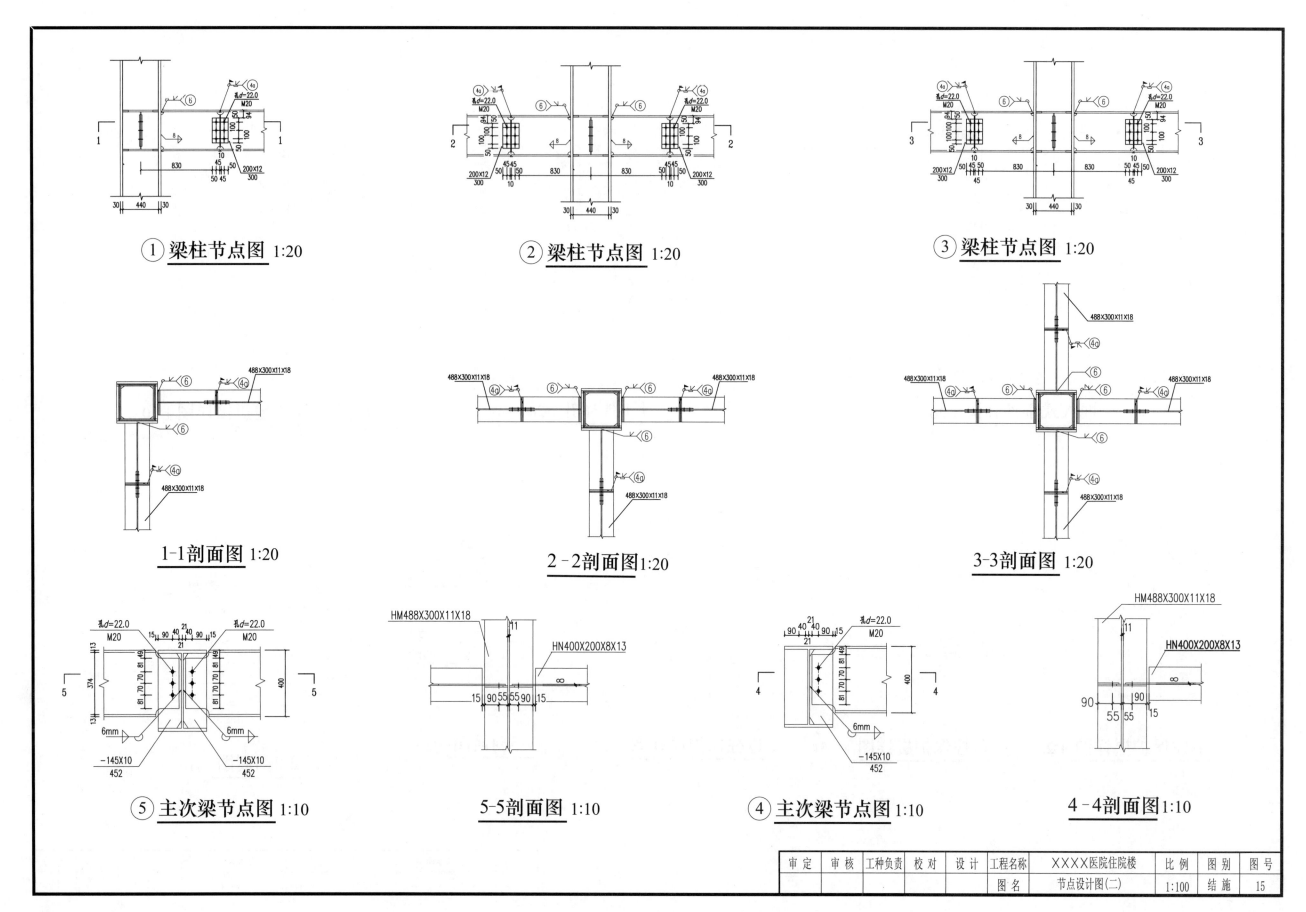

① 梁柱节点图 1:20

② 梁柱节点图 1:20

③ 梁柱节点图 1:20

1-1剖面图 1:20

2-2剖面图 1:20

3-3剖面图 1:20

⑤ 主次梁节点图 1:10

5-5剖面图 1:10

④ 主次梁节点图 1:10

4-4剖面图 1:10

审定	审核	工种负责	校对	设计	工程名称	XXXX医院住院楼	比例	图别	图号
					图名	节点设计图(二)	1:100	结施	15